超巨大噴火が人類に与えた影響

西南日本で起こった鬼界アカホヤ噴火を中心として

桒畑 光博 著

The impact of
the gigantic explosive eruption on
human society

はじめに

　昨今は，日本列島の災害史上類をみない東日本大震災の大規模災害を踏まえて，火山災害についてもその防災・減災に向けてより正確なハザードマップを作成する必要性が叫ばれている。

　気象庁の火山噴火予知連絡会会長の藤井敏嗣博士（2014）が「私たちは本当の巨大噴火を経験していない」と断ずるように，日本列島の人々が文字によってさまざまな出来事を書き記すようになってから以降は，破局噴火（石黒，2002）とも呼ばれる超巨大噴火を経験していない。日本列島が経験した最新の超巨大噴火は，縄文時代早期末に西南日本で起きた鬼界カルデラの噴火（鬼界アカホヤ噴火）である。この噴火災害の被災状況の実態については，考古学的調査から明らかにするほかはない。

　2001年にテレビで放映されたNHKスペシャル「日本人はるかな旅　第2集　巨大噴火に消えた黒潮の民」では，この鬼界アカホヤ噴火がとりあげられて，コンピューターグラフィックによって当時の南九州の縄文集落が火砕流に襲われる様子が復元された。しかしながら，その映像に登場した竪穴住居は鬼界アカホヤ噴火よりも3,000年ほど古い時期の住居形態であり，縄文人たちが使用していた土器は1,000年以上古い土器型式が描写されていた。そして巨大なカルデラ噴火によって，南九州に花開いた黒潮の民の縄文文化は壊滅したというストーリーが語られた。このような鬼界アカホヤ噴火のとらえ方は，破格の規模の火山災害による九州の縄文土器文化のドラスティックな断絶という強烈な仮説にもとづくものであった。

　鬼界アカホヤ噴火が自然環境に与えた影響は，自然科学分析の進展によって地形変化や植生変化などの検討が進んでいるが，当時の人類に与えた影響に関しては，噴火による直接のインパクトを被ったと断定できる被災集落跡が未発見ということに加え，噴火後の激甚被災地の復旧状況に関しても不明な点が多い。また日本列島内における災害の地域差も深く追及されることはなかった。

　本書は，火山灰考古学の手法を用いて鬼界アカホヤ噴火災害の実態を明らかにしようとするものである。

超巨大噴火が人類に与えた影響
―西南日本で起こった鬼界アカホヤ噴火を中心として―　目　次

はじめに 1

第1章　序　論 9

第1節　火山噴火と人類社会――本研究の背景と目的―― 9
第2節　鬼界アカホヤ噴火の時期と影響に関する研究動向 13
1　鬼界アカホヤ噴火の概要と噴火年代に関する研究現状 13
（1）鬼界アカホヤ噴火の概要 13
（2）^{14}C 年代法と年縞年代法による K-Ah の年代推定 14
　　a）^{14}C 年代法と年縞年代法による年代推定の経過　14
　　b）発掘調査出土資料による K-Ah の較正暦年代の検証　18
（3）K-Ah の考古学編年上での位置付け 19
2　鬼界アカホヤ噴火の影響に関する研究現状 24
（1）自然環境への影響に関する研究現状 24
　　a）噴火による直接的な影響　24
　　b）噴火の随伴現象による影響　26
（2）縄文時代の文化・社会への影響に関する研究現状 28
　　a）土器文化・土器様式・土器圏への影響　28
　　b）轟式土器についての研究現状　31
　　c）人類活動全般への影響　38
3　小　結 39

第3節　問題の所在 41
1　問題の所在 41
（1）特異な巨大噴火による甚大な災害というイメージの先行 41
（2）自然科学的データと考古学的資料との関係性 42
2　課題の提示 42

第4節　資料と方法 43
1　資　料 43
2　方　法 43

（1）火山灰（テフラ）層位法と火山灰考古学──────────43
　（2）火山噴火のタイプ・様式と規模──────────────46
　（3）火山災害現象の種類と規模────────────────48
　（4）火山災害の考古学的研究方法───────────────51
　　　a）火山災害の歴史的研究方法　51
　　　b）火山災害の考古学的研究方法　53

第2章　鬼界アカホヤ噴火の土器編年上での位置付けと土器様式との関係──55

第1節　南九州における縄文時代のテフラと考古資料──────55
　1　南九州における縄文時代の火山活動史とテフラ概観──────55
　　（1）霧島火山群周辺────────────────────55
　　（2）姶良カルデラ周辺───────────────────57
　　（3）阿多カルデラ周辺───────────────────57
　　（4）鬼界カルデラ周辺───────────────────58
　2　南九州における縄文時代主要テフラと土器型式────────59
　　（1）霧島火山群周辺のテフラ────────────────59
　　　a）霧島蒲牟田スコリア　59
　　　b）霧島牛のすね火山灰　59
　　　c）霧島御池テフラ　61
　　（2）姶良カルデラ周辺のテフラ───────────────61
　　　a）桜島薩摩テフラ　61
　　　b）桜島13テフラ　62
　　　c）桜島11テフラ　62
　　　d）桜島5テフラ　62
　　　e）米丸テフラ　62
　　（3）阿多カルデラ周辺のテフラ───────────────62
　　　a）池田湖テフラ　62
　　　b）黄ゴラ　63
　　　c）灰コラ　63

3

第 2 節　鬼界アカホヤ噴火の九州縄文土器編年上での位置付けと
　　　　土器様式との関係 64
　1　九州縄文時代早期末から前期前半の土器編年の再確認 64
　　（1）平栫式土器・塞ノ神式土器編年の確認と塞ノ神Ｂ式土器の検討 64
　　（2）轟式土器の再検討 69
　　　　a）轟式土器の分類　69
　　　　b）轟式土器の再編成　84
　2　九州縄文時代早期後葉～前期前半土器編年のテフラを利用した検証 86
　　（1）東南部九州のテフラと早期後葉土器群の出土層位 86
　　　　a）東南部九州における縄文時代早期後葉のテフラ堆積パターン　86
　　　　b）東南部九州のテフラと早期後葉土器群の出土層位の検討　88
　　（2）K-Ah 直下出土土器の検討 92
　　（3）東南部九州のテフラからみた縄文時代早期後葉の土器変遷 94
　　（4）池田湖テフラと轟式土器の関係 94
　3　九州縄文時代早期末～前期土器型式の較正暦年代と K-Ah の位置 94
　4　九州縄文時代早期末～前期前半土器型式の較正暦年代 102
　5　鬼界アカホヤ噴火と九州縄文時代早期末から前期初頭の土器様式の系譜 103
　　（1）九州縄文時代早期末の土器様式の系統 103
　　（2）鬼界アカホヤ噴火と九州の縄文土器様式の系譜 105

第 3 章　鬼界アカホヤ噴火後の環境変化と人類の対応　109

第 1 節　縄文時代早期の環境変遷史上における鬼界アカホヤ噴火の位置 109
　1　縄文時代早期の植生変遷史と鬼界アカホヤ噴火の位置 109
　2　縄文時代早期の海水準変動と鬼界アカホヤ噴火の位置 112
第 2 節　鬼界アカホヤ噴火による災害エリア区分と人類の対応モデル 115
　1　鬼界アカホヤ噴火による災害エリア（テフラハザード）区分 115
　2　各エリアの様相 117
　　（1）Ａエリア 117

(2) Bエリア ··· 119
　　　(3) Cエリア ··· 120
　　　(4) Dエリア ··· 123
　　　(5) 各エリアにおける人類の対応パターン ································ 126
　第3節　南九州における鬼界アカホヤ噴火後の生態系の回復過程 ············ 126
　　1　鬼界アカホヤ噴火後の遺跡分布の推移—再定住のプロセス— ······· 126
　　2　鬼界アカホヤ噴火後の石器組成の変化 ··································· 134

第4章　鬼界アカホヤ噴火と 他の縄文時代火山災害事例の比較 ········ 139

　第1節　桜島火山および霧島火山噴火の事例 ································· 139
　　1　プリニー式噴火（1）…桜島11テフラの事例 ····························· 139
　　　(1) 桜島11テフラの概要 ··· 139
　　　(2) 自然環境への影響 ·· 140
　　　(3) 狩猟採集民への影響 ··· 140
　　2　プリニー式噴火…霧島御池テフラの事例 ································ 142
　　　(1) 霧島御池テフラの概要 ··· 142
　　　(2) 自然環境への影響 ·· 143
　　　(3) 狩猟採集民への影響 ··· 144
　　3　長期の灰噴火，ブルカノ式噴火…霧島牛のすね火山灰の事例 ······· 146
　　　(1) 霧島牛のすね火山灰の概要 ··· 146
　　　(2) 自然環境への影響 ·· 147
　　　(3) 狩猟採集民への影響 ··· 148
　第2節　鬼界アカホヤ噴火と他の火山災害事例の比較 ······················· 149
　　1　火山爆発度指数と噴火規模による比較 ·································· 149
　　2　火山災害の累積性 ··· 151

第5章 考察 — 153

第1節 幸屋火砕流到達範囲内における災害の地域性 — 154
　　　―因子の性格と地形環境の違いから―

第2節 九州縄文時代早〜前期貝塚の消長と鬼界アカホヤ噴火の影響 — 161
　1 北部九州の様相 — 168
　2 西北部九州・中九州の様相 — 171
　3 南九州の様相 — 174
　　(1) 鹿児島湾北岸部 — 174
　　(2) 薩摩半島西岸部 — 176
　　(3) 大隅諸島 — 178
　　(4) 宮崎平野 — 180
　4 小結 — 187

第3節 鬼界アカホヤ噴火時の社会的環境の検討 — 189
　1 鬼界アカホヤ噴火時の森林植生の検討 — 189
　2 鬼界アカホヤ噴火時の文化的環境の検討 — 192

第4節 農耕社会との比較 — 197

第6章 結論
　　鬼界アカホヤ噴火は人類社会にどのような影響を与えたのか — 205

引用・参考文献 — 212

あとがき — 252

挿図目次

図 1	鬼界カルデラ位置図	14
図 2	鬼界アカホヤ噴火の経過	14
図 3	鬼界アカホヤテフラ等層厚線図	15
図 4	縄文時代早期後葉～前期土器型式群とK-Ahの関係	23
図 5	南九州アカホヤ論争と土器編年観	30
図 6	噴火のタイプ	47
図 7	火山爆発度指数（VEI）	48
図 8	火山災害因子分類図	50
図 9	火山災害分級図	53
図10	南九州の縄文時代主要テフラ	56
図11	南九州縄文時代指標テフラと土器型式との対応関係	60
図12	塞ノ神B式土器分類図	66
図13	塞ノ神B式系土器群と条痕文系土器群	67
図14	苦浜式土器	68
図15	松本・富樫（1961）の轟式土器分類図	70
図16	松本・富樫（1961）分類土器の再実測図	71
図17	轟貝塚出土の轟A式土器	72
図18	東名遺跡第1・2貝塚I層出土土器実測図	72
図19	轟式土器分類模式図	75
図20	轟式土器BⅡ類のヴァリエーション	76
図21	西之薗遺跡出土土器	81
図22	西之薗式土器分類図	83
図23	轟式土器変遷模式図	85
図24	東南部九州の縄文時代早期テフラ堆積パターン	88
図25	鬼界アカホヤテフラ（K-Ah）直下・直上出土土器	93
図26	年代測定対象土器実測図	96
図27	九州縄文時代早期末～前期土器型式の較正暦年代	101
図28	轟式土器階段設定模式図	103
図29	西日本各地の縄文時代早期から前期初頭の刻目隆帯文土器群	104
図30	塞ノ神式土器と轟A式土器出土遺跡分布図	106・107
図31	主文様の隆帯文への変化	108
図32	鬼界アカホヤテフラ（K-Ah）等層厚線と西日本の主要遺跡分布図	116
図33	鬼界アカホヤ噴火災害エリア区分図	127
図34	西之薗・轟B1式土器出土遺跡分布図	130
図35	轟B2式・B3式出土遺跡分布図	132

目次

図36 大隅諸島における縄文時代前期後半（曽畑式土器期）の主要遺跡 133
図37 桜島11テフラの等層厚線と関連遺跡分布図 141
図38 霧島御池テフラの等層厚線と関連遺跡分布図 144
図39 霧島牛のすね火山下部層厚線と関連遺跡分布図 148
図40 南九州における鬼界アカホヤテフラ（K-Ah）前後の植物珪酸体分析結果 157
図41 南九州における鬼界アカホヤテフラ（K-Ah）前後の花粉分析結果 158
図42 屋久島と種子島の地形対比 159
図43 累群集の生息域模式図 165
図44 北部九州の海水準変動と縄文時代早〜前期貝塚 169
図45 大分平野の海水準変動と縄文時代早〜前期貝塚 171
図46 有明海沿岸部の海水準変動と貝塚 172
図47 西海地域の海水準変動と縄文時代早〜前期貝塚 173
図48 鹿児島湾北岸部の海水準変動と縄文時代早期貝塚 175
図49 薩摩半島西岸部の海水準変動と縄文時代早〜前期貝塚 177
図50 薩摩半島西岸部、万之瀬川周辺における縄文海進時の海岸と遺跡分布 179
図51 宮崎平野部の海水準変動と縄文時代早期貝塚 181
図52 宮崎平野における縄文時代早期後葉の遺跡分布 184
図53 宮崎平野における縄文時代前期前半の遺跡分布 186
図54 城ヶ尾遺跡における塞ノ神式土器期の遺構・遺物分布状況 194
図55 東名遺跡集落域における土器分布状況 196
図56 平栫式・塞ノ神式土器期と轟A式土器期の対比 197

表目次

表1 横尾遺跡鬼界アカホヤ火山灰直下出土資料 ^{14}C 年代測定値と較正暦年代 19
表2 南九州縄文時代のテフラ一覧 58
表3 東南部九州における桜島11テフラと平栫式・塞ノ神式土器群の出土層位 90
表4 塞ノ神B式土器・塞ノ神B式系土器・条痕文土器の出土層位別点数 91
表5 九州縄文時代早期末〜前期の土器付着炭化物のAMS^{14}C年代測定値 97
表6 九州縄文時代早期末〜前期土器型式の較正暦年代 99
表7 鬼界アカホヤ噴火災害のエリア区分と人類の対応パターン 128
表8 鬼界アカホヤ噴火後の遺跡一覧 129
表9 鬼界アカホヤ噴火後の石器組成 136
表10 貝塚出土の貝類の生息環境と貝類群集区分 164
表11 九州縄文時代早・前期の貝塚 167
表12 南九州における縄文時代早期末〜前期の貝塚の消長 188

第1章
序　論

第1節　火山噴火と人類社会―本研究の背景と目的―

　地球の内部は高温で，大量のエネルギーが蓄えられている。そのエネルギーを大気中に放出する方法のひとつが火山活動（volcanic activity）である。火山活動は主として噴火現象（eruptive phenomena）としてとらえることができる。

　荒牧（2008）によれば，噴火（volcanic eruption）とは，地球内部で生じた溶岩物質の高温溶融体であるマグマが上昇し，岩石の破片などの固体や高温のマグマ・熱水などの液体，そして火山ガスなどの気体といった火山性物質となって地上へ比較的短時間内に放出される動的現象のことである。日本の火山の大部分は爆発的な噴火（explosive eruption）をするので，爆発という表現が噴火と同義として，また混同して使われることがあるが，すべての噴火が爆発的ではないし，一連の噴火でも時期により爆発的であったりなかったりする。爆発を伴わずに溶岩のみが流出することもある。爆発はあくまで噴火の中の一現象である。

　宇井（2008）によれば，火山（volcano）とは，マグマが地表に噴出する際に生じる特徴的な地形あるいは構造であり，通常は噴火活動によって生じた地形的高まり＝火山体（volcanic edifice）をいうが，爆発や陥没などによって生じた負の地形（火口やカルデラなど）も含まれる。地球上の活火山の数はおよそ1,500にのぼるとされるが，それらの分布は決して無秩序ではない。地球内部からマグマが噴出する場所は，地球のマントル内の対流と，それに伴う海洋底（プレート）の運動によって決まるとされる。マグマが発生し，火山活動を起こす場は，地球内部からの放熱の仕組みとプレート運動に依存した四つの異なる条件の地域に区分できる。プレート運動に関連した，①プレート生産境界で

第1章　序論

ある海嶺やその延長上の地溝帯に生じた火山地域（アイスランドなど）と，②海溝の大陸側にある島弧系の火山（環太平洋など），そして，プレート運動には直接関係のない，③海洋プレート内部の火山（ハワイ島など）と，④大陸プレート内部の火山（イエローストーンなど）の大きく四つに分かれる。日本列島はその中の②に属しており，海溝と平行に走る火山フロントの西側に列状に火山が分布している（宇井, 2008, pp.46-49）。

火山噴火のタイプはさまざまで，それによって生じる災害も多様である。また，火山噴火の規模が大きければ大きいほど災害が広範囲に及ぶ。

人類の歴史を通じて自然現象である火山活動のレベルはあまり変化しなかったのではないかと考えられるが，火山災害への人類の対応はその時々の社会構造，社会の経済基盤，人々の価値観によって決定されるものであり，火山災害の質と量は時代や社会の変化に応じて違ってくると思われる。今日では拡大した人類の活動空間と火山の活動空間との衝突が顕著となっている（荒牧, 1997, p.6）。かつて寺田寅彦（1934）が述べたように，文明が進めば進むほど天然の暴威による災害がその激烈の度を増すという傾向は，火山災害についてもあてはまる。

火山の噴火が人類社会に及ぼした影響は，世界各地の火山地帯で議論されており，大規模な火山の噴火により文明が衰退したというドラスティックな仮説が提示される場合もある。なかでも古くからとりあげられているのは，約3,500年前（紀元前1450年）のギリシャ，エーゲ海のサントリーニ火山島（ティラ島）の噴火がミノア文明の衰退に関与していたとする説で，同島に所在する厚い火山砕屑物で覆われたアクロテイリ遺跡の発掘調査が発端となった（C. Doumas, 1983）。

火山噴火による罹災遺跡の発掘調査をもとにした生活・文化環境の復元は，世界各地で進められている。イタリアのヴェスヴィオ火山周辺における古代ローマ遺跡の存在は古くから注目されており，その大部分が発掘調査されたポンペイ遺跡（金子, 2001）をはじめ，ヘルクラネウム，トッレ・アヌンツィアータの考古学地域は世界遺産となって，世界中から観光客が訪れている。この他，近年ではメソアメリカにおけるマヤ地方の火山災害遺跡の調査も進められている（Kitamura, 2010）。

第1節　火山噴火と人類社会―本研究の背景と目的―

　日本国内では，火山砕屑物の堆積が良好な地域において，火山灰（テフラ）研究者と考古学者との協力により，遺跡の埋没年代が明らかにされている。短時間に覆った火山砕屑物によって，遺構・遺物がそのままの状態で保存されたことにより，通常の遺跡と比べて格段に情報量の多い遺跡の発掘調査と分析が進められている。浅間山や榛名山からの噴出物に覆われた群馬県内の発掘調査は先駆的なものであり，黒井峯遺跡では榛名二ッ岳火山の噴出物（榛名二ッ岳軽石：Hr-FP）で完全に埋まった古墳時代の集落跡の全貌が明らかにされている（石井・梅沢，1994）。平成 24 年（2012）には金井東裏遺跡の発掘調査によって，榛名二ッ岳火山灰（Hr-FA）の中から甲を装着した状態の古墳時代人骨が検出された（群馬県埋蔵文化財調査事業団，2013）。同県内では火山砕屑物に被覆された古墳時代から平安時代にかけての水田跡が調査され，火山災害を被った古墳時代の耕作地の復旧方法が復元されている（能登，1989）。最近ではこの古墳時代の火山噴出物の堆積時間と季節についても詳細に検討されている（坂口，2013）。この他，天明 3 年（1783）の浅間山噴火の火砕流と岩屑なだれに伴って発生した泥流により埋没した幕藩体制下の農村や耕地の様相がとらえられ，罹災後の耕地における人々の対応も分析されている（関，2010）。鹿児島県指宿市における，開聞岳火山の噴火による罹災遺跡の調査も進んでおり，橋牟礼川遺跡等で古墳時代や平安時代の集落跡や耕作地の罹災状況が明らかにされている（鎌田・中摩・渡部，2009；鷹野ほか，2010）。このように国内では，比較的その分布が限られる地域的な火山灰（テフラ）を利用して，古墳時代以降の農耕社会における火山災害や復旧の様相が詳細に検討されてきた。

　縄文時代の地域的な火山灰（テフラ）に関しては，かつて浅間山の噴火による縄文時代中期における火山災害事例の可能性が指摘され（能登，1993），最近では，筆者が桜島火山による縄文時代早期の火山災害と狩猟採集民の対応を復元しており（桒畑，2009），関東では富士山の東麓に位置する山梨県富士吉田市において縄文時代中期の富士山の噴火災害を明らかにしようとする試みがなされている（篠原，2011）。また，縄文時代後期から晩期の伊豆・箱根・富士山周辺地域の集落動態の消長を，火山噴火による環境の変化と関連付けた研究もなされている（杉山・金子，2013）。東北地方では，縄文時代前期の十和田中掫テフラの降灰が，それ以前の土器文化の衰退をもたらして，その後の円筒土器文

11

第1章 序論

化の成立・発展を促した可能性があるという見方も示されている（辻，2006）。
　その一方で，以前から火山灰（テフラ）研究者を中心として，広域火山灰（テフラ）を生み出した巨大噴火と考古資料の対比から，生態系や人類への影響を論じることも行われてきた（町田，1981；新東，1984）。
　現在も活発に活動する桜島や霧島火山を抱える南九州では，複数のカルデラ火山の巨大噴火をはじめとする，多くの火山災害に見舞われたことが明らかとされている。
　中でも，後期旧石器時代の最終氷期最寒冷期直前（30,000 cal BP；Smith, et al. 2013）に起きた姶良カルデラの巨大噴火（町田・新井，2003）は，入戸火砕流（A-Ito）という破格の規模の巨大火砕流堆積物によって南九州本土の大半を厚く埋積した。この火砕流堆積物は，シラス台地と呼ばれる広大で不毛な大地を形成した（横山，2003）。同時に上空に立ちのぼった姶良丹沢火山灰（AT）と呼ばれる火山灰は，風に送られて日本列島の広域に降下堆積した。この噴火による森林植生をはじめとする生態系への影響が指摘され（辻，1985），人類活動への影響も議論されている（小田，1993）。入戸火砕流堆積物に覆われた範囲の人類はもちろん生態系も壊滅したと推定されるが，火砕流が及ばなかった地域では，ナイフ形石器文化を携えた人類が噴火後も活動を続け，シラス地帯の植生の回復と動物の再進入に伴って進出してきたことが推定されている（Fujiki, 2008）。
　南九州ではその後の完新世においても多くの火山噴火が起きたが，その環境の中で独自の縄文文化がはぐくまれてきた。特に縄文時代草創期から早期には，日本列島の他地域に先駆けて植物質食料依存型の独特の文化を形成したことが明らかにされてきている（米倉，1984；雨宮，1993；新東，1994，2006）。また，この時期の文化とその背景となる自然環境との関係は，南九州における考古学上の最も興味深いテーマの一つとされている。その一方で，縄文時代早期から前期の間に起こった鬼界カルデラの巨大噴火が南九州の自然環境と人間生活に与えた影響に関しては，南九州のみならず，気候の温暖化に伴う縄文海進や照葉樹林の拡大など，完新世の1万年間を通じて自然環境が大きく変化したといわれる当該期の日本列島における第四紀学上の重要なテーマの一つとされており，1993年開催の文部省重点領域研究第8回公開シンポジウム「火山噴火と

環境・文明」や2001年開催の日本第四紀学会大会シンポジウム「南九州における縄文早期の環境変遷」でもとりあげられた。

　この鬼界アカホヤ噴火によって，大規模な火砕流の直撃を受けた鹿児島県本土の約半分と大隅諸島では，当時の生態系が壊滅的な打撃を受けたことが推定されている。また，鬼界アカホヤ噴火の降下火山灰は九州だけにとどまらず，西南日本周辺から東北地方南部までの広い範囲で確認されており，特異な巨大噴火のイメージが確立している。鬼界アカホヤ噴火が自然環境に与えた影響は，自然科学分析の進展によって植生変化や地形変化などの議論が深まっているのに対し，九州の縄文文化に与えた影響の評価に関しては，土器文化への影響が議論の中心であり，例えば噴火後の罹災地域における狩猟採集社会の対応や再定住のプロセスをはじめ不明な部分が多く残されたままである。今後は遺跡に残された資料に基づいた多面的かつ総合的な議論が期待されている。

第2節　鬼界アカホヤ噴火の時期と影響に関する研究動向

1　鬼界アカホヤ噴火の概要と噴火年代に関する研究現状

(1)　鬼界アカホヤ噴火の概要

　鬼界アカホヤ噴火とは，九州南端から約40kmの海底にある東西約20km，南北約17kmに及ぶ巨大カルデラである鬼界カルデラ（図1）の最新の巨大噴火の呼称である（小野ほか，1982）。噴火の経過は町田・新井（2003）によって詳細に推定されている（図2）。それによれば，最初にプリニー式噴火にはじまり，多量の降下軽石（幸屋降下軽石：K-Kyp）を東方に噴出し，続いて局地的に分布する火砕流（船倉火砕流）を噴出した。そのあと浅海底で水蒸気エネルギーを有する火砕流となって給源から約100kmの範囲に広がったとされる（図3）。幸屋火砕流堆積物（K-Ky）と呼ばれるその大規模火砕流の堆積物は，海を渡って大隅・薩摩両半島にも堆積しているが，分布面積が広い割にはあまり厚くなく，カルデラ縁の竹島・硫黄島で十数m，薩摩・大隅半島南部で一般に1m以下の厚さである。

　このとき高空に立ち上がった，噴煙柱をなす細粒火山灰（coignimbrite ash）である鬼界アカホヤ火山灰は風に送られてさらに広域に広がり，多量の水分

第1章 序論

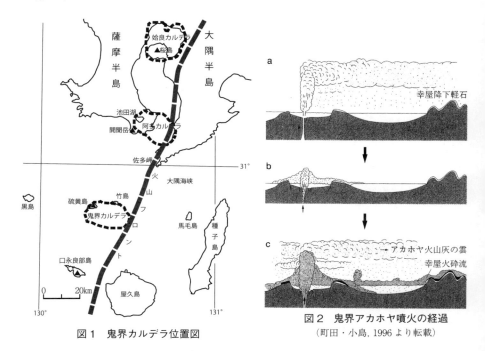

図1 鬼界カルデラ位置図

図2 鬼界アカホヤ噴火の経過
（町田・小島, 1996 より転載）

（海水由来か）を巻き込んだ噴火のため，火山灰はガラス片が湿ってくっつき合って堆積し，セメントのように当時の地表を覆いつくした。

鬼界アカホヤテフラとは，鬼界アカホヤ噴火による一連の火砕物，すなわち，降下軽石・火砕流堆積物・降下火山灰の総称である。以下，鬼界アカホヤ噴火に伴う火砕物を基本的に「鬼界アカホヤテフラ（記号はK-Ah）」とするが，降下火山灰だけを指すときには，「鬼界アカホヤ火山灰」とする。なお，研究史の中で触れる際に，広域テフラとして認識される以前の同地層を引用文献に従って，「アカホヤ火山灰」や「アカホヤ層」とする場合もある。

(2) ^{14}C 年代法と年縞年代法による K-Ah の年代推定

a) ^{14}C 年代法と年縞年代法による年代推定の経過

K-Ah の年代推定に関しては，同テフラが広域テフラであると認識される以前から研究が進められて現在に至っている。以下にその経過を簡潔にたどる。

1960年代から1970年代の前半にかけては，当時アカホヤ層やアカホヤ火山

第2節　鬼界アカホヤ噴火の時期と影響に関する研究動向

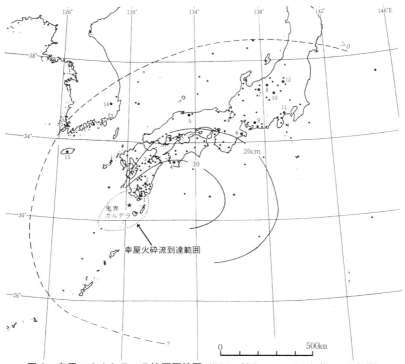

図3　鬼界アカホヤテフラ等層厚線図（町田・新井，2003より転載，一部加筆）

灰などと呼ばれていた同火山灰の噴出源が明らかにされていない段階で，その年代を^{14}C年代測定値から推定しようとする試みがなされた。ちなみに，アカホヤという名称は，土壌学者らが各地域住民の呼称に基づいて名づけたものであり，「アカホヤ」，「アカボッコ」，「イモゴ」，「オンジ」などの地域呼称が紹介された（長友ら，1976）。

松井（1966a，1966b）は，鹿児島県鹿屋市におけるアカホヤ火山灰上位および下位の土壌の^{14}C年代測定値が，それぞれ，4,640 ± 80BP，6,360 ± 90BPだったことから，両データの中間をとって，約5,000年前と推定した。

さらに，宇井・福山（1972）は，アカホヤ層の年代をより直接的に示す資料として，同火山灰に伴う幸屋火砕流堆積物中から得られた炭化木片3点の^{14}C年代測定値（6,400 ± 110BP，6,050 ± 110BP，6,290 ± 120BP）から，約6,000年

15

第1章　序論

前と推定した。

　1976年から1977年にかけて，土壌学や火山学の研究者らによってK-Ahが鬼界カルデラ起源の広域テフラであることが明らかにされた（長友ほか，1976；長友・庄子，1977；町田，1977）。同火山灰層に関係した^{14}C年代測定値を集成した町田（1977）や町田・新井（1978）は，測定値に相当のばらつきがあり，最も古い値と新しい値では約5,000年の差があるとしつつも，木炭や泥炭を試料とした年代測定値だけを抽出すると，6,000～6,500年前に堆積したという結論が導き出せるとした。

　前田・久後（1980）は，神戸市玉津の海成層中で発見されたK-Ahの上位と下位の地層から得られたヒメシラトリガイ（*Macoma incongrua*）を試料として，学習院大学と金沢大学に^{14}C年代測定を依頼し，下記のような測定値を得た。

- ・テフラの直上20cm内：6,370 ± 150BP（GaK-7801），6,370 ± 80・90BP（K1-111）
- ・テフラの直下15cm内：6,390 ± 180BP（K1-112），6,580 ± 160BP（GaK-7800）
- ・テフラの直下40cm内：6,290 ± 80BP（K1-113）

　これらの測定値を踏まえて，鬼界アカホヤ噴火の年代を^{14}C年代でほぼ6,300年前とした（前田・久後，1980）。

　その後，町田・新井（1983）もK-Ahの年代について，^{14}C年代測定値の集中する6,300 BPに落ち着きそうであるとしたが，この時点においては，^{14}C年代測定値の暦年較正は検討されておらず，海洋リザーバー効果も考慮されていなかった。

　^{14}C年代の暦年較正に関する議論が活発化する1990年代後半に，K-Ahの年代推定に関して，まったく異なるアプローチによって大きな画期が訪れた。1980年に最初のボーリング調査が実施された福井県若狭町三方五湖の水月湖において，1991年に岡村　眞がピストンコアラーを用いて，水深35mの湖底から連続した堆積物を採取することに成功したのである。全長11mの堆積物コアは最上部30cmを除いて，肉眼あるいは顕微鏡下で認められる細かな葉理をもつ堆積物からなる。この細かな葉理は，春から夏にかけて堆積した粘土鉱物が少なく珪藻遺骸が多く含まれる明灰色薄層と秋から冬にかけて堆積した粘

土鉱物が多い暗灰色薄層の律動的な互層から構成される。これらの薄層の1セットは，1年間の年輪のような堆積物，すなわち「年縞」と呼ばれる葉理であることが明らかにされた（福沢，1995）。この年縞の発見により年代測定の精度が高まり，限りなく暦年代に近い時間軸を得ることができるようになった。

　水月湖は，若狭湾に面した三方五湖の中で最大の湖沼である。水月湖へ直接流入する大きな河川はなく，周辺からの砕屑物は南の三方湖や菅湖に堆積して，水月湖へはほとんど流入していない。水月湖が現在のように海水が浸入する汽水湖になったのは寛文4年（1664）以降であり，それ以前は淡水湖であった。その原因は，寛文2年（1662）の地震によって，水月湖・三方湖・菅湖の排水路が消失し，寛文4年（1664）に開削された新しい排水路を通して，久々子湖から海水が浸入するようになったためである。海水浸入によってできた異常スパイク値を示す化学躍層を基準として，年縞堆積物を計数すれば，先史時代以降現在までの1年〜数年単位の編年が可能となる。年縞堆積物コアには，複数の広域テフラが確認されており，K-Ah も見出されている。福沢（1995）は，西暦1664年の海水侵入の時間面を基準として，ピストンコア（SGP2）およびボーリングコア（SGB）の年縞計数を西暦1664年からさかのぼって計数した結果，K-Ah は西暦1664年より6,994年前，西暦1995年より7,325年前（7,280 cal BP，5,330 cal BC）に降下したことを明らかにした。これにより，K-Ah の暦年代がこれまで得られていた ^{14}C 年代を約1,000年さかのぼることになった。

　水月湖の試料については，加速器質量分析計（AMS）を用いた ^{14}C 年代測定も行われた。福沢・北川（1993）では，北川による K-Ah 直上の有機物の ^{14}C 年代測定値は，6,818 ± 94 BP（較正暦年代 7,623 ± 78 cal BP）とされた。北川ほか（1995）は，水月湖のピストンコア SG4（SGP4）から得られた K-Ah 層準の陸生生物遺体化石（葉・枝および昆虫）を AMS 法により測定した。その結果，^{14}C 年代が約6,750 BP，較正暦年代は BC 約5600年とされ，^{14}C 年代値の暦年較正年代と，年縞による K-Ah の推定年代との齟齬を指摘した。しかし，Kitagawa et al.（1995）は，水月湖コア SGP4 の 958〜960 cm の層準に見出される K-Ah の上部の年縞が基準から6,995年前と算出されたことから，福沢（1995）の示した年縞年代と調和していると述べ，結局，K-Ah は ^{14}C 年代測

定値で 6,500 BP，較正暦年代が 7,300 cal BP であるとした。奥野（1999, 2002）は上記の成果を踏まえて，鬼界アカホヤテフラの年代として，6.5ka BP（7.3 ka cal BP）が妥当とした。

これに対し，最近，Nakagawa et al. (2010) は，水月湖の 2006 年コア（SG06）から得られた K-Ah 層準の ^{14}C 年代値を IntCal09 に基づいてウィグルマッチイングした結果，7,233 ± 37 cal BP と報告した。さらに同じ 2006 年コアの分析データを解析した Smith et al. (2013) は，2σ で 7,165〜7,303 cal BP と報告しており，年縞年代よりやや新しく出ているものの，先に北川ほか (1995) が指摘した ^{14}C 年代測定値の較正暦年代との大きな乖離は解消された。

近年では，水月湖の年縞年代 7,280 cal BP を採用して K-Ah の較正暦年代を 7.3 ka cal BP と記載し（町田・新井, 2003），多くの論文にその数値が引用される傾向にある。

水月湖の年縞の縞数えによるアプローチは，起点となる西暦 1664 年層準と K-Ah の間の距離を考慮すると，蓄積性計数誤差が存在する可能性は否定できない。しかし，水月湖における K-Ah 層準の ^{14}C 年代値の暦年較正年代もほぼ同じような値に落ち着きそうなことも考えると，K-Ah の年代は，cal BP が 7,200〜7,300 年（5,300 cal BC 前後）に位置付けられると思われる。

b）発掘調査出土資料による K-Ah の較正暦年代の検証

ここでは，水月湖における K-Ah の年縞年代や同層準の AMS^{14}C 年代の暦年較正年代とは別に，確実に K-Ah 直下と認定できる発掘調査による出土資料を選定し，同じ地点において出土した資料から，同じ条件で複数の ^{14}C 年代データが得られている事例を提示して上記の年代値を検証する。

人為的な考古遺物は検出していないが，兵庫県神戸市垂水・日向遺跡第 3 次調査地点の K-Ah 一次堆積物直下において検出された炭化材の ^{14}C 年代が 6,340 ± 110BP（GaK-15403）とされ（神戸市教育委員会, 1992），1990 年頃までに得られていた K-Ah の年代値を追認する発掘調査によるデータとして知られていた。

その後，2000 年に実施された大分県大分市横尾貝塚の第 82 次調査（大分市教育委員会, 2008）でも，K-Ah の明確な一次堆積層が確認され，K-Ah 直下の層準で良好な状態の木製品や木材が検出された。これらの出土資料について多

第2節　鬼界アカホヤ噴火の時期と影響に関する研究動向

表1　横尾遺跡鬼界アカホヤ火山灰直下出土資料 ^{14}C 年代測定値と較正暦年代

測定資料	試料番号	δ^{13}C PDB (‰)	^{14}C 年代 (BP)	較正暦年代 (cal BP, 2σ)	測定コード
木材1	YK-1	-29	6,597±34	7,565-7,531, 7,522-7,432	NUTA2-5479
	YK-2	-29	6,482±34	7,459-7,447, 7,442-7,318	NUTA2-5480
	YK-3	-28	6,566±35	7,560-7,539, 7,513-7,425	NUTA2-5475
	YK-4	-27	6,386±34	7,418-7,374, 7,342-7,260	NUTA2-5476
木材2	YK-10	-28	6,596±40	7,566-7,530, 7,524-7,431	NUTA2-8008
	YK-12	-27	6,645±39	7,583-7,459, 7,447-7,442	NUTA2-8011
	YK-14	-25	6,614±37	7,567-7,438	NUTA2-8012
	YK-15	-28	6,610±37	7,566-7,438	NUTA2-8255
	YK-16	-27	6,642±40	7,581-7,458, 7,449-7,440	NUTA2-8013

中村（2008）をもとに作成

くの AMS^{14}C 年代が得られており（中村, 2008），下記の二つの出土資料について，合計9点のデータが公表されている（表1）。

　木材1：K-Ah直下，「水場の遺構」面の加工痕をもつ木材
　木材2：K-Ah直下，立木の樹木根

　同一資料を対象として測定したにもかかわらず，^{14}C 年代値は，加工材である木材1が約210年，天然と考えられる木材2が約50年の幅でばらつきが認められ，較正暦年は前者が 7,570 – 7,260 cal BP（5,620 – 5,310 cal BC）の幅で，後者が 7,583 – 7,431 cal BP（5,633 – 5,481 cal BC）の幅でとらえられる。最も若い年代を示した木材1中のYK-4が 5,468 – 5,310 cal BC（5,468 – 5,424 cal BC：37.3%，5,392 – 5,310 cal BC：62.7%）となり，K-Ah の降下は少なくともそれ以降と位置付けられる。この結果は，先に紹介した水月湖のK-Ahの年縞年代および ^{14}C 年代値の較正暦年代と矛盾するものではない。

(3) K-Ah の考古学編年上での位置付け

　先述した1960年代のK-Ahに関する初期の議論の中において，南九州ではK-Ahの下位から縄文時代前期の土器が出土すると指摘されていた（松井, 1966a）。ここで松井が言及した土器は，現在早期に編年される貝殻文円筒形土器や平栫式・塞ノ神式土器に該当するが，この時点におけるこれらの土器群の時間的位置付けは，後述するように，九州における縄文時代早期・前期の土器

第1章　序　論

編年が再構築される以前のもので，縄文土器大別（時期区分）の基準とされていた関東地方を中心とする東日本とは，厳密な意味で併行関係がとれていなかった段階のものである。K-Ahが広域テフラとして認識された当初は，当時の縄文土器編年に照らすと，南九州では前期となり，伊豆大島では早期末ではないかとされ，南九州と関東の伊豆大島では時期区分上の位置付けが異なっていた（町田・新井，1978）。

　賀川（1977）は，九州の貝殻文円筒形土器が広域テフラであるK-Ahの下層から出土することを確認した上で，鍵層として用いたK-Ahを従前どおり縄文時代前期前半とする塞ノ神式土器と前期中葉の轟式土器の間に位置付けた。一方，新東（1978，1980）は，K-Ahを利用した層位的な発掘調査とそれまでのデータの再検証を行い，九州の縄文時代早・前期土器編年を大きく進展させた。具体的には，従来，早期の土器形態とされてきた尖底・丸底の轟式土器や曽畑式土器が，広域にわたって同時面を形成するK-Ahの上位から出土し，前期に位置付けられていた貝殻文円筒形土器や平栫式・塞ノ神式土器がK-Ahの下位から出土するという層位的な事実が明確になり，両者の配置が逆転し編年の再構築がなされた。ここで新東が轟式土器としたものは，後述するように，同土器の細分型式の轟B式土器に該当する。新東（1980，1984）は，この編年の再構築を一歩進めて，縄文時代における火山災害史としてとらえた。すなわち，K-Ah直下で出土する土器型式を塞ノ神式土器とした上で，同型式が鬼界アカホヤ火山灰上位で見出される轟式土器とは系統的に連続しないとした。さらに，鬼界アカホヤ噴火によって塞ノ神式土器文化が壊滅し，その後の植生の回復を待って，轟式土器，曽畑式土器という新しい土器文化が相次いで南九州に流入したと推定した。また，鬼界アカホヤ火山灰を挟んで土器様式が劇的に変化したと解釈し，同火山灰を早期と前期の境界に位置付けて，時期区分論にまで発展させた（新東，1980）。

　これに対し，河口（1985b）は，塞ノ神式土器と轟式土器の編年を検討する中で，鬼界アカホヤ噴火は塞ノ神式土器の時期ではなく，轟A式とも呼ばれる条痕文土器である，轟I式土器の段階に起こったとした。そして，鹿児島県志布志市鎌石橋遺跡報告時（河口ほか，1982）の条痕文土器（轟I式土器）が鬼界アカホヤテフラ直下において検出されたことを明らかにした。その後，その

轟Ⅰ式土器が熱を受け赤褐色に変色し脆くなっていることや，白色の火山灰が付着していることを紹介し，鬼界アカホヤ噴火に伴う幸屋火砕流の影響を直接受けた資料であるとした（河口，1991）。

坂田（1980）は，K-Ahを基準として，九州内の主要遺跡における土器型式の出土状況を検討し，あわせていくつかの遺跡で得られた^{14}C年代測定値を加味して，K-Ahの降下年代を塞ノ神式土器と轟Ⅱ式土器の^{14}C年代が重複する6,480～6,260 BPの間であるとした。K-Ahは塞ノ神式土器・轟Ⅰ式土器と轟Ⅱ式土器の間に位置付けられると推定したが，坂田（1980）がここで轟Ⅰ式土器とした土器群は，現在認識されている塞ノ神B式系の苦浜式土器に該当する。

高橋（1989）は，混乱していた轟式土器の編年を再検討し，轟式系土器群を鎌石橋式，轟1式，轟2式，轟3式，轟4式，轟5式の6型式に細分した。また，松本・富樫（1961）によって轟A式土器と呼ばれていた条痕文土器群を整理し，K-Ahの下位に包含される鎌石橋式，轟1式，轟2式の中で，K-Ahの降灰に時間的に最も近いのは，粘土紐の貼り付けによる隆起線文をもつ轟2式であると推定した。

桒畑（2002）は，K-Ahおよびその下位に堆積する東南部九州のローカルテフラである桜島11テフラ（Sz-11：小林，1986）などを利用した層位的発掘調査成果を用いて，南九州における縄文時代早期後葉の土器型式群のふるい分けを行った。さらに，K-Ah最下部の火山豆石・降下軽石に直接被覆される状態で検出された条痕文土器とK-Ah上位で出土した条痕文土器を抽出・比較して，鬼界アカホヤ噴火の時期を条痕文系の轟A式土器の存続期間に位置付けた。

九州外に目を転じると，遺跡における発掘調査でK-Ahを肉眼で確認できるのは東海地方以西に限定され，いくつかの遺跡で縄文土器型式との層位的な関係が報告されている。例えば，滋賀県守山市赤野井湾遺跡（滋賀県教育委員会・滋賀県文化財保護協会，1998）では，層厚約5cmのK-Ahが確認され，その直下から，上ノ山式，入海0式，入海Ⅰ式，入海Ⅱ式，石山式，天神山式の縄文時代早期末の縄文条痕文系土器群を包含する土層と遺構面が検出された。K-Ahの直下・直上ではないが，島根県松江市島根大学構内遺跡橋縄手地区（島根大学埋蔵文化財調査研究センター，1997）において，層厚約2cmのK-Ahが確認され，下位の泥炭質泥層からは，いわゆる菱根式と呼ばれた土器群に含ま

第1章 序論

れる，縄文時代早期末の条痕地に縄文の施された土器（以下，縄文条痕文系土器と呼称する）が出土し，その上位に堆積する礫層の上部から轟B式土器が出土した。

また，福井県若狭町鳥浜貝塚84T3・4区の43層シルト中でプライマリーなK-Ahが検出され，この層準から外反する口縁部に縦に条線を粗雑に施文する土器と繊維を混入する縄文土器が出土した。報告者は前者を東海地方西部の上ノ山Z式土器に比定し，K-Ahはいわゆる木島式土器のある時期に降下したと述べた（福井県教育委員会, 1985, 1987；森川・網谷, 1986）。また同貝塚では，K-Ah降下以降の不整合面礫層上で清水ノ上I式土器と条痕調整の上に細隆線文と沈線文の施された轟B式系土器が共出した。

一方，兵庫県養父市杉ヶ沢遺跡第14地点（兵庫県教育委員会, 1991）では，一次堆積とみられるK-Ahの直上で，刻目突帯文をもつ縄文条痕文系土器（杉ヶ沢式）がまとまって出土し，K-Ahの降下に極めて近い時期の土器群であるとされた。大阪府大阪市瓜破遺跡（大阪市文化財協会, 2009）では，K-Ah直上の層位から縄文時代早期末〜前期初頭の一条寺南下層式に相当する刻目突帯文をもつ条痕文系土器が検出された。

山陰地方を中心に縄文土器編年とK-Ahの時間的関係を検討した井上（1996）は，K-Ahの降下を縄文時代早期末の島根大学構内遺跡橋縄手地区の下層出土土器よりも新しく，縄文時代早期末から前期初頭の長山式土器（鳥取県伯耆町長山馬籠遺跡出土土器を標式）の直前かその存続期間に位置付けられると推定した。ちなみに井上は，島根大学構内遺跡橋縄手地区出土土器をいわゆる菱根式土器の新段階ととらえている。また，矢野（2002）は井上の考察を一歩進めて，K-Ahの降下時期を菱根式土器（島根大学構内遺跡橋縄手地区出土土器）と長山式土器の間に編年される福呂式土器（鳥取県三朝町福呂遺跡出土土器を標式）の直前に位置付けた。両者ともに，K-Ahの降下時期を縄文時代早期末〜前期初頭の一連の縄文条痕文系土器群の中に位置付けた。

本州中部と東部では，K-Ahの一次堆積層に直接覆われたような出土状況を示す縄文土器の検出例は知られていない。そのような状況を打開するために，近畿地方の縄文土器付着炭化物のAMS法による^{14}C年代測定値を，理化学的な手法によって導き出されたK-Ahの年代と突き合わせることによって，

K-Ah降下時の土器型式を推定する研究が進められている（遠部ほか，2008）。それによれば，東海地方西部を含む近畿地方周辺におけるK-Ah降下時の土器型式は，東海地方の天神山式土器新段階の楠廻間式土器（^{14}C年代：6,355±35 BP，較正暦年代：5,465〜5,225 cal BC）の可能性が高く，関東地方の縄文時代早期末の神之木台式土器併行期にあたるとされた。この結果は，かつて伊豆大島の東京都大島町瀧の口遺跡において，K-Ahの火山ガラスの検出層準の直下から天神山式土器が出土したという報告（杉原ほか，1983）と整合するもので，細分型式までも明確にしようとした試みと評価できる。さらに，遠部ら（2008）は山陰地方や九州におけるK-Ah前後の土器型式の年代にも言及し，西日本全体を視野に入れた予察的な見解も示した。最近では，山陰地方の縄文時代早期後半〜前期前半の土器付着炭化物のAMS法による^{14}C年代測定の結果，K-Ahの年代値は，島根大学構内遺跡出土の縄文条痕文系土器と西川津式土器の間に位置付けられるとが報告されている（遠部，2012）。

　以上のことから，K-Ahは，東海地方では，小崎（2010）や早坂（2010）らも指摘するように，楠廻間式土器を含む広義の天神山式土器の縄文時代早期末の段階でとらえられる可能性が高い。また，山陰地方では，縄文時代早期末〜前期初頭に位置付けられる縄文条痕文系土器の時期幅の中でとらえられる。

　他方，九州においては，かつて轟A式土器と呼ばれた条痕文系土器の段階

	【九州地方】	【山陰地方】	【東海地方】	【関東地方】
新 ↑	曽畑式			
	西唐津式			
	轟B式	西川津式	木島式	花積下層式
			塩屋式	下吉井式
《K-Ah》	西之薗式	福呂式・長山式	楠廻間式	神之木台式
	轟A式	島根大学構内	天神山式	打越式
	塞ノ神B式・苦浜式	菱根式	石山式	野川式
			入海式	下沼部式
	塞ノ神A式		上ノ山式	茅山上層式
↓ 古	平栫式	帝釈観音堂	粕畑式	
			元野式	茅山下層式

（東海・関東の縦方向に「条痕文系土器」と注記）

図4　縄文時代早期後葉〜前期土器型式群とK-Ahの関係（栗畑，2013より転載）

とする見方が有力になりつつあるものの，より厳密な土器型式との対応に関しては確定しているとは言えない。その原因としては，K-Ah による確実な被災集落跡が未発見であること，そして，北部九州では，K-Ah の堆積自体が不明瞭となって K-Ah の一次堆積物に直接覆われて出土する土器型式を抽出することが困難であることがあげられる。図4に現時点における縄文時代早期後葉～前期の各地の土器型式と K-Ah の関係を表示したが，各地における K-Ah 降下時の土器型式を厳密に特定することは簡単ではない。

2　鬼界アカホヤ噴火の影響に関する研究現状

(1)　自然環境への影響に関する研究現状

　K-Ah を広域テフラとして認識し，完新世において破格の規模であることをつきとめた町田（1977）は，このテフラを生み出した圧倒的に破局的噴火が当時の自然環境，地形・植生などに与えた影響を有史の噴火災害事例などを参考にしながら類推している（町田, 1981, 1982）。具体的には，カルデラの大陥没に伴う大津波による南九州の海岸部へのインパクト，火砕流による直接的な植生の破壊，そして，降下火山灰についても堆積層厚に応じて植生が埋没・枯死したであろうこと，さらに降灰による植生の破壊によって山崩れが起きて火山灰の沖積地への再堆積が進んだことなどをあげた。

　次に，自然環境への影響を噴火による直接的なものと噴火に随伴する現象によるものの大きく二つに分けてこれまでの研究を概観してみる。

a) 噴火による直接的な影響

　鬼界アカホヤ噴火による火砕流や火山灰降灰による植生への影響について，町田（1981）は，有史時代の大噴火の例を参考にすれば，植生が回復し，地形変動が落ち着くまでには 100 年以上はかかったと述べ，K-Ah を母材とした土壌 A–B 層の形成と極相林の成立には少なくとも 1,500 年を要したのではないかと推定した。

　鬼界カルデラの北方約 60 km 位置する鹿児島県指宿地方において，遺跡の火山噴出物層序を調査した成尾（1983, 1984）は，鬼界アカホヤ噴火に伴う幸屋火砕流堆積物中から直径数 cm，長さ十数 cm の炭化木が検出されることから，火砕流が高温状態で流走したことを物語っていると述べた。また，同地方で

は，K-Ah とその上位の池田湖火山噴出物（池田湖テフラ）との間の黒色腐植土が無遺物層であることや，池田湖火山最初期噴出物の池崎火山灰下面に竹葉，イネ科植物葉片，シダ，径1～2cmの小木しか認められないことから，幸屋火砕流による大規模な植生破壊が起こり，K-Ah 堆積後かなりの期間を経ても草原状態で，森林生態系の回復は遅かったのではないかと推定した。同じような状況は大隅半島の南部地域でも確認され，土壌から採取されたプラント・オパール分析の結果によれば，K-Ah の直上は，それまでの森林植生から一転してススキ属を主体とする草原植生に移行していることが明らかとなっており，火砕流による森林植生の破壊が指摘された（杉山, 1999）。同地域に所在する鹿児島県南大隅町大中原遺跡で検出された火砕流の直撃によると思われる炭化木や地層横転（倒木痕）はそのような被災状況を如実に示すものであり（根占町教育委員会, 2000），成尾（1999）がそれらの形成プロセスを明らかにした。

　鬼界カルデラの南方約50kmの洋上に浮かぶ縄文杉で著名な屋久島では，鬼界アカホヤ噴火によって植生は完全に破壊されたと指摘されている（田川, 1994）。しかし，現在屋久島の標高700m以上の高地に分布するスギ・モミ・ツガ林は，噴火後に鹿児島県本土の高地から風による種子散布によって再進入したとは考えられないため，屋久島の植生は壊滅的なダメージを受けたものの，完全に破壊されることはなかったと推定されている（井村, 2009a, 2009b）。

　九州北部に目を転じると，大分県大分市横尾貝塚では，花粉分析の結果，K-Ah の降灰によって，耐用のない落葉広葉樹が激減し，クリやマキ属が増加したと推定された（金原, 2009）。さらに，伊豆半島松崎や和歌山県新宮では，K-Ah 降灰後に一時的な針葉樹の増加傾向が指摘され（辻, 1993），一時的な植生の撹乱が推定された。

　南九州において，鬼界アカホヤ噴火後の照葉樹林の回復にはどのくらいの期間を要したのかという研究もなされている。

　杉山（2002）は，幸屋火砕流の直撃を受けた大隅半島南端部において，テフラの年代を基準にしながら照葉樹林の植物珪酸体の出現状況を検討した結果，火砕流のインパクトによって照葉樹林やタケ亜科が絶えて，ススキ属が繁茂する草原植生へ移行し，K-Ah から上位に堆積する池田湖テフラまでの期間の約900年間（7,300cal BP～6,400 cal BP）は照葉樹林が回復しなかったと推定した。

ただし，幸屋火砕流の給源に比較的近い薩摩半島指宿市では池田湖テフラ直下で照葉樹林や落葉広葉樹が認められることから，薩摩半島南端部では噴火以前の植生が一部残存していたのではないかと述べた。一方で火砕流が及ばなかった鹿児島県本土中部以北の地域では，K-Ah降下直後に照葉樹林が増加傾向にあるとした。

他方，松下（2002）は，幸屋火砕流到達の北限地域の大隅半島肝属川流域において花粉分析データと堆積物の年代を解析した結果，肝属川流域全体をみると，シイを主とする照葉樹林は^{14}C年代で少なくとも300年程度（較正暦年代で約100年）で回復したものと推定した。杉山が提示した植生の回復期間と比べて短い原因としては，幸屋火砕流の火砕サージに近い流動特性により，火砕流到達範囲内においても流下を免れた地形的な場所があり，植生の破壊と回復の程度は一律ではなかったからではないかと想定した。

b）噴火の随伴現象による影響

鬼界アカホヤ噴火に伴う現象としては，当初からカルデラの陥没による規模の大きな津波の発生も予想されていた（町田，1981）。

この噴火で発生した津波の数値シミュレーション（Maeno et al. 2006；Maeno・Imamura,2007；今村・前野，2009）によれば，最大規模の津波はカルデラ崩壊に伴うと推定されるという。同様に小林（2008）は南九州における津波堆積物の産状から，最大規模の津波はカルデラ噴火の終了後に発生し，時間差のあるカルデラの崩壊が主要因と推定した。

具体的な事例としては，竹島・口永良部島・屋久島・薩摩半島南岸などの鬼界カルデラを取り巻く周辺の海岸沿いに，津波によってもたらされたとみられる礫層や砂泥層，津波の引き波から取り残されたとみられる軽石質地層，津波により河川沿いに掃き寄せられた多数の生木を包含する軽石質の層などの津波堆積物と推定される地層あるいは津波をうかがわせる痕跡があると指摘された（下司，2009；小林・成尾・下司・奥野・中川，2011）。

また，岡村・松岡（2005）は，鬼界カルデラの北方約210kmにある長崎県橘湾の海底から採取したピストンコアの中から，層厚約10cmのK-Ah直下で，火山砕屑物を主体とし削磨された礫や砂貝殻片などを含む層厚約20cmの礫混じりの砂層を見出しており，詳細な層相の記載などは行われていないものの，

鬼界アカホヤ噴火に伴う津波堆積物の可能性があるとした。

　鬼界カルデラから約300km北の九州東北部，大分県別府湾南東岸に所在する大分市横尾貝塚では，鬼界アカホヤ噴火当時の海成層中に，K-Ahに被覆された津波堆積物とみられるイベント堆積物が確認され，詳細な層相の記載と形成要因についての検討がなされた（藤原ら，2010）。それによれば，このK-Ahは湾奥にあった小規模な谷に堆積したもので，堆積構造が発達するイベント堆積物（ユニットⅠ～Ⅴ：層厚約35cm.）とそれを覆う降下火山灰（ユニットⅥ：層厚約30cm）からなり，イベント堆積物は，谷中で流体の遡上と流下が長い周期で繰り返すことで形成されたと解釈され，大分湾にまで層厚35cmにも達する堆積物を形成する津波が到達したと推定された。また，この堆積物はK-Ahに厚く覆われており，津波はK-Ah降灰の比較的早い時期に到達したと推定された。

　他方，噴火の初期から末期にかけて連動するように2回の巨大地震が発生したことが明らかにされた（成尾，1999b，2000，2001b，2002；成尾・小林，2002）。それによれば，地震の痕跡は，薩摩・大隅半島南半部では砂や軽石・シルトが噴き出す噴砂脈で，種子島・屋久島では礫が噴き出した噴礫脈として確認される。噴砂脈は，薩摩半島中南部と大隅半島中部のシラス台地上に集中しており，シラスの二次堆積物から発生するものが主体である。一方，噴礫脈は種子島・屋久島の海岸段丘面上に存在しており，礫に富む段丘堆積物から派生したものと，基盤をつくる熊毛層群の風化・破砕礫から発生したものとがある。これら噴砂・噴礫脈の発生時期は，種子島・屋久島の噴礫の発生は火砕流噴火の直前～同時期の1度だけであったが，薩摩・大隅半島南半部での噴砂は噴礫の発生と同時期だけでなく，K-Ah降下中にも発生していたとみられ，2度目の地震の震源がより北部に移動したためとした。ともかく，上記のような南九州本土南半部および大隅諸島において検出される液状化や噴砂・噴礫現象は，鬼界アカホヤ噴火の随伴現象による大地へのインパクトを物語る証拠とされる。

　ところで町田（1981）は先に紹介した，K-Ah降灰による植生への影響について述べた際，紀伊半島や広島付近の山地内の数地点において，K-Ahが山崩れ堆積物に直接覆われたり，また角礫層中に火山灰層の一部がブロックとして取り込まれたりしているという事例をもとに，降灰→植被の破壊→山崩れとい

第1章　序論

う図式を想定した。また，四国の高知平野・徳島平野，鹿児島湾北岸国分平野などの沖積層試錐コアや露頭で，K-Ahそのものの厚さが周囲の台地上よりも著しく厚く，数メートルに達することから，降雨のたびに火山灰が河川に流入し，下流へ運搬されたためであると推定しており，山地の植生被害によって，斜面崩壊・土石流が引き起こされたと想定した。

　宮崎平野の石崎川沿いの沖積地では，周囲の台地・段丘上でみられるK-Ah（層厚50〜30cm）に比して著しく厚い層厚2m以下のK-Ah層が確認された（長岡ほか，1991）。この堆積物は斜交葉理の発達するK-Ahの水中二次堆積物であり，その中には，しばしばアラカシの葉・幹・種子など多量の植物遺体が含まれており，K-Ahの降灰により枯死した陸上の植物が火山灰とともに流水などにより海に流れ込んだものと推定された。

　この他にも，屋久島や鹿児島市，鹿児島湾北部の国分・姶良など南九州各地において，上流から運ばれた多量の火山灰の二次堆積による当時の河口付近や浅海域の埋積現象がみられることが指摘されており（森脇ら，1994），鹿児島市の沖積地の海成層中においては，K-Ahが厚いところで5m以上の層厚が確認されるという。

(2) 縄文時代の文化・社会への影響に関する研究現状

　a）土器文化・土器様式・土器圏への影響

　先述したように鍵層としてのK-Ahの認識は，九州の縄文土器編年に極めて大きな指標を与えることになったのであるが，その直前の土器文化・土器様式・土器圏に与えた影響の度合いについては，先に紹介した鬼界アカホヤ噴火の考古編年上での位置付けをめぐる研究史でも紹介したようにいくつかの異なる見解が示されている。

　K-Ahを利用して九州の縄文時代早・前期土器編年を再編成した新東（1984）は，K-Ahの下位から出土する平底の塞ノ神式土器とK-Ahの上位から出土する尖底・丸底の轟式土器・曽畑式土器の対比を通して，鬼界アカホヤ噴火によって南九州の人類および植生は壊滅状態となり，照葉樹林帯の拡大に伴ってその分布圏を拡げていた塞ノ神式土器文化も壊滅したとし，その後の植生の回復をまって西北九州の轟式土器・曽畑式土器という新しい文化が相次いで流入してくると解釈した。

第2節　鬼界アカホヤ噴火の時期と影響に関する研究動向

　一方，河口（1991）は，自身の轟式土器の編年（轟Ⅰ～Ⅳ式）をもとにして，鬼界アカホヤ噴火に伴う幸屋火砕流の影響を遺跡の状況から復元しようとした。それによると，直接被災した遺跡として鹿児島県志布志市鎌石橋遺跡をあげ，火砕流の直下から検出された条痕文土器（轟Ⅰ式土器）が熱を受け赤褐色に変色し脆くなっていることやそれらに白色の火山灰が付着している事実を紹介し，噴火の時期を轟Ⅰ式土器期と推定した。また，火砕流の被害を受けなかった遺跡としては鹿児島県鹿児島市小山遺跡や同県志布志市片野洞穴をあげ，両遺跡では下層から上層へ，轟Ⅰ式土器から轟Ⅱ式土器へという土器文化の継続がみられるとした。つまり噴火直後の時期とした轟Ⅱ式土器の出土遺跡が認められるとすれば，その地域は噴火による影響がほとんどなかったものと考えた。さらに，火砕流による被災地域内でも海岸地帯は生態系の回復が早かったとして，薩摩半島南部西海岸の鹿児島県南さつま市阿多貝塚や同県同市上焼田遺跡の事例や鹿児島湾岸の鹿児島県鹿屋市荒平ビーチロック内において轟Ⅱ式土器が見つかっていることなどを紹介し，鬼界アカホヤ噴火による影響に地域差を見出すことを試みた。

　高橋（1989）は，轟式土器の編年をより詳細に再検討し，鎌石橋式，轟1～5式に細分・序列している。その中で，轟式土器はK-Ahの降灰以前に出現しその後も継続していくと述べながら，K-Ah降灰後とした轟3・4式段階に山陰系とした突帯文土器が九州に流入していることを指摘し，その原因の一つとして鬼界アカホヤ噴火による環境破壊で九州南部・東部，中国地方の一部，四国地方の人口が急減し，そこへ山陰系突帯文土器を担う人々が移動してきたと推定した。

　鬼界アカホヤ噴火の時期を条痕文系の轟A式土器存続期間の中でとらえた桒畑（2002）は，九州のほぼ全域に分布のみられる轟A式土器の製作に関する情報（土器文化）が鬼界アカホヤ噴火の影響によって断絶することはなく，九州レベルでみたときに，同系統の土器を製作し使用するという人間の営みは途切れなかったと評価した。ただし，幸屋火砕流による直接の被災が推定される南九州の南半部においては，ある程度の無住期間が生じたと推定した。

　これらの説を整理すると，下記のように二つの立場に分けて考えることができる（図5）。

29

第1章 序論

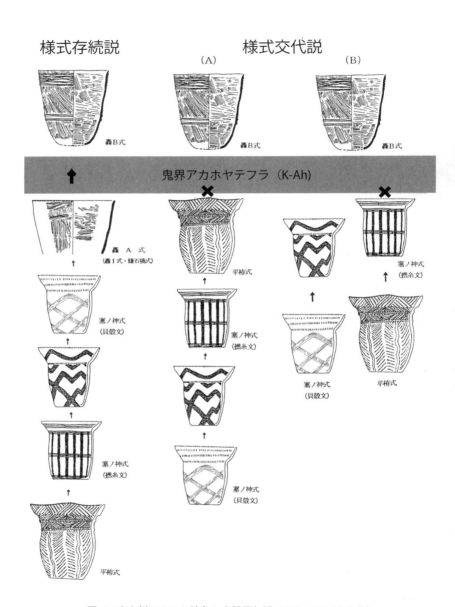

図5 南九州アカホヤ論争と土器編年観 (桒畑, 2002より転載)

①土器様式交代説＝鬼界アカホヤ噴火を平栫式土器・塞ノ神式土器の時期とする説（新東，1980，1994；木崎，1985）

②土器様式存続説＝鬼界アカホヤ噴火を轟式土器の存続時期とする説（河口，1985b；高橋，1989；桒畑，2002）

　上記の土器文化への影響に関する見解の対立は，①の土器様式交代説の立場に立つ木崎（1992）によって「南九州アカホヤ論争」と名付けられており，各説の立論の基礎をなす，K-Ah挟んでの縄文時代早期後葉～前期初頭の土器編年はいまだに確定しているとは言えない。

　K-Ahを利用した層位的な発掘調査・研究によって，従来，早期の土器形態とされてきた尖底・丸底形態の轟B式土器や曽畑式土器がK-Ahの上位から出土する一方で，前期に位置付けられていた平底形態の貝殻文円筒形土器群や平栫式・塞ノ神式土器群がK-Ahの下位から発見される事実によって，両者の時間的関係が逆転し編年の再構築がなされた（新東，1978，1980）が，K-Ahの下位に包含される縄文時代早期の土器編年については，早期前葉・中葉・後葉という大枠では落ち着いてきているものの個別の細分編年や系譜関係をみると，多くの研究者によってさまざまな見解が示されており混乱している。中でも早期後葉に位置付けられる平栫式・塞ノ神式土器群の細分編年については，主文様や形態によって，それぞれ数型式に細分できるのであるが，その型式変遷には数案があって（河口1972，1985b，新東1982，1989a，多々良1985，1998，木崎1985，高橋1997，1998，中村2000，八木澤2008），定説をみていない。さらに，K-Ahの下位に包含され，轟式の範疇でとらえられる傾向にある条痕文系土器群についても，いくつかの分類案や編年案が提示されている（高橋1989，桒畑2002，重留2002）ものの，平栫式・塞ノ神式土器群との時間的関係性も含めて，その位置付けが確定しているとは言いがたい。

b）轟式土器についての研究現状

　先述した「南九州アカホヤ論争」と名付けられた，鬼界アカホヤ噴火の土器文化への影響に関する論争の原因は端的に言えば轟式土器の編年観の違いによるところが大きいと考えられる。①の土器様式交代説が轟式土器のカテゴリーをいわゆる轟B式土器に限って解釈することによって，噴火の影響を平栫式土器・塞ノ神式土器文化の断絶という九州規模の様式交代へつながるとしてい

第1章　序　論

るのに対し，②の土器様式存続説はK-Ahの下から出土する条痕文系土器（轟A式系統の土器）とK-Ahの上から出土する轟B式土器とを同一系譜とすることによって，土器文化の連続性を説いており，高橋は轟式土器様式への一部の影響を考えるが，河口や桒畑は土器様式への影響については，ほとんど問題としていない。

　ここで，轟式土器の編年観の違いがどのようにして生み出されていったのかついて轟式土器そのものの研究史を振り返ってみる。

　轟式土器は，熊本県宇土市宮之荘にある轟貝塚を標式遺跡とする。同貝塚は1919年に浜田耕作の率いる京都帝国大学考古学教室によって発掘調査され，翌年に発行された報告書中で出土土器の分類がなされた（浜田・榊原, 1920）。その中のミミズバレに似た隆起帯とされた隆帯文をもつ土器について，はじめて轟式土器という名称を用いたのは，中九州において縄文土器編年を推し進めていた小林久雄（1935）である。小林はこのときすでに，轟式土器が曽畑式土器よりも下層で出土する熊本県宮島貝塚の事例を紹介した。その後，小林（1939）は，九州の縄文土器を総説する中で，轟式土器について解説し，「単純な深鉢形」と「長頸を有し腹部の張った深鉢形」のふたつの形態があるとするが，同時期におけるヴァリエーションとしており，「単純な深鉢形」が量的に主体を占めるとみていた。文様も地文の条痕と横・縦の隆帯文のほかに，渦文や変様縄蓆文（刺突・押引文）などもみられるとした。時期については，縄文時代三期区分中の前期に位置付けた。

　一方，西日本の縄文土器を概説した三森定男（1938）は，小林が轟式土器と呼んだ土器群について，鹿児島県阿多貝塚資料を標式として阿多式土器と命名した。形態は「直口する深鉢形」と「外彎する口縁部を有し，腹部の張る深鉢形および鉢形」の二者があるとし，前者は口縁部に文様の主体があるのに対し，後者は肩腹部に文様の主体があり，渦文や沈線文など複雑な文様をもつとした。また，後者は阿多貝塚では出土していないため，轟貝塚出土土器との時期差を想定し，前者から後者への変化を推定した。ちなみに，轟式土器の名称は現在の並木式土器に対して使用した。

　その後，小林（1935, 1939）による轟式土器という名称がしだいに認知されていく一方で，型式内容の詳細は依然不明瞭な部分が多く，底部形態も含めた

全体像は不明なままであった。

　そういったなか，1958年に轟式土器の編年を目的とした轟貝塚の再発掘調査が実施された（松本・富樫，1961）。松本・富樫は出土土器の分類と型式編年を試み，下層の出土土器を三類に分け，轟A・B・C式とし，それらより上位に出土する土器を轟D式とした（以下，「松本分類」とする。）。ただし，京都大学発掘資料にみられた胴部の膨らむものについては，轟式の変形であっても，その特徴をなすものではないとされた。これら各分類について以下に概説すると，最下層で見出された轟A式は，表裏に強い条痕のある土器で，器形は尖底ないし丸底の深鉢形と推定された。轟B式は，条痕の上に粘土紐の貼り付けによる隆帯文，いわゆるミミズバレ文をもつ土器である。轟C式は，波状文や貝殻刺突文をもつもので，轟D式は，短直線文，波状文，列点文を施し，内面にも文様をもつ土器である。A式は尖・丸底で，B・C・D式はいずれも平底と推定されており，編年位置については，A式・B式・C式の一部は早期，C式の一部とD式を前期に位置付けられた。

　この段階で，轟式土器の全体像についての一応の目安は示されたが，口縁部から底部まで接合する完形品の出土がみられなかったため，底部形態に関して，その後，多数発見される轟B式土器の丸底資料との間にギャップが生じることとなった。また，主流ではないとされた胴部の膨らむ形態の轟B式土器も，後に，九州内でかなり定着したかたちで確認されることになった。

　先に紹介したように，1970年代の後半は，町田・新井（1978）により，広域テフラと認定されたK-Ahを利用した層位的な発掘調査が導入され，九州の縄文早・前期土器編年研究は大きく進展した（新東，1978）。

　K-Ahを鍵層として縄文時代早・前期土器編年を再構築した新東（1980）は，K-Ah下位から出土する塞ノ神式土器とK-Ah上位から出土する轟B式土器が系統的に連続しないとし，K-Ahの降灰をもたらした鬼界カルデラの噴火による火山災害によって，土器文化の断絶が生じたという見解を示した。

　この提言が発端となり，鬼界アカホヤ噴火の時期をどの土器型式に対応させるかということをはじめ，噴火が縄文土器様式に与えた影響の度合いに関して，先述したように二つの異なる見解が対立するようになった。

　そしてこの時点においては，近年，K-Ahの下位から出土することが確実と

第1章 序論

なっている条痕文系の轟A式土器とK-Ahの上位から出土する轟B式土器とを同一系統とするかまったく別系統としてとらえるかという問題は表面化しなかったが，1980年代の後半以降になり，それまで等閑視されてきた轟A式土器が注目されるようになり（河口, 1985b），轟A式土器と轟B式土器との系譜関係が議論されるようになった（新東, 1987；高橋, 1987）。

ところで，K-Ahが広域テフラと認識された後に，K-Ahの上位から出土することが多かった轟B式土器に関しては，設定当初から論点となっていた，胴部の断面形が直線的，ないし緩いカーブを描く深鉢形（以下，「単純形」とする。）と，「S」字状ないし「く」の字状に屈曲する深鉢形（以下，「屈曲形」とする。）という二つの異なる器形の解釈をめぐって，さまざまな見解が示されるようになった（水ノ江, 1992）。

議論をおおまかにまとめると，二者を一系統の時間的変異，つまり時期差であると考える田中（1980），栗田（1982），山口（1987），矢野（2002）らの説，二者の系譜差を認めた上で，共存しながら変遷したという宮本（1989, 1990a）説，二者は別系統とする高橋（1989, 2004）説に大別できる。これらの枠には収まらない立場として，桒畑（2002, 2006a）は，「単純形」を時期の異なる二種に分けて，間に「屈曲形」を挟みこむ編年観を提示した。この他，宮内（1990）や坂本（1997）が遺跡単位の編年案を提示している。以下，主な細分編年案をとりあげる。

K-Ahを挟んでの轟式土器の継続説を唱える高橋（1989）は，大分県竹田市右京西遺跡の出土土器の検討をベースとして，松本分類の資料についても再吟味を行い，轟式土器を5型式（1〜5式）に分類した。高橋は，K-Ahの下位から出土する条痕文土器（鎌石橋式土器）や隆起線文の平底土器（轟1式・轟2式）の流れを汲む九州在来の土器として，K-Ahの上位から出土する「単純形」の土器（轟3式・轟4式・轟5式）を位置付けた。つまり，条痕文のみの鎌石橋式土器→条痕文と板状の工具により微隆起線文を作り出す轟1式土器→粘土紐の貼り付けにより隆起線文を作り出す轟2式土器という図式を具体的な資料を使って描くことによって，主要な文様属性でありながら，従来，その出現について詳細に説明されることのなかった轟B式土器の隆帯文の生成過程を型式学的に説明した。底部形態については，轟3式土器段階に平底から丸底へ移行す

るとした。一方，九州在来とした「単純形」に対し，「屈曲形」については，山陰地方との関連性を指摘して「山陰系突帯文土器」（西川津系）という枠組みでとらえ，それが，K-Ah の上位から出土する単純な深鉢形の轟 3 式・轟 4 式土器段階に共伴するとした。

　山口（1987）は，三森がとりあげて以来，等閑に付されていた京都大学発掘資料を再分類するとともに，松本分類の資料についても再検討し，両者の異同を確認した。そして，松本分類の資料は，底すぼまりの「単純形」のみで構成され，京都大学発掘資料の中に顕著な胴部の膨らむ「屈曲形」が含まれていないのは，出土地点が違うからであるとし，両者には時期差があると解釈した。さらに，先後関係については，中国地方での出土状況から，「屈曲形」が古く，「単純形」が新しいとした。

　宮本（1989, 1990a）は京都大学発掘資料を再検討し，K-Ah の上位から出土する轟 B 式土器のみをとりあげ，Ⅰ～Ⅳ類に分類した（Ⅰ類：「単純形」，Ⅲ類：「屈曲形」，Ⅱ類：両者の中間形，Ⅳ類：刺突・押引文土器）。また，これらは，編年関係ではなく，系譜関係であるとし，いくつかの遺跡における層位的出土状況や，先に宮本（1987）が検討していた近畿・中国地方の土器編年との関係も考慮して，三段階の変遷過程を示した。つまり，「単純形」と「屈曲形」が，共存しながら，系譜ごとに変遷したと推定した。

　1985 年に島根県松江市において，「西日本における縄文早期末～前期初頭の土器（轟式土器の展開とその東辺の土器）」というテーマで開催された縄文研究会は，従来から，轟式系土器の存在が指摘されていた山陰地方において，1980 年代に鳥取県米子市目久美遺跡や島根県松江市西川津遺跡などでまとまった資料が発掘されるようになったことを背景に，轟 B 式土器を利用して，西日本における土器編年の併行関係を検討することを目的としていた。この会を契機として，西日本一帯における轟 B 式土器の広域的な分布が注目されるようになった。

　宮本（1990a）は，胴部の膨らむ形態の轟 B 式土器と同じような文様構成・器形をもつ志高タイプが，福井県鳥浜貝塚において，東海地方の前期初頭の清水ノ上Ⅰ式土器と共伴していることにより，轟 B 式土器の第 1 段階が関東・東海編年の前期初頭と併行であるとした。さらに，「屈曲形」の轟 B 式土器に

第1章 序論

ついては，同様な形態や特徴を示す土器群が瀬戸内・山陰地方だけでなく近畿地方にも分布するとして，広域的な土器圏が形成されるとした。

井上（1991）は，山陰地方における前期初頭の土器群を，西川津A式と西川津B式に分類し，両者は併行関係にあるとした。また，西川津B式1・3類が宮本のいう轟B式Ⅲ類（「屈曲形」）に，西川津B式2類が轟B式Ⅳ類（刺突・押引文土器）と同一系統に属するとしているが，その系譜については明らかではないと述べた。なお，幾何学状の文様構成の刺突・押引文，沈線文をもつ西川津B式2類は，山陰地方で発達したものと考えた。のちに井上（1996）は，これらを「西川津式」と総称し，各類が共存しながら変遷するとした。

これに対し，矢野（2002）は，西川津式を5型式に分けて，井上のいう各類は併行関係ではなく，編年関係（時期差）であるとし，従来，山陰地方においては系譜が異なる土器とされてきた轟B式土器の「屈曲形」を西川津5式土器として，単独で1時期を構成するとした。また，轟B式土器の「屈曲形」と「単純形」については，大分県かわじ池遺跡の出土土器のなかに両者の中間的な形態が存在することをとりあげて，これを移行形態と評価し，「屈曲形」を古く，「単純形」を新しく位置付けた。

広瀬（1984）を契機として，轟B式土器と朝鮮半島の隆起文土器との関係についても，具体的に論じられるようになり，東アジアレベルでの位置付けが可能となってきている。その後，広瀬（1994）は，縄文時代の日本列島と朝鮮半島との交流史をまとめるなかで，朝鮮半島南海岸地域において，隆起文土器に伴って，轟B式土器の屈曲タイプとみられる土器が少量存在する（煙台島貝塚・上老大島貝塚・凡方貝塚・新岩里遺跡・東三洞貝塚）ことや，佐賀県鎮西町赤松海岸遺跡では，轟B式土器に混じって隆起文土器がみられることなどから，朝鮮半島南海岸地域と九州地域との断続的な交流があったと推定した。

宮本（1990b）は，朝鮮半島南海岸の隆起文土器の器形には，寸胴タイプと屈曲タイプの二つの系譜があることを指摘し，「単純形」と「屈曲形」の二つのタイプをもつ九州の轟B式土器とある程度相似的な現象を示しているととらえた。

李（1994）も，縄文前期前半段階の九州，山陰・山陽地方，韓国南岸の三つの地域において，それぞれの地域ごとに属性を異にする在地系のⅠ群土器と屈

曲・胴張器形を呈する点で共通するⅡ群土器が並存するという，土器様相の二重構造を想定した。そして，九州に起源をもつⅡ群土器（轟B式土器の「屈曲形」）は，広域に展開し，山陰・山陽地方に達し，韓国南岸にも影響を与えたと想定した。

　轟B式土器の終末期の様相については，中村（1982）が曽畑式土器の出現過程を論じるなかで，「野口・阿多タイプ」を設定して言及していた。その変遷プロセスを層位的に裏付けたのが，1980～1982年に行われた佐賀県唐津市菜畑遺跡（唐津市・唐津市教育委員会，1982）の発掘調査であった。この調査で，轟B式土器から曽畑式土器への変遷を確認する上で有効な層位的出土状況が得られた。田島（1982）は，層序を基に，轟B式土器から曽畑式土器への変遷を5段階に編年しており，轟B式「単純形」の隆帯文土器群を，第Ⅰ期の菜畑15・16タイプと第Ⅱ期の終末の隆帯文土器群に分けている。隆帯文が細く多条のものから，一・二条の間のあいた丸い隆帯をもつものへ変化するということが層位的に認められた点で重要な成果である。

　水ノ江（1988）は，1980年代に集積された豊富な資料をもとに，西北部九州における「単純形」の轟B式土器から中間土器群（深堀式土器・野口式土器）を経て，曽畑式土器へと連なる変遷過程を型式学的に検討した。中間土器群は後に西唐津式土器と改称した（水ノ江，1993）。

　一方，轟B式土器よりも古く位置付けられ，K-Ahの下位から出土することが確実となってきた条痕文系の轟A式土器については，高橋（1989）による分類と組列案が示され，その後は，楽畑（2002）や重留（2002）によって分類と編年が検討されたが，いずれも定説には至っていない。

　ここまでみてきたように，轟式土器分類の基礎となった松本分類は，轟A～D式の各型式が一連の系統的なつながりをもって変遷したという仮説によってまとめられた。しかしながら，現在では，轟C式の一部が，貝殻文をもつ塞ノ神式土器そのものであるという指摘（水ノ江，1990）があるとおり，明らかに時期の異なる他型式が含まれることや，乙益（1965）が提示し，田中（1979）が論証した，轟A・B式と轟C・D式の間に曽畑式土器を挟みこむ編年観が定着しており，これらの型式群は時間的に断絶しているという見方が主流となっていることもあって，型式名称の適格性が問われている状況にある。

第1章　序論

c) 人類活動全般への影響

　ここまで，考古資料の中でも目につきやすい土器文化への影響に関する研究をみてきたが，土器の分析をもとにした遺跡の様相に関する発展的な解釈もなされてきた。

　先に紹介したように，土器型式の分布状況に対する解釈としては，新東（1978, 1980）が鬼界アカホヤ噴火後の植生回復をまって北西部九州から南九州へ轟式・曽畑式土器文化が流入したとし，九州内部での人口移動を推定した。また，高橋（1989）は，鬼界アカホヤ噴火によって人口の急減した九州南部・東部，中国地方の一部，四国地方へ山陰系土器を携えた人々が移動したと推定した。

　東海地方においても土器圏の動態から人口移動が推定されており，池谷信之らは，縄文時代早期末葉の東海地方東部では関東系土器が主体的で，東海系土器はあくまでも客体的であったのが，木島式以降になると急激に増加し，土器の比率が均等になることから，K-Ah 降灰の影響によって環境の悪化した東海地方西部からの集団の移動を想定した（池谷・増島, 2006；池谷, 2008）。

　K-Ah の一次・二次堆積による浅海域の埋積現象に伴う生産力の減退についての指摘もされており，山下（1987, 1988）は，縄文時代早期末の三河湾周辺において貝塚形成が低調となったのは，K-Ah の降灰が影響を与えた可能性を指摘した。また，小田（1993）も塩屋式土器期における生育不良とみられるハイガイの出土や貝塚自体が貧弱になる原因として，K-Ah の降灰による環境の悪化が一因であると指摘した。その他，桒畑（1995）は，宮崎県の宮崎平野における貝塚形成の断絶の原因として，K-Ah による浅海域の埋積が進むことによって，貝類の棲息阻害が生じたために，貝塚形成が衰退した可能性を指摘した。

　鬼界アカホヤ噴火後の被災地における生活環境の回復過程と再定住のプロセスについては，先に紹介したように，河口（1991）によって，火砕流被災地の中でも海岸部の生態系の回復がより早かったのではないかという指摘があり，南九州西岸部の鹿児島県出水市荘貝塚や同県南さつま市阿多貝塚の事例をあげて，環境の悪化に対応して貝の捕食が開始されたという推定もなされた（河口・西中川, 1985）。

　さらに，細分した土器編年に基づく南九州における遺跡の分布状況の推移を

みることで，当該地における再定住の過程を復元する試みもなされており（桒畑，2002），幸屋火砕流の直撃を受けた南九州本土南部と大隅諸島では，定着的な遺跡が形成されるようになるまで約1,000年を要したと推察された。

また，堅果類を生産する森林植生への影響に着目した石器組成の検討と解釈も進められ（桒畑，1991，1994，2002），鬼界アカホヤ噴火直後の南九州の遺跡では，全般的に堅果類加工具である磨石・石皿の占める割合が極端に低いという状況が認められることから，堅果類を生産する植生へのダメージを反映しているとした。

九州内の小地域におけるK-Ah降下後の生活環境修復プロセスの研究もある。木崎（1992）は，K-Ahの現存層厚20～50cmである熊本県人吉盆地におけるK-Ah堆積後の遺跡の形成段階を整理した。人吉盆地では，K-Ah後の中で最も古い段階とする轟B式土器が出土した遺跡があることから，人類はK―Ah降灰後時間をおかずに盆地内での生活を始めているが，その遺跡規模は小さいと指摘している。さらに，遺跡ごとにK-Ahの再堆積終了の時期が異なることを紹介して，人吉盆地ではK-Ah降灰の影響が弥生時代後期まで強く残り，人類の生活に相当の制約を与えていたと結論付けた。さらに木崎（2006）は，人吉盆地北方に位置する川辺川沿いの五木谷における縄文時代早期における遺跡の動態を検討する中で，早期まで活発に利用されていた当該地が前期以降は遺跡数が減少して，回帰数が減少したことについて，K-Ahの降下に伴う一時的な環境悪化が関与していると推定した。

3　小　結

以上の鬼界アカホヤ噴火の時期と影響に関する学史を整理すると，以下のようになる。

①理化学的な手法によるK-Ahの年代推定については，1970年代後半にいわゆるK-Ahが鬼界カルデラ起源の広域テフラであることが明らかにされ，^{14}C年代測定値の集中する6,300 BPという数値が採用され約6,300年前とされた。1990年代後半には^{14}C年代の較正暦年代に関する議論が活発化するなかで，それとは異なるアプローチによる年代推定法である水月湖の湖底堆積物の年縞計数により，7,280 cal BPとされた。水月湖におけ

第1章 序論

る同層準の ^{14}C 年代測定値の IntCal09 に基づく較正暦年代もほぼ同じ年代を示しており，5,300 cal BC 頃とみられる。このように二種類の年代推定アプローチ結果を勘案すると，K-Ah の較正暦年代は，前後 40 年程度の幅を見込んでおく必要があると思われるが，現状で較正暦年代が 7,200～7,300 cal BP の間（5,300 cal BC 前後）とすることが可能である。以下，本稿では理化学的な鬼界アカホヤ噴火の年代について，この数値を採用して論を進めることとする。

② K-Ah の考古編年上での位置付けについては，縄文時代早期末の中でとらえられることが確実視されるが，詳細な土器型式の対応に関しては，九州内において平栫式・塞ノ神式土器段階とする説と条痕文系土器の轟 A 式土器の段階とする説が分かれている。原因としては，K-Ah の認識による九州縄文時代早・前期土器編年の再構築後，早期後葉から前期にかけての土器編年研究が混迷していることや K-Ah による確実な被災集落跡が未発見であること，そして，北部九州では，K-Ah の堆積自体が不明瞭となって，K-Ah の一次堆積物に直接覆われて出土するというような土器型式を抽出することが不可能であることなどがあげられる。各地における K-Ah 降下時の土器型式を特定することは簡単ではない。

③ 鬼界アカホヤの噴火が当時の自然環境，地形・植生などへ与えた影響については，自然科学分野の調査研究の進展で，さまざまなアプローチがなされている。鬼界アカホヤ噴火に伴う幸屋火砕流到達範囲，およびその周縁部における植物珪酸体分析や花粉分析の結果，当時の森林植生の遷移が復元され，火砕流によって植生が破壊された後，植生が回復するまでに900 年くらいを要したとし，火砕流到達北限付近では約 100 年を要したと推定されている。また，随伴現象である土石流・地震・津波による地形環境への影響に関しても言及されている。特に火山灰が厚く堆積した地域では，縄文海進によって現在の内陸まで入り込んだ当時の海岸線，沿岸部におけるインパクトが示唆されている。

④ 鬼界アカホヤ噴火による縄文文化へのインパクトについては，主に土器文化・土器様式・土器圏への影響が取りざたされている。②で述べたように，鬼界アカホヤ噴火の時期と九州の縄文土器編年との対応関係について

議論の決着をみておらず，当該期に絡んでいるとみられる轟式土器群の分類・編年研究の混乱も起因して，縄文時代早期末に九州の土器様式の交代があったか存続したかで評価が分かれている。

第3節　問題の所在

1　問題の所在

(1) 特異な巨大噴火による甚大な災害というイメージの先行

　K-Ahを利用した層位的な発掘調査・研究は，九州縄文土器編年の再構築という画期的な研究成果へとつながった（新東，1978，1980，1984）。しかしながら，K-Ahの着目当初において，南九州の平底土器文化が鬼界アカホヤ噴火のインパクトによって断絶し，その後の植生の回復をまって西北部九州の尖底・丸底土器文化が流入したとするドラマチックでわかりやすい図式が提示されると，K-Ahという破格の規模の広域テフラを生み出した縄文時代最大の特異な巨大噴火による文化の断絶というイメージが形成され定説となっていった。考古学だけでなく自然科学の分野でも，縄文時代の大規模な火山災害の典型事例とされ（町田，1981，1982），その結果，土器編年の検証が資料の不足もあいまって疎かになった。南九州アカホヤ論争と呼ばれて久しい縄文土器文化への影響に関する見解の対立の原因は，先述したように端的に言えば轟式土器の編年観の違いによるものである。それは，長い研究史をもつにもかかわらず，型式概念や分類・編年が混乱をきたしている轟式土器群の研究現状を反映していると思われる（水ノ江，1994，pp.67-68）。

　また，地域によって火山噴火によるインパクトが異なる可能性，すなわち噴火による影響の地域差が考慮されなかったことも注意する必要がある。鬼界アカホヤ噴火の場合，あまりにも噴火規模・スケールが大きいことが全体像を把握しづらくしていることがあるものの，テフラが厚く堆積した地域において，テフラの下位と上位で異なる土器型式が出土し，土器型式の存続期間がテフラ降下時をもって終息するようにみえるケースを検討する場合に，火山噴火の文化への影響を評価する災害考古学的な視点は重要であるが，土器型式が完全に断絶したと解釈して，この現象を普遍化してしまうのは問題である。一般に，

第1章　序論

ある土器型式が製作され使用された地域，すなわち土器圏はテフラの降下範囲よりも広く，土器圏がそっくりそのまま火山噴火による被災範囲に重なるという状況は現実的には想定しがたい。ある土器型式の存続期間にテフラが降下した場合，火砕流によって直接被災した地域やテフラ降下後の土石流等の二次災害によって壊滅した地域の外で，テフラ降下後もその土器型式が製作・使用され続けられたら，当然ながらテフラ層の下位と上位において同じ土器型式が出土する可能性があるということを想定しておく必要がある（桒畑，2008）。

(2) 自然科学的データと考古学的資料との関係性

人類の活動の舞台となる自然環境への影響については，自然科学的手法によってデータの蓄積が進み議論が深まってきたものの，縄文文化や社会への影響に関しては，一部の研究を除くと土器文化への影響に関しての議論が中心で，その他の考古学的現象については自然科学的データ自体の不足や吟味が十分ではなかったこともあって，短絡的な解釈にとどまってきた。また，K-Ah降下前後の資料の比較・検討も直前，直後というタイムスケールでの比較・検討ではなかった。

2　課題の提示

ここまでにみてきた問題点を踏まえて，以下に今後の課題を提示する。

①火山噴火による影響の地域差に留意しながら，K-Ahを挟んでの土器型式の断絶か連続かという詳細な型式学的検討を進めるとともに，各土器型式の確実な層位的出土状況についても確認していくという両面からのアプローチが必要である。そういった手続きを経た上で九州縄文時代早期後葉から前期初頭にかけての，平栫式・塞ノ神式土器群ならびに轟式土器と総称されている条痕文土器群の編年を再検討する必要がある。轟式土器については水ノ江（1994, pp.67-68）が指摘したように，今まさに，現時点で得られている良好な資料をもとに，再整理する必要性に迫られているといえる。その場合，轟式土器の大枠のなかに，条痕文を基調とする轟A式，条痕地に隆帯文をもつ轟B式という概念のみを残して，轟式土器の分類と段階設定を再検討していくのが妥当ではないかと考える。

②上記を踏まえた上で，鬼界アカホヤ噴火が引き起こした自然環境の変化

に対し，人類がどのように対応したのかということを推定し，鬼界アカホヤ噴火後の生態系の回復，そして人類活動が再開するまで，各地で実際にどのくらいの時間を要したのかを発掘調査によって得られた考古学的データをもとに検討していく必要がある。このことを踏まえて，鬼界アカホヤ噴火による火山災害の地域性を浮き彫りにする。そのためにも，各分野のタイムスケールを整理したうえで，自然科学的データと考古学的データを詳細につき合わせる作業が必要である。
③鬼界アカホヤ噴火と他の縄文時代の火山噴火災害事例を比較して，その規模と特性を相対的に位置付ける必要がある。

第4節　資料と方法

1　資　料

　対象とする地域は，これまでに発掘調査された遺跡においてK-Ahの一次堆積を確認することのできる西日本（地質学上の糸魚川静岡構造線以西ではなく，おおむね近畿地方以西）を対象とする。また，鬼界アカホヤ噴火後の自然環境や人文環境への影響についての想定モデルの検証はK-Ahの堆積が顕著で，遺跡におけるデータも豊富な九州地方を中心とする。さらに，鬼界アカホヤ噴火による直接的な罹災地域における再定住過程等の検討に際しては，九州南部の熊本県南部，宮崎県，鹿児島県本土に大隅諸島を加えたいわゆる南九州地方をとりあげた。

　取り扱う遺跡は，九州地方においては，塞ノ神B式土器，轟A式土器，西之薗式土器，轟B式土器が出土した遺跡で，かつ正式な発掘調査が実施され，成果の公表された事例を対象にして分析した。

2　方　法

(1)　火山灰（テフラ）層位法と火山灰考古学

　考古学の研究方法の一つとして，層位法・層位論がある。この方法は，自然現象を中心に観察し研究する地質学研究の基本原理を援用したものであり，堆積年代の新旧を基準として地層を区分し，対比する地質学の一分野である層序

第1章 序論

学（層位学）を適用したものである。層序学は地質学の古典的法則である「地層累重の法則」と「地層同定の法則」により成り立っており，二つの法則は補完しあいながら運用されている。

地層の上下関係を確認したり，異なる地点の地層を対比したりする際に，火山灰（テフラ）のように特徴的な地層は，地層対比の指標となる，いわゆる鍵層として有効である。

「テフラ（tephra）」とはギリシャ語で灰の意味で，これに対応する日本語は火山砕屑物である。火山砕屑物とは，火山噴出物のうち，溶岩と火山ガスを除いた破片状の噴出物，すなわち，降下テフラ（軽石・スコリア・火山灰），火砕流堆積物，火砕サージ堆積物の総称である（町田・新井, 2003）。このテフラを利用した学問体系として，「テフロクロノロジー（tephrochronorogy）」がある。テフロクロノロジーとは火山灰編年学と訳されるとおり，年代が明らかにされた指標テフラを利用して，地層や地形の編年を行う学問分野であり，地質学や地形学のみならず，考古学においても遺物や遺構の編年に盛んに利用されている。テフロクロノロジーに関する研究のおおまかな流れを以下に列記する。

1919年：浜田耕作は鹿児島県指宿遺跡（橋牟礼川遺跡）において，火山灰層を挟んで上層に弥生土器の包含層，下層に縄文土器の包含層があることをつきとめ，テフラ上下の遺物の違いを論じ，両者の年代差を確認した（浜田, 1921）。

1949年：群馬県岩宿遺跡が発見され，南関東の丘陵・段丘面を覆う赤土である「関東ローム層」が注目され，段丘面に対比させて古い順に，多摩，下末吉，武蔵野，立川ローム層という位置付けが行われた（関東ローム研究グループ, 1965）。

1960年代後半：放射性炭素（^{14}C）法，熱ルミネッセンス（TL）法，フィッショントラック（FT）法などを利用して，テフラの噴出年代の測定が進む。また，温度一定型屈折率測定などのテフラ同定法の確立がなされ，姶良Tn火山灰（AT）や鬼界アカホヤ火山灰（K-Ah）などの日本列島全域を覆うようなスケールで分布する，いわゆる広域テフラが確認できるようになり（町田, 1977），日本列島とその周辺に分布する主な指標テフラの特徴や噴出年代のテフラ・カタログが作成され（町田・新井, 1992），考古学的な調査にも盛んに応

用されるようになった。

　ところで，テフロクロノロジーには，次に示すようなテフラの特性が活かされている（早田，1999）。

　a．テフラは短時間で広域に堆積する。
　b．テフラ層には層相や構成物質にさまざまな特徴があり，識別同定が容易である。
　c．テフラの噴出年代の推定には，多くの年代資料を利用することができる。

　地質学的なスケールでみるとほとんど一瞬にして噴出したテフラは，過去の非常に広い地表面の指標となると同時に，一般に色調が明瞭なテフラは地層に比較的簡便に時間的な目盛りを与えることができる。

　鍵層としてのテフラの同定と，遺跡内での層序区分や遺跡間の対比による火山灰（テフラ）層位法は，遺跡における堆積物を研究対象とする考古学にとっても有効な研究手段となる。すなわち，テフロクロノロジー（火山灰編年学）を応用した火山灰（テフラ）層位法を用いながら考古資料を取り扱うことによって，テフラを考古学の調査研究に利用した火山灰考古学の領域へと発展させることができる。

　遺跡における層位は，自然層と文化層が複合しているのが常であり，地質学的視点に立ちながら地層の成因と構造を明らかにする必要がある。テフラを検出することのできる地域においては，単なる編年学にとどまるものではなく，テフラの堆積構造や堆積状態に注目しつつ，遺物・遺構を調査分析することにより，火山噴火活動と絡めながら人間行動の実態を把握することが可能となる。その際には，テフラの堆積状況と遺構・遺物の堆積環境を観察して詳細に検討する地考古学（Geoarchaeorogy：佐藤，2009；佐藤・出穂，2009；松田ほか訳，2012）の手法も必要となる。

　ところで，縄文時代に限らず，テフラを考古学的調査研究に応用する際の目的について，下山（1999）は，第１領域は層位学に基づいて年代学的なアプローチを行うもの，第２領域はテフラの上下層の考古学的資料の差異に着目し，文化の異同を問うもの，第３領域は災害に伴う堆積物などによって埋没した集落などの共時における構造を理解しようとしたもの，第４領域は災害がもたらす影響を復元し，抽象的な理論構築を行うもの，という４つのカテゴリーを提

第1章　序論

示している。本稿では上記を参考としながら，従前から進められてきた岩石学的産地同定研究も含めて次の4項目に整理したい。
　①層位学的手法に基づいて，考古資料の年代指標とする編年的研究
　②テフラの堆積によって一瞬にして埋没した考古資料の良好な情報を解析する同時性情報の研究
　③火山噴火が人類に与えた影響に関して考古資料を用いて分析する火山災害史的研究
　④限定されるテフラの地理的分布域を用いて，テフラからなるあるいはテフラを含有する考古資料の産地同定に利用する研究

　これまで，南九州の縄文時代の主要テフラについては上記の①・③の研究が試行されてきているにとどまっているが，将来は集落構造の解明につながる②の取り組みも期待される。

(2) 火山噴火のタイプ・様式と規模

　噴火とは，冒頭で述べたように火山の火口からマグマなどの噴出物を放出または流出する現象である。噴火の過程でのマグマの役割に関連して，マグマ物質を放出する噴火であるマグマ性噴火，高温のマグマが地表や地下にある水，あるいは海水と接触し多量の水蒸気ガスを発生させる爆発的噴火であるマグマー水蒸気噴火，そして，新しいマグマに由来するものではなく地下水・地表水などが火山体下部などの熱源により発生する水蒸気爆発に区分されている（勝又編，1993）。

　一回の噴火におけるマグマの噴出量は，噴火によって大きく異なる。また，火山の噴火の様式・タイプは，それに関連するマグマの化学組成によって大きく異なるとされる。ハワイの火山や三宅島のような玄武岩質火山では，割れ目噴火による溶岩噴出により溶岩流が生じる。これに対し，わが国に最も多い安山岩質火山の爆発的な噴火では，軽石・火山弾・火山岩塊などが噴出火口からかなりの距離まで放出され，上空に上がった火山灰は遠方にまで風によって運ばれる。このような火山の巨大噴火では，上記の経過をたどったのち，しばしば火砕流の発生をみる。また噴火の終息近くになり溶岩流出を伴うこともある。他方，有珠山のようなデーサイト質火山では，火山灰・軽石噴火の後に，相当規模の地形変動を伴いつつ地表にデーサイトマグマが顔を出して溶岩円頂

丘を形成し，ときには大規模な火砕流を発生することもある（下鶴，1988）。

噴火タイプは火口から噴出したマグマの運動方向を分類基準として，大局的には溶岩流と火砕流，そして高温状態で破砕したマグマの破片である火砕物降下の3種類に分けられる（小屋口，2008）。

噴火様式の分類基準は，火山学者によって一般にさまざまな要因を総合的に判断した上での印象によって，ハワイ式，ストロンボリ式，ブルカノ式，プリニー式などのように，代表的な活火山で典型的にみられる噴火現象の特徴に基づいて火山の固有名またはそのタイプを記載した人名を用いた博物学的分類法である定性的分類（Macdonald，1972）が用いられてきた。しかしながら，実際には一つの火山をとりあげたとき，長い時間スケールでの火山の成長段階で噴火様式は変化するし，1回の噴火イベントの間でも，噴火様式が溶岩流の流出から爆発的なものまで変化する例は多い。したがってこの分類方法は，何をもって典型的と考えるのか不分明で，科学的に定義するのが困難であるという欠点がある。

これに対し，近年は個々の個性的な噴火現象を支配する物理や，それに伴う堆積物の性質の関係を明らかにする方向に分類の仕方がシフトしつつある。例えば，博物学的分類の基準の物理的意味をより明確にする目的で，噴火現象や堆積物を定量的に記述するという，定量的分類（Walker，1973）が提示されるようになってきている。これは，堆積物を用いて噴火タイプや噴火のダイナミックスを推定するという発想に基づいて，降下物の分散性（dispersal index）と破砕の程度（fragmentation index）という2つの量を導入したダイヤグラムを用いて噴火タイプを分類するという方法である（図6）。

噴火の規模は，噴出物の総堆積量に基づく火山爆発度指数（Volcanic

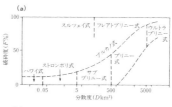
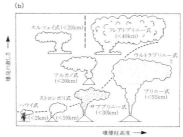

図6　噴火のタイプ
（Walker, 1973 に Cas and Wright, 1987 が加筆した図を宇井，1997 が加工）

第1章 序論

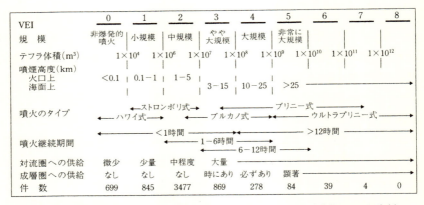

図7 火山爆発度指数（VEI）(Simkin and Siebert, 1994をもとに荒牧, 2005が改変)

Explosivity Index = VEI：Newhall and Self,1982）で表されている（図7）。これは1回の噴火におけるマグマの噴出量に注目して噴火規模を推定するというものであり，0〜8までの9段階に区分される。この中でテフロクロノロジーに利用できるのは，VEI3以上の大噴火・巨大噴火・破局的噴火の堆積物である。

(3) 火山災害現象の種類と規模

下鶴（2000）によれば，災害（disaster）の国際的な定義は，時間・空間的に集中して起こる現象で，それにより社会や集落が重大な危険に遭い人命や財産の損失を受け，社会構造が壊滅し，その社会の重要な機能の回復を妨げるものとされる。また，火山災害とは，特定の地域に，ある期間に人命・財産に潜在的危険を与える複合的な火山現象の発生確率であるvolcanic hazards（過去の十分なデータが与えられれば，potential hazardとする）に起因して，人命・財産に重大な損失を与える現象とされる（下鶴, 2000）。

火山災害現象の種類と規模に関しては，これまでに噴火予知と防災・減災的な観点に立った火山学者らの整理・研究の蓄積がある。

勝井（1979）は，噴火災害の特徴と規模は，基本的には噴火の様式・規模・継続期間などに依存しているが，火山周辺の環境や開発の状況によっても著しく変化すると指摘し，火山活動の様式は極めて変化に富み，これに対応して災害要因も多様だと述べた。また，噴火災害は多数の加害因子（災害要因）に分けて考えることができるとし，加害因子を直接的な火山現象によるもの（火山

第 4 節　資料と方法

ガス，降下火砕物，火砕流，ベースサージ，火山泥流，溶岩流）と随伴現象（山体崩壊，津波，火山性地震，空振，地形変化，地殻変動，地熱変化）に分類した。

　宇井（1997）は，噴火の多様性を反映して，噴火に伴う災害もまた多様だと述べ，火山災害の要因をその危険度から 2 つに分類した。火山災害をもたらす危険度の高い要因としては，火砕流，岩屑なだれ，火山泥流と洪水，津波，マグマ水蒸気爆発をあげ，危険度の低い要因としては，降灰，溶岩流をあげた。危険度の違いの根本的な原因は，それぞれの噴出物の運搬形態や速度そして温度に依存しているとし，高速高温で地形の影響を受けずに地表に沿って広がりやすいものが災害を多くもたらすと指摘した。

　下鶴（1988）は，火山災害には，噴火そのものによる噴火災害と過去数万年にわたる噴出物の堆積物に覆われている火山の特殊な地形と地質に原因がある広い意味での災害（例えば，桜島や焼岳などにみられる慢性的な土石流，地すべりなど）があるとした。また，噴火そのものによって被害を与える加害因子を次のように整理した。

　　ⅰ）降下火砕物：火山灰，スコリア，軽石，火山礫，火山弾，岩塊
　　ⅱ）流下火砕物：岩屑なだれ，火砕流，火砕サージ，爆風，溶岩流，土石流（一次ラハール），泥流，洪水
　　ⅲ）その他：火山ガス，地震，地殻変動，津波

　また，上記のⅰ）とⅱ）の因子による火山災害を，降下物による災害（Tephra Hazards）と流下物による災害（Flowage Hazards）の 2 つに区分しており（下鶴，2000），前者は，火砕物（火山岩塊，火山礫，火山灰，軽石，スコリア）が構造物の屋根に堆積すると危険であり，舞い上がると厄介で人体の呼吸器系統と目に影響を及ぼすとした。後者のうち，高速混相流（火砕流・軽石流・火山灰流・岩屑なだれ・一次ラハール）は，岩塊と高温ガス，軽石とガスなど固体と気体の混合物や固体と火口湖の水との混合物が高速で流下するもので，火山災害の中で最も危険度の高い因子であると評価した（下鶴，1988）。また，降雨によって引き起こされる火山灰・火砕流堆積物の土石流（二次ラハール）や洪水，農地の被害による飢饉を二次的な災害であると述べた。さらに，災害の実態をイメージするために，時間的・空間的なものさしを利用して災害因子を整理し，①短時間に広範囲に環境を壊滅させる（例：津波），②短時間に環境

第1章　序　論

の一部を壊滅させる（例：火砕流，火砕サージ，岩屑なだれ，一次ラハール，溶岩流，火山ガス），③徐々に広範囲に環境を破壊する（例：火山灰），④徐々に局地的に環境を破壊する（例：土石流，泥流）の4つに区分した（下鶴，2000）。

　井田（1998, 2009）は，火山災害を要因や基本的な性質に基づいて，「噴出物の浮遊や降下」，「噴出物などの流れ」，「物理的な衝撃や変動」，「二次災害」の4つに大別した。

　　i ）噴出物の浮遊や降下による災害
　　　因子としては，噴石，降下火砕物，火山灰の浮遊，成層圏の微粒子があり，一般に被災の及ぶ範囲が広いが，直接的な効果で人命が失われる可能性はそれほど高くない。
　　ii ）噴出物などの流れによる災害
　　　因子としては，溶岩流，火砕流，泥流・土石流，岩屑なだれ，火山ガスがあり，襲われる範囲が限定されるが，人命や建造物が壊滅的な被害を受けることが多い。
　　iii）物理的な衝動や変動による災害
　　　因子としては，爆風，爆発音，地震，地殻変動があり，衝撃波を伴う爆風は強い破壊力をもつ。
　　iv）二次災害
　　　因子としては，津波，洪水，疫病，飢饉があり，しばしば噴火自体が直接もたらす災害よりも大規模で深刻なものになる。

上記を概念的に示すと図8のようになろう。

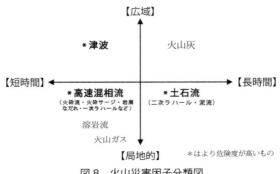

図8　火山災害因子分類図

なお，桜島火山の噴火史と火山災害の事例をまとめた小林・溜池（2002）は，歴史時代の大規模噴火の際に生じた火砕流（火砕サージ）による直接的被災状況のほか，降灰の厚さが30cm以上の地域においてはラハール（土石流）が多発し，下流域では広範囲に破壊的な被害を受けるという二次的な土砂災害の具体的な状況を報告しており，火山噴火後のテフラ堆積地域における後遺症としての土石流等の二次災害にも注意する必要があろう。

(4) 火山災害の考古学的研究方法
a) 火山災害の歴史的研究方法

自然災害とその歴史的研究の方法と意義について田中（1988）は，自然災害はさまざまな異常な自然の外力と人間の社会活動とのかかわりで生じるとした上で，その研究には，その異常な外力からの側面からするものと，それに反応した人間活動の側面からその災害をとりあげるものとがあると述べた。さらに，外力の規模や範囲，あるいはその長期にわたる変化や周期性などを知ることはもちろん，それに触発されて起こった人間活動，あるいは，それが人間社会に対して及ぼした影響などを解明することが災害の歴史的研究となり，その成果は過去の災害の教訓を現代に生かすうえで大きな意義をもつとした。

さて，火山災害に限定して考えたとき，火山噴火が発生した場合，活動がどのように進行・推移し，また，その影響がどのくらいの範囲におよぶのかについて過去の噴火の実態，すなわち，災害の範囲や規模を把握しておくことは，火山災害の防災・減災的な視点からみても重要であると考える。

災害史研究の注意点を指摘した田中（1988）によれば，災害史研究の対象資料としては，文字で書き残された史料，遺跡や遺物あるいは地形地物などからなる実物資料がある。考古学が研究対象とする後者の実物資料は客観性の高い資料といえるが，実物資料を扱う際の注意点として，その資料のあった地点における孤立した情報によってその災害の全体像を復元するのではなく，他の地点における資料のもたらす情報との総合的な比較研究が必要となる。また，そもそもその資料にあらわれている現象が自然災害の結果なのか，そうだとして，いかなる自然災害の結果なのか，それらの決定には慎重な判断が必要であり，1地点だけの資料からする推測は恣意的な結論を導くおそれがあると注意する。実物資料の場合，その資料のもつ特徴が災害の結果がどうかについて解

第1章 序論

明するには，災害関係の自然科学者とその種の実物資料を主たる研究資料とする学問分野の研究者，例えば考古学者や地理学者，あるいは地質学者と共同研究を行う必要があると指摘した。

田中（1988）はさらに，災害史研究に必要なのは，過去の災害の範囲や規模，構造などに関して，近代科学の手法による観測や分析によるものにできるかぎり近い種類の詳細なデータを対象となる資料によって復元することが重要であるとする。そのためには，近代科学による観測や分析の成果の蓄積されている時代の災害について，災害史研究で使用される資料と同種の資料を収集して，その観測分析データと対比研究を行い，その結果をモデルとして過去の災害の復元を試みる必要があるとする。

先に，テフロクロノロジー（火山灰編年学）を応用した火山灰（テフラ）層位法を用いながら考古資料を取り扱うことにより，火山の噴火による地域文化への影響や人類の適応を考察する火山災害史的研究へと展開させることが可能であると述べたように，火山災害の考古学的研究に関しては，日本国内において現在も活発な活動を続けている火山について歴史時代の噴火活動史の研究が進んでおり，それらの成果を参考としながら，考古学的に得られたデータを検討することも有用な方法である。

下山覚（2002, 2005）は，災害の基本的な構成要素と概念を被災者の存在という人文科学が対象とする側面を加えて整理しており，災害考古学的研究の理論整備を行った上で，鹿児島県指宿市における開聞岳火山の噴火災害事例を考古学的に検討し，「災害因子」，「加害因子（直接原因）」，「地域的条件」，「影響項目」，「災害評価」，「災害適応行動」という各項目に該当する考古学的な事象をとりあげて，文献史学的なデータも加味して考察した。

本論でとりあげる鬼界アカホヤテフラのような大規模テフラに焦点を当てて，人類と生態系に与えた影響を研究することは，先史・有史時代の文化の理解を進めるうえでも重要であり，遺跡におけるテフラの堆積様式の判別を経たうえで，大きな爆発的噴火が破壊や埋没を通して地表の自然と人類にどのような打撃を与えるのかという問題を検討していく必要がある。その際に注意しておくべきことがらとしては下記のような事項があげられる（町田・新井, 2003）。

ⅰ）火砕流堆積物や火砕サージは，テフラの降下よりもはるかに深刻な直

接的災害をもたらすことを想定しておく。
ⅱ）降下テフラについても，どのくらい降り積もると生態系はどのような影響を受けるかについての判断材料が必要である。
ⅲ）生態系がテフラによる破壊の後，復旧あるいは新しい発展はどのように進んだのか，それを支配した要因はなにかといった面の基礎研究が必要である。この場合，自然条件だけでなく時代によって異なる人間社会の条件も自然の打撃に対する重要な要因となる。

b）火山災害の考古学的研究方法

　テフラの噴出と降下による影響に関しては，火山災害が噴火の規模と様式，そして火山からの距離によってその程度が異なるという視点に立脚した，テフラの到達範囲とテフラ層厚を主な指標とする分析方法を用いて遺跡から得られた情報を解析するという方法が徳井（1989，1990）や下山（2002，2005）によって提示されている。この場合のテフラ層厚とは，安定した比較的平坦な地形面における現状の地層において観察できる一次堆積テフラの残存層厚のことである。

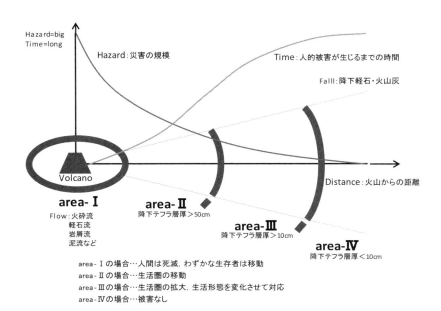

図9　火山災害分級図（徳井，1989をもとに作図）

第1章　序論

　徳井（1989，1990）は，人文地理学的な立場から，北海道の17世紀から18世紀の火山災害と人文環境への影響を論じる中で，災害の程度を時間的・空間的に整理した火山災害分級図と称する概念図を提示して，エリアごとに人類の適応が異なることを指摘した（図9）。

　下山（2002，2005）は，開聞岳火山による噴火災害事例に基づいて提示した「災害のグラデーションの概念」，つまり災害の程度に地域的な違いがあり，そのエリアごとに適応の実際が異なるという考え方に基づいて災害の程度・質に応じていくつかの地域，すなわち災害エリアを設定し，災害の実際の状況を復元，把握したうえで文化変化のモデルを想定した。

　上記の方法は，火山災害の地域差という観点に立ったものであり，特別な理論としての呼称はないが，本稿では火山災害エリア（テフラハザード）区分論と呼んでおく。

　ただし，ここで注意しなければならないことは，図9の各エリアの区分線が必ずしも起点となる火山の火口からの距離に対応しないことがあるということである。例えば，火砕流・火砕サージ，岩屑なだれ，ラハールの到達範囲が火山の火口を中心として，実際には同心円状にはならないことや降下軽石・火山灰が噴火時の風向等の気象条件によって火山火口近辺よりも火山から離れたある場所に厚く堆積する事例が知られていることなどを踏まえると，図9の横軸のラインは最大到達範囲を表す距離の目安ととらえた方がよいであろう。

　火山災害の考古学的研究方法としては，この火山災害エリア（テフラハザード）区分論に基づいて，遺跡における堆積物として認識できるテフラの内容，例えばそれが火砕流などの高速混相流による堆積物か，降下火砕物なのかという災害因子を明確にする必要がある。その際にその堆積物が，噴火による一次的なものかそれとも随伴現象によるものなのかなどにも注意するべきである。これはその事象が噴火直後ではなく，噴火災害地域における噴火による後遺症としてとらえられる可能性があるからである。さらに，降下火砕物の指標としては，便宜的な措置としてテフラの現存層厚を用いる。この手法に基づいて遺跡から得られたデータを，考古学的な時間軸（タイムスケール）との関係に注意しながら解析することにする。

第2章
鬼界アカホヤ噴火の土器編年上での位置付けと土器様式との関係

第1節　南九州における縄文時代のテフラと考古資料

1　南九州における縄文時代の火山活動史とテフラ概観

　南九州には多くの第四紀火山がある。南海トラフ・琉球海溝に沿って火山フロント（前線）を形成する火山群が連なり，北から霧島火山群周辺，姶良カルデラ周辺，阿多カルデラ周辺，鬼界カルデラ周辺といったいくつかの火山のまとまりが飛び石状に分布している。このような条件により遺跡において地層として認識でき，テフロクロノロジー（火山灰編年学）への応用が可能な火山噴出物が多数分布している地域（図10）である（中村ほか，1996）。

(1)　霧島火山群周辺
　霧島火山群は，加久藤カルデラの南東縁にある大小20あまりの火山からなる，北西－南東約30km，北東－南西約20kmの楕円形の範囲にある火山群である（井村，1994）。主脈は北から韓国岳，獅子戸岳，新燃岳，中岳，高千穂峰で構成され，地形の開析程度から，約30万年前とされる加久藤火砕流を境として古期と新期に区分されている（井村，1994）。完新世の噴火は新燃岳や高千穂峰などの南東部を中心とする。16 ka cal BPから8 ka cal BPまでは，10 ka cal BPに新燃岳で起こった，霧島瀬田尾テフラ（井ノ上，1988）の噴火を除けば比較的静穏であったが，8 ka cal BP以降に霧島火山群南東域において噴火活動が活発となり，古高千穂，高千穂峰の成層火山が次々と形成され，古高千穂起源の霧島蒲牟田テフラ・霧島牛のすね火山灰，高千穂峰起源の霧島望原テフラ・霧島皇子テフラなど多量のテフラを噴出した（井ノ上，1988）。古高千穂火山の初期活動は，高粘性の溶岩流出を主とする活動であったが，その後，ブ

第2章　鬼界アカホヤ噴火の土器編年上での位置付けと土器様式との関係

図10　南九州の縄文時代主要テフラ
（中村ほか，1997をトレース・加筆）

ルカノ式へと噴火様式が変化したとされる（井ノ上，1988）。このときのテフラである霧島牛のすね火山灰は古高千穂火山がその成長過程で噴出したもので，長期にわたる断続的噴火による堆積物である。その後に続く高千穂峰火山の活動が休止したあと，二子石の東麓で霧島火山の過去一万年間の活動史上最大規模のプリニー式噴火が起きて御池マールを形成し，多量の軽石からなる霧島御池テフラ（霧島御池軽石）を噴出した（沢村・松井，1957；井ノ上，1988；井村，1994）。火口周辺の5〜10km以内にはベースサージ堆積物が確認されており（金子ほか，1985），噴火に伴う降下軽石は火口の南東方向の都城盆地に厚く堆積している。

(2) 姶良カルデラ周辺

　姶良カルデラは鹿児島地溝の中部，鹿児島湾奥に位置する約 20 km 四方の巨大な陥没地であり，多数の大噴火で生じた複成カルデラとされる（長岡ほか，1997）。

　シラスと呼ばれる入戸火砕流を噴出した巨大噴火（30 ka cal BP：Smith,. et al. 2013）のあとは，姶良カルデラ南縁に形成された桜島火山が活動の中心となる。桜島火山の更新世末〜完新世の噴火は，新期北岳がおおむね 1,000 年間に 1 回のペースで断続的にプリニー式噴火を起こして軽石を主体とするテフラを噴出しており，このうちの 12.8 ka cal BP に噴出した桜島薩摩テフラ（桜島 14 テフラ：小林哲夫，1986）の噴火は桜島火山噴火史上最大規模である。この際の堆積物は降下軽石以外にマグマ水蒸気爆発によるベースサージ堆積物を挟んでおり，噴出源を中心として同心円状に半径約 80 km 以上の範囲に分布しているとされ（森脇，1990，1994），下位から降下軽石層，薄層理軽石質火山灰層，火山灰層で構成されている。10 のメンバーに細分（下位から Sa-Ⅰ〜Ⅹ）されている。このうち特徴的な軽石粒からなるラミナ構造の堆積物（Sa-Ⅴ）はベースサージ堆積物で，噴出源から半径約 15 km に達しており，鹿児島市付近では層厚約 2 m を測る。基本的には短期間に起きた多数のプリニー式噴火の産物である。

　姶良カルデラ北西縁の内陸部低地では，縄文海進の海面上昇期においてマグマ水蒸気爆発が起こり（8.2〜8.1 ka cal BP），住吉池マールと米丸マールを形成しており，それぞれ住吉池テフラと米丸テフラを噴出した（森脇ほか，1986，2002）。

(3) 阿多カルデラ周辺

　阿多カルデラは，鹿児島湾湾口部に位置する。完新世には，このカルデラの西半部，薩摩半島南東部の池田カルデラと開聞岳火山において大規模な噴火が起きた（成尾・小林，1983）。周囲約 15 km の池田湖は 6.4 ka cal BP に起きたプリニー式噴火によって形成され，火砕流を伴う池田湖テフラを噴出しており，東方に大量の降下軽石が分布している（宇井，1967；成尾・小林，1980，1984）。開聞岳火山は，溶岩とスコリア噴火によって形成された成層火山で頂上部に溶岩ドームがのる。4.4 ka cal BP 以降，断続的に開聞岳テフラ群を噴出した（成尾・小林，1983；藤野・小林，1997）。

(4) 鬼界カルデラ周辺

　鬼界カルデラは，九州本土から南方約40kmの海底にあり，カルデラ北縁部の竹島と硫黄島だけが海面上に現れている。完新世の噴火で最も著名な大規模噴火である鬼界アカホヤ噴火（7.3 ka cal BP）以降に，硫黄島の稲村岳と硫黄岳の噴火が起こった（小野ほか，1982）。

＊

　現時点における南九州の縄文時代の指標となりうるテフラは表2のとおりであるが，噴出年代の決定に関して信頼度の低いものや一次堆積層と考古資料との関係について未確認のものも多い。

　表2に示した指標となるテフラは，大きく二つに分類される（町田・新井，2003）。

　第1のグループは，広域テフラを供給した火山爆発度指数VEI7クラスの巨大火砕流堆積物を主としたテフラ（降下軽石，降下火山灰などを伴う）であり，九州の火山を特色付ける大カルデラから数万〜十数万年に一度という小さな頻度で発生してきた。このようなテフラは人類文化やその環境に大きな影響を与

表2　南九州縄文時代のテフラ一覧

噴出源	テフラ名（給源火山＋テフラ名）と噴出年代
霧島火山群周辺	霧島新期テフラ群〔**霧島御池テフラ（Kr-M）**：4.6ka，霧島前山テフラ（Kr-My）：5.6ka，霧島皇子テフラ（Kr-Oj）：6.8ka，霧島望原テフラ（Kr-Mh）：6.9ka?，**霧島牛のすねテフラ（Kr-Us）：7.6〜7.1ka，霧島蒲牟田テフラ（Kr-Km）**：8.1ka，霧島瀬田尾テフラ（Kr-St）：10.4ka〕
姶良カルデラ周辺	桜島テフラ群〔桜島南岳テフラ(Sz-Mn)：4.5〜1.7ka，**桜島5テフラ(Sz-5)**：5.6ka，桜島6テフラ(Sz-6)：3.8ka，桜島7テフラ(Sz-7)：5ka，桜島8テフラ(Sz-8)：6.5ka，桜島9テフラ(Sz-9)：7.5ka?，桜島10テフラ(Sz-10)：7.7 ka?，**桜島11テフラ(Sz-11)**：8ka?，桜島12テフラ(Sz-12)：9.0ka，**桜島13テフラ(Sz-13)**：10.6ka，桜島薩摩テフラ(Sz-S)：12.8ka〕，米丸テフラ（A-Yn）：8.1ka，住吉池テフラ（A-Sm）：8.2ka?
阿多カルデラ周辺	開聞岳テフラ群〔**灰コラ（Km4）**：3.4ka?，開聞岳3テフラ（Km-3）：3.7ka?，開聞岳2テフラ：3.9ka?，**黄ゴラ（Km1）：4.4ka**〕，鍋島岳テフラ：4.8ka，**池田湖テフラ（Ik）**：6.4ka
鬼界カルデラ周辺	稲村岳テフラ群（K-In）：3.9〜3.2Ka，硫黄岳テフラ群（K-Io）：6ka，**鬼界アカホヤテフラ（K-Ah）：7.3ka**

【注】町田・新井，2003の表から縄文時代のテフラを抽出して，一部加筆して作成。噴出年代は，奥野，2002に基づいて，現在からの逆算年代で千年単位のkaで表記した。大半は^{14}C年代測定値を暦年較正した年代（cal.BP）を記したが，数値の後に？を付したものは，層位による比例配分をもとに推定した値である。

えたとともに編年研究にとって広域的な基準層を提供している。

　第2のグループ（火山爆発度指数VEI3～6クラス）は，巨大噴火の間に起こった中・小規模の爆発的活動の産物であり，主にプリニー式噴火による降下軽石が多い。この種のテフラの分布は巨大噴火のそれに比べれば狭いが，噴火の頻度は比較的高い。火山の風下地域では多数のテフラ層が確認されており，考古学的な編年に利用可能である。

2　南九州における縄文時代主要テフラと土器型式

　第2のグループの噴出テフラと土器編年との対応関係の現状を各火山群別に概観し（図11），縄文時代の火山災害事例として検討されているものについては，その概要と問題点にも触れる。

(1) 霧島火山群周辺のテフラ

a) 霧島蒲牟田スコリア（Kr-Km：井ノ上，1988）…VEI3

　古高千穂火山起源とされ，噴出源から北東方向に分布している（井ノ上，1988）。このテフラの一次堆積層と考古資料との関係がとらえられる事例はないが，宮崎県都城市北部の遺跡において，桜島11テフラの濃集層中にこのテフラ由来のスコリアが混在することが確認されている。この濃集層の下位から塞ノ神A式土器が出土しており，同層中から塞ノ神B式土器が出土している。桜島11テフラ（8,000 cal BP）との厳密な時間的な関係は不明であるが，直下土壌の^{14}C年代測定結果によって，桜島11テフラよりやや古く，8,100 cal BPと推定された（奥野，2002）。

b) 霧島牛のすね火山灰（Kr-Us：井ノ上，1988）…VEI3

　古高千穂火山起源のこのテフラは約500年（7,600～7,100 cal BP：奥野，2002）という長期間にわたる灰噴火の産物で，K-Ahはこの降灰中に降下したとされる（井ノ上，1988）。噴火の規模はVEI3程度だが，噴出源から半径約20kmの同心円状の広い範囲に分布している。噴出源からやや離れた鹿児島県湧水町栗野地区や霧島市溝辺地区などの遺跡では，その二次堆積土である青灰色火山灰土中から早期の遺物が出土したと報告されており（成尾，1991），噴出源に近い宮崎県都城市北西部や鹿児島県霧島市牧園地区の遺跡では，この火山灰がコンクリートのように固結して堆積し，下位から平栫式土器，塞ノ神A式土器が出

第2章　鬼界アカホヤ噴火の土器編年上での位置付けと土器様式との関係

較正年代 (cal. BP)	時期	テフラ名称と年代	主な土器型式
3000	晩期	灰コラ (Km4)：3.4ka？	刻目突帯文土器
			黒川式土器
			入佐式土器
4000	後期		上加世田式土器
			中岳式土器
			西平式土器
			松山式土器、市来式土器
		黄コラ (Km1)：4.4ka	指宿式土器・出水式土器
			南福寺式土器・宮之迫式土器（新）
	中期		阿高式土器・宮之迫式土器（古）
			並木式土器・大平式土器
		霧島御池 (Kr-M)：4.6ka	春日式土器
5000		桜島7 (Sz-7)：5ka	深浦式土器
	前期	桜島5 (Sz-5)：5.6ka	曽畑式土器
6000		池田湖 (Ik)：6.4ka	轟B式土器
7000			西之園式土器
	早期	鬼界アカホヤ (K-Ah)：7.3ka	条痕文系土器
8000		霧島牛のすね (Kr-Us)：7.6～7.1ka	苦浜式土器
		霧島瀬牟田 (Kr-Km)：8.1ka、桜島11 (Sz-11)：8ka、米丸 (A-Yn)：8.1ka	塞ノ神B式土器
			塞ノ神A式土器
			手向山式土器、平栫式土器
			円筒形土器（下剥峯式・桑ノ丸式）・押型文土器
10000		桜島13 (Sz-13)：10.6ka	円筒形土器（加栗山式、吉田式、石坂式）
11000			円筒形土器（岩本式、前平式）
15000	草創期	桜島薩摩 (Sz-S)：12.8ka	爪形文土器
			隆帯文土器

図11　南九州縄文時代指標テフラと土器型式との対応関係

【注】縄文時代の時期区分に主要な縄文時代のテフラを抽出してあてはめた。噴出年代は現在（1950年）からの逆算年代で、^{14}C 年代測定値を暦年較正した年代（cal.BP）を千年単位の ka で表記したが、末尾に？のあるものは、年代推定の根拠に不確定要素を含むもの。表左端にも暦年較正年代（cal.BP）を付記したが、あくまで目安であり、行の間隔は正確な年代差を示すものではない。表右端には桒畑・東、1997をもとに対応する主要な土器型式を記載した。

土した（栫畑，1996）。

　c）霧島御池テフラ（Kr-M：井ノ上，1988）…VEI5

　御池マール起源であるこのテフラは，霧島火山群完新世最大規模の噴火に伴うもので軽石を主体とする（井ノ上，1988）。噴出源から南東方向に分布しており，宮崎県の西南部と鹿児島県北東部の多くの遺跡で確認されている（東，1991，1996；成尾，1998a）。宮崎県都城市伊勢谷遺跡（横山，1998）では，分厚い同テフラによって埋没した竪穴住居跡を検出し，宮崎県都城市池ノ友遺跡（栫畑，2006c）では，同テフラ直下から春日式土器新段階の土器が出土した。同市岩立遺跡（栫畑，2006d）では，同テフラ直上から中尾田Ⅲ類と呼ばれる土器や大平式土器，そして，太型凹線文を特徴とする阿高式系の宮之迫式土器が出土した（東，1998）。

（2）姶良カルデラ周辺のテフラ

　a）桜島薩摩テフラ（Sz-S：小林哲夫，1986）…VEI6

　桜島火山噴火史上最大規模の噴火の産物であり（森脇，1990），噴出源を中心として同心円状に半径約80km以上の範囲に分布している（Moriwaki，1992）。鹿児島県・宮崎県では十数か所を越える遺跡で，このテフラの下位から隆帯文土器をはじめとする縄文時代草創期の土器・石器が出土しており，各種遺構が検出されている。同層の上位からは，貝殻文円筒形土器の最古段階の土器型式である岩本式土器が出土する（雨宮，1994；新東，1997）。

　このテフラ噴出の影響に関しては，隆帯文土器群の最新段階に位置付けられる口縁部に爪型文を集約施文された土器が鹿児島県において出土せず，宮崎県南部や熊本県南部において出土するという分布状況の解釈として，桜島薩摩テフラの降下によって，鹿児島湾周辺部の隆帯文土器文化が打撃を受けて，現在の鹿児島県本土一帯が無住地帯となり，生活環境の回復後に，円筒形土器群を携えた人々が再定住するとする説（新東，1997）がある。桜島薩摩テフラの噴火は多数のプリニー式噴火の産物であり，鹿児島湾周辺部に高速度の横殴り噴煙であるベースサージをもたらし，降下テフラは薩摩半島と大隅半島の広い範囲に比較的厚く堆積しているので，当時の鹿児島県本土の生態系への影響は看過できない。しかしながら，この説の成立には隆帯文土器後半段階の編年を確定することと桜島薩摩テフラとの詳細な時間的関係を明らかにすることが条件

となる。

b) 桜島13テフラ（Sz-13：小林哲夫, 1986）…VEI5

桜島火山起源で，噴出源の南東方向に分布する降下軽石である（小林・江崎, 1996）。鹿児島県霧島市上野原遺跡（鹿児島県立埋蔵文化財センター, 2002b）の縄文時代早期前葉集落遺構の年代指標とされている。同遺跡では竪穴住居跡内堆積土中に一次堆積している例もあり，貝殻文円筒形土器の加栗山式土器の時期に噴出した可能性が高い（黒川, 2002）。

c) 桜島11テフラ（Sz-11：小林哲夫, 1986）…VEI5

桜島火山起源で，噴出源の東北東方向を中心に分布する降下軽石である（小林哲夫, 1986）。大隅半島北部や都城盆地では同テフラ直下から塞ノ神A式土器や塞ノ神B式土器が出土し，同テフラ上位から塞ノ神B式土器，苦浜式土器，条痕文系土器が出土する（桒畑, 1998, 2002）。火山災害状況については後述する。

d) 桜島5テフラ（Sz-5：小林哲夫, 1986）…VEI4

桜島火山起源で，噴出源の北方に分布している（小林哲夫, 1986）。本来このテフラの下位にあるべき，噴出源の南東方向に分布する桜島7テフラとの間に年代的位置付けの齟齬が生じており，課題が残されている。鹿児島県霧島市上野原遺跡（鹿児島県埋蔵文化財センター, 2003a）では該当層の下位から曽畑式土器が出土し，同県鹿屋市前床遺跡（輝北町教育委員会, 1998）ではこのテフラを挟んで上下から曽畑式土器が出土した（東, 1991, 1996）。

e) 米丸テフラ（A-Yn, Ynm：森脇ほか, 1986）…VEI5？

米丸マール起源である。この噴火でベースサージが発生して，鹿児島湾の奥深くまで入り込んでいた内湾はこの堆積物により急激に埋積された（森脇ほか, 1986, 2002）。南東方向に分布しているため，桜島起源のテフラとの層序関係が確認されており，桜島11テフラの直下で検出されている。鹿児島県姶良町の建昌城跡（姶良町教育委員会, 2005）では，細粒の火山灰層とスコリア層からなる層厚約1mの同テフラ下から塞ノ神A式土器と塞ノ神B式土器が出土しており（成尾, 1991），この遺跡はテフラ堆積後，縄文時代を通じて無住地帯となる。

(3) 阿多カルデラ周辺のテフラ

a) 池田湖テフラ（Ik：宇井, 1967）…VEI5

池田カルデラ起源で，この噴火では最初に降下スコリア・降下軽石が噴出

し，その後大規模な火砕流が生じ，池田湖周囲に広がる火砕流堆積物台地を形成した（宇井，1967）。降下軽石は東方に分布主軸をもっており，対岸の大隅半島にまで分布する（宇井，1967；成尾・小林，1980，1984）。薩摩半島側では，この層の直下・直上において明確な文化層をとらえることのできる遺跡は存在しないが，大隅半島側の鹿児島県鹿屋市伊敷遺跡（鹿児島県教育委員会，1983b）ではこのテフラと鬼界アカホヤ火山灰に挟まれた包含層から屈曲形の轟B式土器が出土した。同市鎮守ヶ迫遺跡（鹿児島県教育委員会，1984）では，このテフラ上位で屈曲形轟B式の比較的新しいタイプの土器が出土した（桒畑，1987）。

b）黄ゴラ（Km1：藤野・小林，1997）…VEI4

　開聞岳火山起源である。同火山最初期の噴出物であり，噴出源から東方に分布している（藤野・小林，1997）。鹿児島県指宿市田中（瓦ヶ尾）遺跡（開聞町，1973）ではこのテフラを挟んで下位から指宿式土器が，上位から市来式土器が出土した。同県同市成川遺跡（鹿児島県教育委員会，1983a）や同県錦江町立神遺跡（田代町教育委員会，1990）では黄ゴラが固着した指宿式土器が検出された（東，1991，1996）。同県南大隅町前田遺跡（冨田，1998；根占町教育委員会，2002）や同県指宿市橋牟礼川遺跡（国指定史跡1986年度調査）でもこのテフラを挟んで上下から指宿式土器が出土しており，指宿式土器の使用時期に噴出した可能性が高い。

　このテフラ噴出の影響に関しては，自然環境の破壊に伴って，山地に依存した指宿式土器期の生活から市来式土器期の海に依存する生活へと生活形態が変化し，北方および南方への盛んな文化伝播がなされたという説（成尾，1984）があり，指宿式土器期の文化が開聞岳火山噴火の影響によって衰退し，噴火活動の終息を待って別系統の市来式土器文化が南下したという解釈（新東，1989b）もある。これらの考え方については，黄ゴラの分布範囲が薩摩半島南端部に限定されるということと，薩摩半島と大隅半島の南端部においてテフラを挟んで上下に指宿式土器が出土する遺跡が存在することを考慮すると，南九州全域にわたる生業活動と集落立地の変化や土器型式の交代への関与は認めがたい。

c）灰コラ（Km4：藤野・小林，1997）…VEI4

　開聞岳火山起源である。同火山の4番目のテフラであり，噴出源から北西方

向に分布している（藤野・小林, 1997）。鹿児島県指宿市新番所後Ⅱ遺跡（鹿児島県教育委員会, 1992a）では下位から黒川式土器がまとまって出土し, 少量の刻目突帯文土器もみられた（下山, 1999）。一方, 同県同市の成川遺跡（鹿児島県教育委員会, 1983a）では同テフラの下位から弥生時代前期前半の土器が出土し, 上位から弥生時代前期後半の土器が出土するという指摘もある（東, 1996）。^{14}C 年代測定値とその較正暦年代（奥野, 2002）に不確定要素を残しているが, 縄文時代晩期末よりも新しく, 弥生時代前期前半以前に位置付けられよう。

第2節　鬼界アカホヤ噴火の九州縄文土器編年上での位置付けと土器様式との関係

1　九州縄文時代早期末から前期前半の土器編年の再確認

　先述したように, K-Ah を利用した層位的な発掘調査・研究によって, 九州における縄文時代早期から前期にかけての土器編年の再構築がなされたことは画期的な業績であった。その後, K-Ah の下位に包含される縄文時代早期の土器編年については, 早期前葉・中葉・後葉という大枠の位置付けは落ち着いてきているものの, 個別の細分編年や系譜関係をみると, 多くの研究者によってさまざまな見解が示されており混乱している。特に, 早期後葉に位置付けられる平栫式・塞ノ神式土器群の細分編年については定説をみていない。さらに, K-Ah の下位に包含され, 轟式の範疇でとらえられる傾向にある条痕文系土器群についても, いくつかの分類案や編年案が提示されているものの, 平栫式・塞ノ神式土器群との関係性も含めて, その位置付けが確定しているとは言いがたい。このことが K-Ah の九州縄文土器編年上での位置を確定する際に支障となっている。

　以下に, 平栫式土器と塞ノ神式土器を含めて, 縄文時代早期末から前期初頭にかけての土器型式群について整理し, それらの変遷を再確認しておく。

(1) 平栫式土器・塞ノ神式土器編年の確認と塞ノ神B式土器の検討

　平栫式土器・塞ノ神式土器の分類の基本は, 河口（1972, 1985b）によって示された。このうち塞ノ神式土器については, 撚糸文・縄文の施文されたものを塞ノ神A式とし, 貝殻文の施文されたものを塞ノ神B式とする2大別案が

基本となっている。河口はさらに，それぞれを2つに細分し，塞ノ神A式a，塞ノ神A式b，塞ノ神B式c，塞ノ神B式dの4つに分けて，これらが編年関係であるとした。その後，平栫式土器・塞ノ神式土器の分類案は新東（1982，1989a），木崎（1985），多々良（1985，1998），高橋（1997，1998），中村（2000），八木澤（2008）らによっても提示されている。河口の細分型式の変遷案に同調する案（高橋・中村・八木澤）に対して，逆方向に組列する案（木崎）と併行させる案（新東・多々良）が出ている。上記の見解の違いは，貝殻文をもつ塞ノ神B式土器を，縄文時代早期前葉から脈々と続く，南九州貝殻文円筒形土器の系譜を引くものとして位置付けるか，それとも，平栫式・塞ノ神式土器の最終形態として位置付けるかに起因している。

　そこで，ここでは，九州縄文時代早期後葉土器編年の鍵を握ると思われる塞ノ神B式土器に絞って，検討を進めることにしたい。

　塞ノ神B式土器については，新東（1982，1989a）の三代寺式や中村（2000）の三代寺段階などのように，一括される傾向がある中で，河口による区画沈線文の有無を指標とした塞ノ神B式土器の細分，すなわち，区画沈線文のあるB式cと区画沈線文のないB式dの区分を発展させた高橋（1997）の案が現時点では最も整理されていると考える。本稿では，高橋のⅢ式古段階・中段階・新段階という3区分をベースにその概念を補強して，次に示す3つに分類した（図12）。

　塞ノ神B1タイプ：胴部から口縁部にかけて稜をもって大きく外反し，口縁部には貝殻による連続刺突文が施される。胴部には沈線文による区画の中を充填するように貝殻条痕文や多条の沈線文が施される。

　塞ノ神B2タイプ：胴部から口縁部にストレートに続くものと，頸部でしまり，口縁部が外反するものがある。胴部の条痕文は沈線文による区画がなくなり，貝殻条痕文・多条沈線文が独立して施文される。

　塞ノ神B3タイプ：立ち上がった口縁部が間延びし，口縁部と胴部の文様帯の境界も不明瞭となる。口縁部には曲線的な貝殻条痕文・多条沈線文が施されるものもある。

　なお，塞ノ神A式土器に関しては，河口がA式aとA式bに2区分していたように，高橋も塞ノ神Ⅰ式・Ⅱ式の2型式に区分しさらに各型式を3段階に

第 2 章　鬼界アカホヤ噴火の土器編年上での位置付けと土器様式との関係

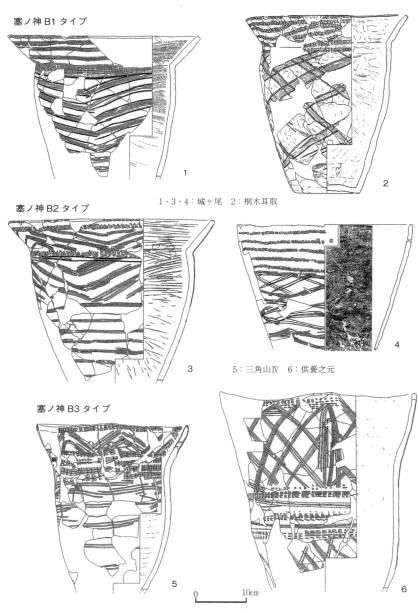

図 12　塞ノ神 B 式土器分類図（桒畑，2009 より転載）

第2節　鬼界アカホヤ噴火の九州縄文土器編年上での位置付けと土器様式との関係

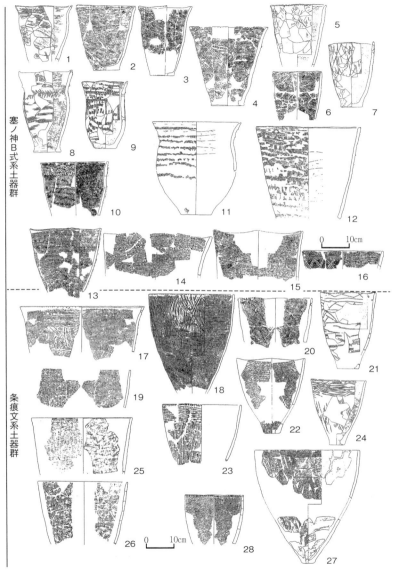

1・5・7・9：三角山Ⅳ　2・3・6・13：三角山Ⅰ　8・24：仁田尾　10・28：桐木耳取
11・12・20：横峯C　14：平草　4：天神河内第1　15・16：湯屋原　17・18：大板部
19：轟貝塚　21：永野　22：右京西　23：赤坂　25：小山　26：鎌石橋　27：石の本

図13　塞ノ神B式系土器群と条痕文系土器群

67

第2章　鬼界アカホヤ噴火の土器編年上での位置付けと土器様式との関係

細分して，都合6段階を設定している。筆者も当該土器に関して複数型式の存在を認める立場であるが，ここではとりあえず，塞ノ神A式土器として一括しておく。

　平栫式土器・塞ノ神式土器群の最終形態をどのようにとらえるかについては，先述したように各編年案で異なる。塞ノ神B式土器を平栫式土器・塞ノ神式土器群の最古段階にするか，最新段階にするかの評価が分かれる際のキーポイントとなるグループとして，塞ノ神B式系とでも言うべき土器群が存在している（図13上段）。これらの主文様は，条線文（図13-1〜4・8・13〜16）・刺突文（図13-7・14）・ロッキング手法の貝殻文である押引文（図13-8〜12）・刻目突帯文（図13-8〜12）で，文様モチーフは縦横の直線（図13-1・2・5・6・13・15・16）・斜格子（図13-4）・山形ないし鋸歯状（図13-5〜7・15・16）・波状（図13-13・14）の土器群がある。また，刻目突帯文と条線文・ロッキング手法の貝殻文である波状押引文をあわせもつ苦浜式土器（図14）は，塞ノ神B式

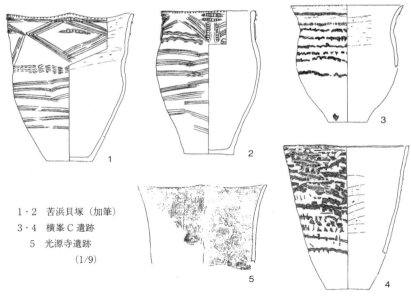

1・2　苦浜貝塚（加筆）
3・4　横峯C遺跡
　5　光源寺遺跡
　　　（1/9）

図14　苦浜式土器（堂込，1994より転載）

土器との関係が指摘されており（堂込, 1994）, その系譜を引くものと考えられる。佐賀県佐賀市東名遺跡の第1貝塚ⅩⅣ～Ⅳ層と第2貝塚Ⅷ～Ⅱ層ではこれらの土器群と先述した塞ノ神B3タイプの土器が共出している（佐賀市教育委員会, 2009）。ここでは便宜的に, あわせて塞ノ神B式土器東名段階として一つのグループとして扱うことにする。

(2) 轟式土器の再検討
a) 轟式土器の分類

　轟式土器については, 研究現状で触れたように, 松本・富樫（1961）の分類作業（松本分類）が基礎となり, その後, 数人の研究者がその分類について再検討を加えている。轟貝塚のトレンチ調査に基づいて示された松本分類は, 良好とは言えない堆積状態であったこともあり, 現状では明らかに時期の異なる複数の土器型式を含んだ形でA式からD式まで型式設定されたものである（図15・16）。ここでは, 条痕文を基調とする轟A式と隆帯文を基調とする轟B式の概念を生かしながら, 再度その分類について検討したい。

　轟A式土器とは, 松本・富樫（1961）で, トレンチの赤土基盤の直上で出土している表裏に強い条痕をもつ尖底ないし丸底の深鉢形とされた土器である（図17）。口縁部に刻みのあるものと無いものがあり, 文様は口縁部から胴部にかけて二枚貝によって鋸歯状に条痕を施した後, 口縁部に横位に条痕をめぐらせるものや, 胴部に綾杉状に条痕を施すものなどが代表として提示されている。

　しかし, 大分県右京西遺跡（荻町教育委員会, 1986）や佐賀県東名遺跡（佐賀市教育委員会, 2009）などの良好な出土状況を示す資料（図18）を考慮すると, 条痕文のみをもつ土器群が単独で一時期を形成するものとは考えられない。また, 轟B式土器として図示されたものの中には, 上記遺跡の調査事例によって鬼界アカホヤテフラ（K-Ah）以前に存在するもの（図16-18）が含まれていることや西之薗式土器（図16-22～24）が含まれていることがわかる。これらの条痕文系土器群（図13下段）を総合的にみたときに, 施文手法には, 条痕文, 沈線文, 刺突文, 隆帯文があり, 文様モチーフには, 縦・横・斜めの直線（斜格子状や山形・鋸歯状を含む）, 波状などがある。これらの変異と文様構成（文様帯区分）が細分の手掛かりとなりそうである。

　ここではあらためて条痕文のみのものと条痕文を基調としつつ刺突文や沈線

第2章　鬼界アカホヤ噴火の土器編年上での位置付けと土器様式との関係

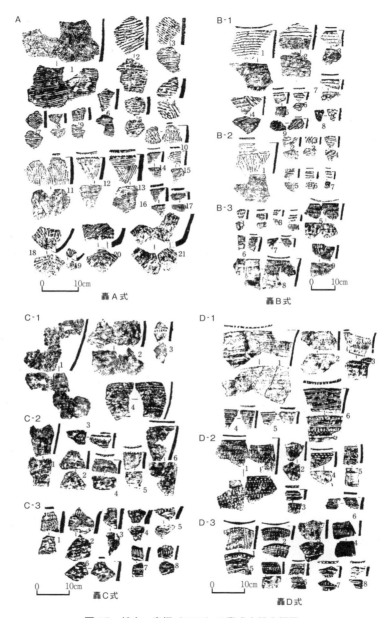

図15　松本・富樫（1961）の轟式土器分類図

第2節 鬼界アカホヤ噴火の九州縄文土器編年上での位置付けと土器様式との関係

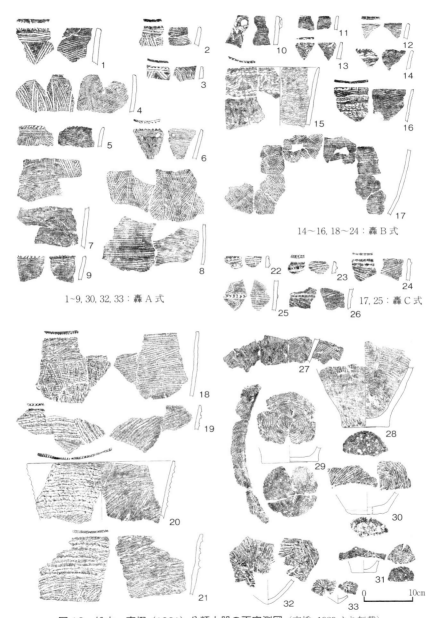

図16 松本・富樫（1961）分類土器の再実測図（高橋, 1989より転載）

第 2 章　鬼界アカホヤ噴火の土器編年上での位置付けと土器様式との関係

図 17　轟貝塚出土の轟 A 式土器（熊本大学所蔵）

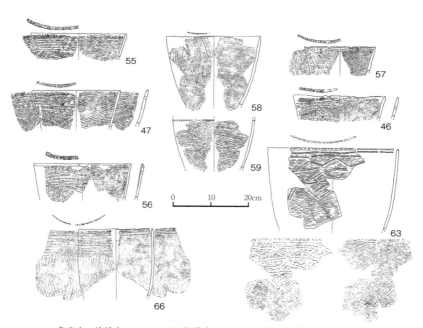

条痕文・沈線文：47・55・56、隆帯文：46・57～59・63、微隆起線文：66

図 18　東名遺跡第 1・2 貝塚 I 層出土土器実測図
（佐賀市教育委員会，2009 より転載）

文を付加するものをあわせて轟A式系という意味合いでA類とする。これに対して，条痕文に隆帯文を付加したものを轟B式系という意味合いでB類として検討を進めたい。

　A類は条痕文を主文様とするもののうち，斜格子状や綾杉状のものを含む直線文モチーフの一群をAⅠ類，条痕地に波状モチーフの条痕を重ねるものをAⅡ類，条痕地に刺突文を加えるものをAⅢ類，先の細い工具による沈線文に加えて，幅広の工具によって微隆起線を作り出す幅広な沈線文も大枠の沈線文としてAⅣ類とする。

　AⅠ類は，主文様となる条痕文の施文順序やモチーフによって次のように2つに細分できる。

　AⅠa類（図19-1）は，鎌石橋式土器とも呼ばれ（高橋，1989），外器面全体に縦方向の条痕（条線）文を施したのち，口縁部や胴部に横方向や斜格子状・山形状の斜めの条痕（条線）文を施すものである。斜格子状・山形状のモチーフは，塞ノ神B式土器東名段階の土器（図13-4・16）と似通っている。口唇部の外端部に刻目をもつものともたないものの二者がある。また，器内面にナデもしくは板状工具による調整痕があるものや条痕を残すものがみられ，底部は安定した平底，もしくは底径が極端に小さい平底か上げ底である。

　AⅠb類（図19-2）は，器面全体に斜めの条痕を施した後に，胴部以下に綾杉状の文様を施し，さらに口縁部にだけ横位の条痕をめぐらせる土器で，口縁部に横位の条痕がないものもある。口唇外端部に刻目をもち，器内面に条痕が明瞭なものが多い。近年，熊本県石の本遺跡（熊本県教育委員会，2001）においてまとまって出土した。底部は安定感の悪い小さな平底か上げ底，もしくは尖底であり，平底から尖底への移行的な様相が看取される。このタイプのなかには，条痕文の施文の順序と胴部以下の条痕文の綾杉モチーフがくずれ，曲線的モチーフに変化するものや，口縁部内面には単なる調整痕とは考えられない三角状・波状などの文様を意識した条痕が重ねられたものもある。このような特徴はより新しい様相と考えられ，南九州中部以北の遺跡において，K-Ahよりも上位で出土する事例，例えば，鹿児島県霧島市九日田遺跡（牧園町教育委員会，1993）や宮崎県延岡市笠下下原遺跡（北方町教育委員会，1992）などがある（図23-6・7，図25-1〜4）。

第2章　鬼界アカホヤ噴火の土器編年上での位置付けと土器様式との関係

　AⅡ類（図19-3）の波状モチーフ文をもつものは，かつて松本分類の轟C式とされたものの一部に該当し，塞ノ神B式土器東名段階の土器群に同じような文様モチーフがある（図13-13・14）。右京西遺跡（荻町教育委員会, 1986）や横峯遺跡（南種子町教育委員会, 1993）などでAⅠ類と共出する状況を考慮すると，単独で一時期をなすものではなく，時間的に併行する可能性がある。

　AⅢ類（図19-4）の刺突文をもつものは，松本分類の轟B式第3類の一部に認められる（図16-14〜16）。貝殻腹縁による刺突文を密接して施文することにより，その間の粘土が隆起して隆帯文のような効果を出しているものある。施文手法そのものは，塞ノ神B式土器東名段階の土器（図13-7）と共通する。

　AⅣ類は，先端の細い工具による幾何学状の沈線文をもつものと板状の工具によって幅広の沈線文を描く際に工具に押し出された粘土が両端に移動し，横位や山形・鋸歯状の微隆起線文が作り出されるものがある（図19-5）。高橋（1989）が轟1式とした平底の土器である。桒畑（2002, 2008b）では右京西タイプとした。右京西遺跡（荻町教育委員会, 1986）や宮崎県宮崎市赤坂遺跡（宮崎県教育委員会, 1985）などで出土しており，口唇外端部に刻目をもち，器内面の最終調整はナデが多いが，一部に条痕を残すものもある。口縁部と胴部で文様帯区分されるのが一般的であり，胴部以下には斜め方向の条痕文や沈線文が施されるものもある。AⅠb類や後述するBⅠa類との関係が推察されるが，K-Ahの上位から出土する確実な例は知られていない。

　以上のA類の各土器群は，塞ノ神B式土器東名段階の土器群と文様属性において近縁性が認められるが，A類土器については，内器面の条痕が顕在化し，器形は胴部下半から底部にかけて極端にすぼむ形態を呈し，尖底化するものも認められる。このような様相は，土器製作技法の変化だけでなく，土器の煮沸時における設置法の変化も想定される。

　続いて隆帯文を主文様とするB類は，次に示す4つに分類する。

　単純な深鉢形である「単純形」をBⅠ類とする。BⅠ類については，一時期のものとして一括りにすることはできず，隆帯文の形状と施文法，そして，器面調整法などによって分類可能であり，ある程度の共存期間をもちながら変遷していったと考える（桒畑, 2002, 2006e）。

　胴部が膨らむ深鉢形の「屈曲形」をBⅡ類とする（図20）。

第 2 節　鬼界アカホヤ噴火の九州縄文土器編年上での位置付けと土器様式との関係

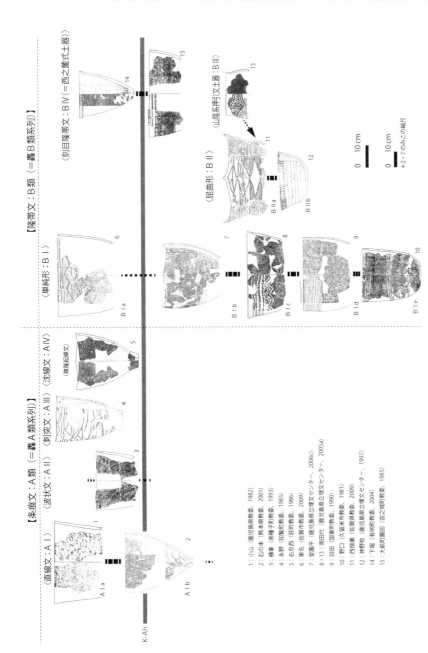

図19　轟式土器分類模式図

第2章 鬼界アカホヤ噴火の土器編年上での位置付けと土器様式との関係

　山陰地方の西川津式土器の影響を受けたとみられる押引文をもつものは，屈曲形のBⅡ類の中に含めて把握すべきかもしれないが，一応区別してBⅢ類とする。

　口縁部に刻目隆帯文をめぐらす条痕文土器群（図19-14・15）は，単純形の深鉢形態を考慮すると，BⅠ類に組み込むべきかもしれないが，独立させてB

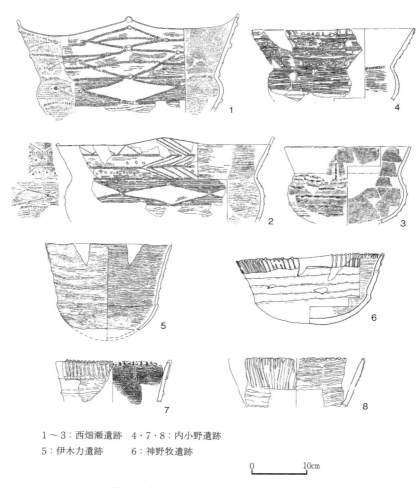

　1～3：西畑瀬遺跡　4・7・8：内小野遺跡
　5：伊木力遺跡　　　6：神野牧遺跡

図20　轟式土器BⅡ類のヴァリエーション

第2節　鬼界アカホヤ噴火の九州縄文土器編年上での位置付けと土器様式との関係

Ⅳ類とする。この類型は当初から，轟式土器のカテゴリーに加えられ（小林，1939），松本分類では轟B式の第1類の中に組み込まれ（図16-22～24）たが，その後の編年研究のなかでは，あまり注目されることがなかった。高橋（1989）が轟3式とした土器群の一部に加えていたことがあり，桒畑（1991，1994）が轟B式土器とは別枠で扱う必要性を示唆し，轟B式土器に先行するタイプとして注目していた（桒畑，1991，1994）。重留（2002）は，熊本県相良村深水谷川遺跡（熊本県教育委員会，1994）出土土器を標式として深水谷川タイプと呼称し，いわゆる轟A式土器に後続し，轟B式土器に先行するとした。桒畑（2002）は，全形が把握できるようなまとまった出土が確認された鹿児島県南さつま市西之薗遺跡（鹿児島県教育委員会，1978a）の出土資料を標式として西之薗式土器と型式名を与えた。しかしここでは，条痕地に貼り付けによる隆帯文を基調とする点を考慮して，西之薗式土器という名称も併記しつつ，B類の中で整理することとしたい。

　BⅠ類はさらに，a～eの5つに細分した（図19-6～10）。

　BⅠa類（図19-6）は，高橋（1989）が，K-Ah降下時に位置付ける轟2式としたもので，条痕地に細い粘土紐の貼り付けによる隆起線文をもつ土器である。松本分類の轟B式の中にも図示されている。桒畑（2008）は大板部タイプとした。このタイプの底部は，長崎県五島市大板部洞窟（大板部洞窟調査団，1986）では尖底に復元されているが，下記の遺跡の事例を勘案すると平底と思われる。長崎県五島市大板部洞窟（大板部洞窟調査団，1986），同県平戸市つぐめのはな遺跡（長崎県教育委員会，1986），佐賀県佐賀市東名遺跡（佐賀市教育委員会，2009），大分県竹田市右京西遺跡（荻町教育委員会，1986），熊本県轟貝塚（松本・富樫，1961），鹿児島県薩摩川内市薩摩国分寺跡（川内市教育委員会，1985）などで出土している。この類の特徴である隆起線文は，施文手法とモチーフの両面から，次に説明するBⅠb類の隆帯文へと連続する可能性が想定されるが，両類の間は点線で表現した。鹿児島県南種子町横峯遺跡（南種子町教育委員会，1993）では，胴部下半に貼り付けによる微隆起線文が施された同タイプの土器が，調査区域北東部の幸屋火砕流直下において苦浜式土器と共伴しており，苦浜式土器にみられる隆起線文との関係も選択肢として残るのではないかと考えるからである。

第2章　鬼界アカホヤ噴火の土器編年上での位置付けと土器様式との関係

　BⅠb類（図19-7）は，口縁部が直線的に立ち上がり，口縁端部よりやや下がった位置に隆帯文をめぐらせ，数本単位を一つの束にして，間隔をあけて胴部下半まで施文する。隆帯文は器面を全周せずに，途中でとぎれてしまうものもみられる。隆帯文のモチーフは口縁部に対して水平にめぐるものだけでなく，波状にしたり，横位の隆帯文に斜行の隆帯文を組み合わせたりするものもあり，口縁部から垂下する縦位の隆帯文をもつものもある。指やヘラによって粘土紐が強くつまみ出されることによって，いわゆるミミズバレ状を呈する指頭痕のある高い隆帯文をもつ。隆帯文の間の無文部には，比較的粗いタッチの斜行・格子状沈線文が描かれる場合もある。口唇部の刻み目は口唇外端部や上面に鋭い工具によって施される。器面調整には，工具によるナデ・ケズリやあらい条痕が認められる。底部を除けば完形に復元された堂園平遺跡（鹿児島県立埋蔵文化財センター, 2006c）の土器は，波状口縁を呈するようであり，口縁波頂部から垂下する隆帯文もみられる。このグループは，高橋（1989）によってK-Ah上位で最も古い土器とされた轟3式土器の中に含まれる。大分県九重町二日市洞穴（橘, 1980），長崎県長与町伊木力遺跡の1994年調査地点（長崎県教育委員会, 1997），熊本県宇土市轟貝塚（宮本, 1990a），鹿児島県湧水町花ノ木遺跡（鹿児島県教育委員会, 1976），同県同県さつま町大畝町園田遺跡（宮之城町教育委員会, 1985），同県南さつま市上焼田遺跡（鹿児島県教育委員会, 1977a）などで出土している。

　BⅠc類（図19-8）は，口縁部が外傾ないし外反し，ミミズバレ状の隆帯文が口縁部から胴部中位〜下半まで施文されるもので，隆帯文は間隔をあけて施文されるものもある。口唇部は先細りとなる傾向があり，刻み目があるものはない。胴部の隆帯文にみられる波状モチーフはBⅠb類の変化とみられる。器面調整に浅い丁寧な条痕のみられよ (ママ) になる土器群である。また，隆帯文のモチーフは口縁部に対して水平にめぐるだけでなく，口縁から垂下するものもある。このグループは，長崎県長与町伊木力遺跡1994年調査地点（長崎県教育委員会, 1997），熊本県宇土市轟貝塚（浜田・榊原, 1920；宮本, 1990a），同県同市曽畑低湿地遺跡（熊本県教育委員会, 1988），鹿児島県上平遺跡（南種子町教育委員会, 2004），南田代遺跡（鹿児島県立埋蔵文化財センター, 2005）などで出土している。

ＢＩｄ類（図 19-9）は，口縁部が直線的に立ち上がり，口縁直下から隆帯文を密接してめぐらせて，口縁部に集約施文された隆帯文は数条から 10 条を超えるものまである。松本分類の轟Ｂ式第１類の一部（図 16-20）に該当し，高橋（1989）の轟 4 式土器にあたる。口唇部は尖るものと平坦なものがある。後者には口唇部に刻みがあるものみられるが，おおむね二枚貝の背を押圧した規則的な浅い刻みである。隆帯文は比較的細くシャープで断面形が三角形を呈し，つまみあげによる指頭痕をもつものと隆帯文両側をヨコナデするものがある。後者の手法は北部九州において顕著なようである。また貼り付けられる部位は口縁部のみというパターンと，口縁部と胴部の 2 か所というパターンがある。口縁部に施される隆帯文の施文範囲（口縁部文様帯）は基本的に胴部中位まで及ばない。このグループは，鹿児島県南さつま市阿多貝塚（金峰町教育委員会, 1978），福岡県山鹿貝塚（山鹿貝塚調査団, 1972），大分県国東市羽田遺跡（国東町教育委員会, 1990），同県大分市横尾貝塚（大分市教育委員会, 2008）などでまとまって出土している。東北部九州においては，大分県国東市羽田遺跡（国東町教育委員会, 1990）や同県大分市横尾貝塚（大分市教育委員会, 2008）などで口縁部に集約施文された多条の隆帯文が波状や弧状モチーフを描くものもある。同じようなモチーフをもつ土器は，九州内にとどまらず，本州西端部の島根県益田市田中ノ尻遺跡（匹見町教育委員会, 1997）・同県同市中ノ坪遺跡（匹見町教育委員会, 1999）や四国西部の愛媛県宇和島市池の岡遺跡（宇和島市教育委員会, 2007）でも確認されている。器面調整は，比較的明瞭な条痕調整を残すものと，外面のみあるいは内外面ともに条痕をナデ消すものがある。
　ＢＩｅ類（図 19-10）は，基本的に隆帯文の条数が少なくなり，その断面形がカマボコ状を呈するものある。また，器面調整は，条痕をナデ消すものの割合が多い。間隔をあけて施文されるカマボコ状突帯文をもつものは，北部九州に地域的に限定される可能性があり，曽畑式土器との中間土器群である西唐津式土器（野口・阿多タイプ）と併存しながら終息していくものと思われる。このグループは，高橋（1989）の轟 5 式土器に該当し，佐賀県唐津市菜畑遺跡（唐津市・唐津市教育委員会, 1982）や福岡県福岡市四箇遺跡（福岡市教育委員会, 1981）・同県久留米市野口遺跡（久留米市教育委員会, 1981）などで出土している。
　ＢＩｄ類とＢＩｅ類については，佐賀県唐津市菜畑遺跡での層位的な出土状

況に基づいた検討（田島，1982）や型式学的な検討（水ノ江，1988）により，曽畑式土器に至るまでの変遷過程が示されている。

　BⅡ類は，胴部が膨らむ形態の屈曲形の土器群である（図20）。器壁が比較的薄く，器面調整に浅い丁寧な条痕をもつものがある。次の4つに細分できる。

　BⅡa類（図19-11）の隆帯文は横・縦・斜位と多彩で，隆帯上には刻目や刺突文が施され，隆帯文以外に貼り付けによる円形の浮文もみられる。胴部文様帯には幾何学的な沈線文や渦状・円弧状の隆帯文をもつ（図20-1・2・4）。さらに，山陰地方の西川津式土器の影響を受けた短い口縁部にふくらむ胴部をもち，刻目隆帯や縦・横・斜位の刺突・押引文をもつ土器（BⅢ類）が共伴する。このグループは，佐賀県西畑瀬遺跡（佐賀県教育委員会，2009）・熊本県宇土市轟貝塚（浜田・榊原，1920；宮本，1990a）・宮崎県内小野遺跡（えびの市教育委員会，2000）・鹿児島県上平遺跡（南種子町教育委員会，2004）・南田代遺跡（鹿児島県立埋蔵文化財センター，2005a）などでまとまって出土している。

　BⅡb類（図19-12）は，胴部文様帯が縮小・消失し，胴部断面形態も弱く屈折するか，「く」の字状を呈するようになる（図20-5・6・8）。隆帯文は，BⅡa類と同じように，横・縦・斜位など多彩であり，口縁部の垂下隆帯が多条になるものもある。隆帯上に刻目や刺突文が施され，円形浮文をもつものもある。このグループは，長崎県伊木力遺跡の1984・1985年調査地点（同志社大学考古学研究室（編），1990）・宮崎県内小野遺跡（えびの市教育委員会，2000）・鹿児島県出水市荘貝塚（出水市教育委員会，1979，1989）・同県神野牧遺跡（鹿児島県立埋蔵文化財センター，1997）などでまとまって出土している。

　BⅢ類（図19-13）は，山陰地方の西川津式土器の影響を受けた，短い口縁部にふくらむ胴部をもち，刻目隆帯や縦・横・斜位の刺突・押引文をもつ土器である。

　BⅣ類：西之薗式土器（図19-14・15）は，熊本県宇土市曽畑貝塚低湿地遺跡（熊本県教育委員会，1988）では，いわゆる轟B式土器（本稿のBⅠc類，BⅠd類，BⅡ類）よりも下層から出土する傾向が確認され，西之薗遺跡（鹿児島県教育委員会，1978a）では，完形品は認められないものの，ほぼ全形を復元できるようなまとまった資料が得られている（図21）ので，少々煩雑となるが，西之薗式土器という名称も併記する。西之薗遺跡においては，これに共伴した隆帯文を

第 2 節　鬼界アカホヤ噴火の九州縄文土器編年上での位置付けと土器様式との関係

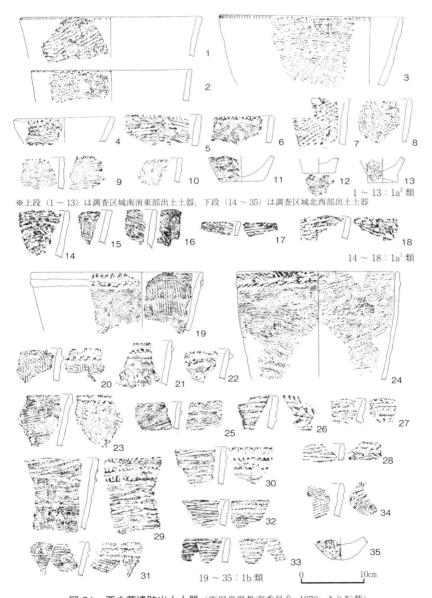

※上段（1～13）は調査区城南南東部出土土器，下段（14～35）は調査区城北西部出土土器

$1\sim13:1a^2$ 類

$14\sim18:1a^1$ 類

$19\sim35:1b$ 類

図21　西之薗遺跡出土土器（鹿児島県教育委員会，1978aより転載）

第 2 章　鬼界アカホヤ噴火の土器編年上での位置付けと土器様式との関係

もたない条痕地のみの土器がセットとなる可能性がある（桒畑, 2015）。

　西之薗遺跡出土土器の内容をもとに，西之薗式土器のうち，いわゆる素文の条痕のみの土器を除いて，いわゆる有文である刻目隆帯文土器の内容を再確認すると，器形は直口の単純な深鉢形を呈し，底部は丸底ないし小さな平底となる。隆帯文の条数は，1～2条を主体とするが，3条のものも少数みられる。また，隆帯文の走向は，基本は横位だが，斜行ないし山形状の隆帯文を組み合わせるものもある。口唇部に刻みをもつものとないものがある。また，その刻みは，口唇部の外端部につくものと口唇部全面につくものがある。隆帯上の刻みの手法もヴァラエティーに富む。工具は，竹管状ないし棒状工具・ヘラ状工具・二枚貝などを用いており，まれに指頭によるものと思われるものもある。竹管状ないし棒状工具は，器面に対して垂直に押圧するものと胴部から口縁部の方向に向けて斜めに突き刺すものとがある。二枚貝は，隆帯の走向に直交するように腹縁を縦に突き刺すものと並行するように横に突き刺すものとがあり，まれに背面全面を押圧するものもある。また，棒状工具・ヘラ状工具による隆帯上の刻みは，隆帯の走向に直交するように施される単純なものだけでなく，口唇部の刻みともあわせて，上段と下段で施文具を斜めにして傾きを変えて刻むことにより横倒しの連続する「ハ」字状となるものがある。その他，付加的な文様として，竹管状工具などによる刺突文を口唇部と隆帯の間に施すものや胴部の地文である横方向の条痕の上に重ねて斜格子状の条線文を施すものや，口縁部内面に文様を意識した波状の条線文を重ねるものもある。以上を整理すると，次のようになる。なお，文様工具の中の指頭によるものと思われるものについては，竹管状ないし棒状工具の中に含めた。

　①隆帯条数：1条（1），2条（2），3条（3）
　②隆帯の刻目文様（施文方法は，刺突・押圧のみ）
　　・施文具：ヘラ状工具（A），竹管状・棒状工具（B），二枚貝（C）
　　・施文方向：縦（イ），横（ロ），斜め（ハ），垂直（ニ）

　本稿では，上記の括弧書きの記号の組み合わせにより，西之薗式土器分類模式図（図22）を作成した。施文具の二枚貝の施文方向については，背面押圧のものを横位の変化形としてロ'とした。この分類名称をもとにして以下の検討に進みたい。

第2節　鬼界アカホヤ噴火の九州縄文土器編年上での位置付けと土器様式との関係

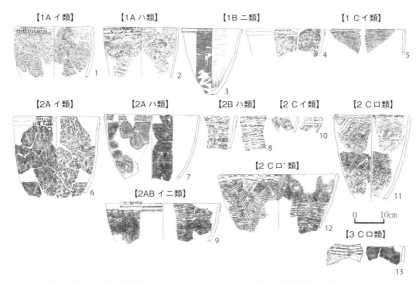

1：仲野原遺跡（日向市教育委員会 2007）　2・4・8・10：西之薗遺跡（鹿児島県教育委員会 1978a）
3：下堀遺跡（有明町教育委員会 2004）　5：轟貝塚（宇土市教育委員会 2008）
6：エゴノクチ遺跡（大分県教育委員会 1993）　7：向田遺跡（筑穂町教育委員会 2005）
9：大畝町園田遺跡（宮之城町教育委員会 1985）　11：坂ノ口遺跡（宮崎県埋蔵文化財センター 2012）
12：南田代遺跡（鹿児島県立埋蔵文化センター 2005a）　13：滑川第2遺跡（清武町教育委員会 2007a）

図22　西之薗式土器分類図

　鹿児島県志布志市下堀遺跡（有明町教育委員会, 2004）では, K‐Ah直下から, 口縁部にめぐらされた1条の隆帯文上と口縁部に竹管状刺突文をもち, 胴部には綾杉状の条痕の施された, 不安定な小さな上げ底の完形土器（1Bニ類）が条痕文系のAⅠb類の土器とともに見つかっており, 西之薗式土器の中でも比較的古い形態ととらえられる。宮崎県仲野原遺跡（日向市教育委員会, 2007）・同県上猪ノ原遺跡（宮崎市教育委員会, 2012）・鹿児島県鎌石橋遺跡（河口ほか, 1982）でも同じようにK‐Ah下位から刻目隆帯文を1条めぐらせる土器が見つかっている。

　鹿児島県南さつま市上焼田遺跡（鹿児島県教育委員会, 1977a）や同県指宿市段之原遺跡（喜入町教育委員会, 1987）では, 口縁部に1～2条の刻目隆帯文を

めぐらせる条痕文土器（1Aイ類・2Aハ類・2Cロ'類）がK-Ahの直上から出土し，鹿児島県さつま町大畝町園田遺跡（宮之城町教育委員会, 1985）では河岸段丘上に堆積するK-Ahの二次堆積層中において，複数のヴァリエーションの西之薗式土器（1Aイ類・1Aハ類・2Aイ類・2ABイニ類）が条痕文主体のAⅠb類の土器と共出している。また，胴部に斜格子状モチーフの条線文を施したり，口縁部内面に波状モチーフの条痕文を重ねたりする点は，条痕文主体のAⅠb類やAⅡ類土器との近縁関係がうかがわれる。

b) 轟式土器の再編成

　轟式土器の変遷については，桒畑（2008b）において，条痕文を主文様とする一群を轟A式土器とし，後続に刻目隆帯文を主文様とする西之薗式土器，続いて，轟B式土器を1～3段階に編成した編年案を作成したことがある（図23）。本稿では，ここまでみてきた轟式土器の分類群について，あらためて次のとおり再編成を試みる。

①轟A式土器：佐賀県東名遺跡の第1・2貝塚最上層（Ⅰ層）一括出土土器群を基本資料としながら，これに大分県右京西遺跡出土土器群も補完的に加えて，条痕文・沈線文・刺突文・隆帯文のAⅠ類・AⅡ類・AⅢ類・AⅣ類にBⅠa類をあわせて一つのグループとして，轟A式土器と再定義する。このうち，AⅠa類・AⅢ類・AⅣ類・BⅠa類については，文様施文手法は異なるものの，横位の直線と山形・鋸歯状を重ねる文様モチーフが共通しており，これらが近い関係にあるという証明となる。これらは，高橋（1989）分類の鎌石橋式，轟1・2式に該当する。このグループは古段階と新段階のおおむね2時期に細分することが可能であり，新段階には，鹿児島県志布志市下堀遺跡（有明町教育委員会, 2004）のように，BⅣ類（西之薗式土器）の1条刻目隆帯文の条痕文土器が伴出する事例がある。

②西之薗・轟B1式土器：鹿児島県上焼田遺跡（鹿児島県教育委員会, 1977a）のK-Ah直上出土土器群の一部と同県大畝町園田遺跡（宮之城町教育委員会, 1985）のK-Ah二次堆積物出土資料の一部を基本資料として，本稿のBⅣ類（西之薗式土器）にBⅠb類を加えて，西之薗・轟B1式土器とする。高橋（1989）が，K-Ah上位で最も古い土器とした轟3式土器の一部に該当する。西之薗式土器単純の古段階（西之薗式土器期）とBⅠb類が主体

第2節　鬼界アカホヤ噴火の九州縄文土器編年上での位置付けと土器様式との関係

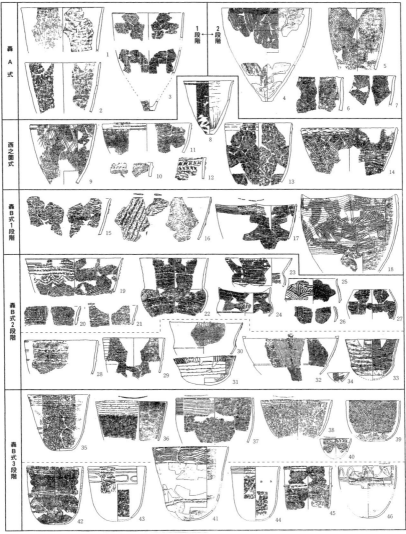

1：小山（鹿児島），2：鎌石橋（鹿児島），3：小ヶ倉A（長崎），4：石の本（熊本），5・29：天神河内第1（宮崎），6・7：九日田（鹿児島），8：下堀（鹿児島），9・14・17・19・22・24・25：南田代（鹿児島），10：西之薗（鹿児島），11：大畝町園田（鹿児島），12：上焼田（鹿児島），13：エゴノクチ（大分），15：仁田尾中（鹿児島），16：田代ヶ八重（宮崎），18：堂園平（鹿児島），20・21・26・27：上平（鹿児島），23：内小野（宮崎），28・30・34：荘貝塚（鹿児島），31：神野牧（鹿児島），32：右京（大分），33：伊木力（長崎），35：山鹿貝塚（福岡），36：阿多貝塚（鹿児島），37～41・46：羽田（大分），42・45：野口（福岡），43・44：四箇（福岡）

図23　轟式土器変遷模式図（桒畑，2008bより転載）

となる新段階（轟B1式土器期）に細分できる。上記2遺跡のような条痕文系のAIb類が共出した遺跡や，西之薗遺跡のようにBIV類（西之薗式土器）が単独で出土した遺跡は，古段階（西之薗式土器期）とすることができるのではないかと考える。他方，長崎県伊木力遺跡1994年調査地点のドングリ貯蔵穴出土土器群は，BIb類の単独資料として新段階（轟B1式土器期）に位置付けられよう。

③ 轟B2式土器：熊本県轟貝塚出土資料（浜田・榊原，1920；宮本，1990a）と鹿児島県出水市荘貝塚（出水市教育委員会，1979）貝層出土土器を基本資料として，単純形のBIc類，屈曲形のBII類，押引文をもつBIII類を同時期の深鉢形における器形のヴァリエーションととらえて一時期とする。さらに2時期に細分できる可能性もある。鹿児島県上平遺跡（南種子町教育委員会，2004）ではBI類・BII類・BIII類がI地区II層中において共出しており，3つのグループが同時期併存するという証明となる。

④ 轟B3式土器：大分県横尾貝塚（大分市教育委員会，2008）出土資料（87SX012土坑や87SX026貝・獣骨層出土土器）を基本資料として，BId類・BIe類をあわせて一段階としたが，後者は別に区分できる可能性がある。高橋（1989）分類の轟4・5式に該当する。

2　九州縄文時代早期後葉～前期前半土器編年のテフラを利用した検証

ここでは，K-Ah以前に位置付けられ，K-Ahよりも噴火規模が小さく分布範囲の限定されるテフラ（以下，便宜的に「ローカルテフラ」と呼ぶ）を用いて，九州縄文時代早期後葉，平栫式・塞ノ神式土器群ならびに轟式土器と総称されている条痕文土器群の編年を層位学的に再検討したい。

(1) 東南部九州のテフラと早期後葉土器群の出土層位

a) 東南部九州における縄文時代早期後葉のテフラ堆積パターン

宮崎県西南部から鹿児島県本土北東部にかけての東南部九州は，現在も活動を続ける火山地帯を至近に擁しており，霧島火山群や桜島火山をはじめとする多くの火山からの噴出物が幾重にも堆積している。K-Ah下位の層準に堆積し，かつ降下年代がK-Ahに近いテフラをとりあげると，桜島末吉テフラ（森脇，1994）とも呼ばれる桜島11テフラ（小林哲夫，1986：8,000 cal BP），霧島蒲牟

田スコリア（井ノ上，1988：8,100 cal BP），霧島牛のすね火山灰（井ノ上，1988：7,600～7,100 cal BP）などがある。これらのローカルテフラと平栫式・塞ノ神式土器群との層位関係については以前から注目されてきた（成尾，1991；桒畑1996・1998；桑畑・東，1997）。これらの堆積物を鍵として，各土器型式について，ある程度の層位的傾向が把握され（桒畑，1998，2002），近年の桜島11テフラの降下地域内における調査の進展により同テフラの一次堆積層を挟んでの層位的出土事例がとりあげられた（黒川，2003）。

　それらの成果をもとに，早期後葉の土器型式群をふるい分けすることで，編年案の検証を行う。まず，はじめに都城盆地とその周辺地域をとりあげて，上記3つのテフラについて，4地点の土層断面をもとにそれらの堆積パターンを提示する（図24）。

　Ⅰパターン：鹿児島県曽於市末吉町の五位塚の切り通し断面を標識とする。K-Ahの下位に桜島11テフラの二次堆積である軽石濃集層を挟んで約20cmの厚さで桜島11テフラの一次堆積が認められる。

　Ⅱパターン：上記地点の東方約1kmにある同市同町諏訪神社付近の切り通し断面を標識とする。桜島11テフラの一次堆積はブロック状となり，その上位に層厚約40cmの二次堆積である軽石濃集層が形成されている。なお，Ⅰ・Ⅱともに桜島11テフラの軽石濃集層は黄褐色系の色調を呈する。

　Ⅲパターン：上記地点の東方約6kmにある宮崎県都城市梅北町嫁坂の切り通し断面を標識とする。桜島11テフラの一次堆積は認められないが，K-Ahの下位に約15cmの黒色土を挟んで，層厚約20cmの桜島11テフラの二次堆積である軽石濃集層があり，同層はⅠ・Ⅱよりも黒味の強い色調を呈している。

　Ⅳパターン：上記地点の北方約22kmにある同市上水流町松ヶ迫の試掘トレンチの断面を標識とする。K-Ahの直下には霧島牛のすね火山灰を含む黒～灰色を呈する硬質の火山灰土層が約15cmの厚さで認められ，地点によっては青灰色を呈する霧島牛のすね火山灰がブロック状に観察できる。さらにその下位には層厚約20cmの黒褐色土中に，桜島11テフラの黄色軽石と赤褐色を呈する霧島蒲牟田スコリアの二者が混在した状態，軽石とスコリアの濃集状態で認められる。このようにほぼ同一層準で検出される桜島

第2章　鬼界アカホヤ噴火の土器編年上での位置付けと土器様式との関係

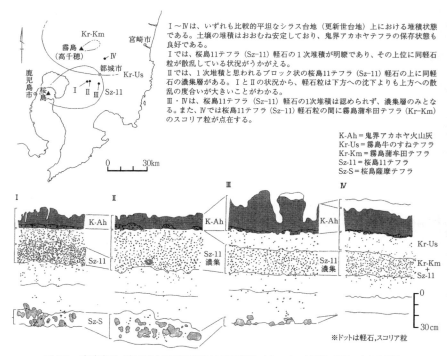

図 24　東南部九州の縄文時代早期テフラ堆積パターン（桒畑, 2008a より転載）

11 テフラと霧島蒲牟田スコリアは，それぞれの直下土壌の ^{14}C 年代によっても相前後する近接した数値が得られている（奥野, 2002）。

当然ながら，桜島火山により近い地域で確認される I・II パターンでは桜島 11 テフラがより明瞭に堆積しており，東方へ離れると III パターンのように桜島 11 テフラの二次堆積である軽石濃集層のみとなる。一方，より北方の IV パターンでは，桜島火山起源だけでなく，霧島火山起源のテフラも観察される。

b) 東南部九州のテフラと早期後葉土器群の出土層位の検討

桜島 11 テフラと縄文時代早期後葉の各土器型式の出土状況をパターンごとにみていくと，桜島 11 テフラがしっかりと堆積している I パターンでは，唐尾遺跡や関山西遺跡において桜島 11 テフラの下位から塞ノ神 A 式土器と塞ノ神 B 式土器が出土したのに対し，関山遺跡では同テフラ上位から塞ノ神 B 式

第2節　鬼界アカホヤ噴火の九州縄文土器編年上での位置付けと土器様式との関係

土器が出土した。桜島11テフラの堆積が比較的明瞭だが場所によってはブロック状となるIIパターンでは，同テフラ下位に関してはIパターンと同じような状況が認められるが，同テフラ上位から塞ノ神B式土器と同式土器と関係が深いとされる苦浜式土器，その他，轟A式土器も出土した。桜島11テフラの堆積状態が濃集層となるIII・IVパターンでは，濃集層下位から平栫式土器，塞ノ神A式土器，塞ノ神B式土器が出土したが，濃集層からは塞ノ神A式土器，塞ノ神B式土器と苦浜式土器や轟A式土器に加え，平栫式土器までも出土した。

III・IVパターンにみられる，鬼界アカホヤ火山灰下位の黒色系土層中に多数の軽石粒が散乱した状態を呈する濃集層は，シラス台地上やK-Ah降下以前に段丘化した比較的安定した地形面に堆積したものであり，河川の氾濫や土石流などによって再堆積したものとは考えられない。降下当時が比較的薄い堆積であったため，K-Ahほどパック力をもつものではなく，その後の諸要因によって主として上方への散乱が生じて形成されたと推察される。したがって遺跡によっては本来下位に包含されるはずの遺物も巻き上げられて上位の遺物と混在するという現象が観察される。

さて，桜島11テフラとの層位関係において注目されるのは，塞ノ神B式土器の出土状況であり（表3），同式が桜島11テフラと時間的に近い関係にあるとみられる（桒畑，1998，2002，2009）。

次に，先述した塞ノ神B式土器の細分案を念頭に置きながら，Iパターンの良好な遺跡をとりあげて，層位的出土状況を検討する。

新東（2007）も検討している城ヶ尾遺跡（鹿児島県立埋蔵文化財センター，2003b）と桐木耳取遺跡（鹿児島県立埋蔵文化財センター，2005b）の事例に，後者の遺跡の中に含まれる桐木遺跡（鹿児島県立埋蔵文化財センター，2004c）の資料も加えて，報告書に掲載されている資料の中から，口縁部から胴部までがつながり，かつ文様構成のわかるものを抽出し，層位別の出土状況を確認した（表4）。

桐木遺跡・桐木耳取遺跡では，テフラ下位から塞ノ神B1タイプが1点，テフラ上位から塞ノ神B2タイプが2点と塞ノ神B3タイプが2点，苦浜式土器が2点，轟A式土器（AI類，AIV類）が11点出土している。城ヶ尾遺跡では，

第2章　鬼界アカホヤ噴火の土器編年上での位置付けと土器様式との関係

表3　東南部九州における桜島11テフラと平桟式・塞ノ神式土器群の出土層位

◎テフラ層厚30cm以上

No.	遺跡名	所在地	テフラ層厚	テフラ下位	テフラ中	テフラ上位	備考
1	関山	曽於市末吉町	20～30cm			B3	
2	関山西	曽於市末吉町	20～30cm	A,B2			
3	唐尾	曽於市末吉町	20～40cm	A,B1,B2			
4	建山	曽於市大隅町	20～35cm	A, B2		B3, 条	

◎テフラ層厚10cm以上30cm未満

No.	遺跡名	所在地	テフラ層厚	テフラ下位	テフラ中	テフラ上位	備考
5	城ヶ尾	霧島市福山町	15～18cm, ブロック状	A,B1,B2		B2	
6	前原和田	霧島市福山町	10～15cm	A		B2?, 苦	
7	供養之元	霧島市福山町	5ｃm, ブロック状	A		B3	
8	永磯	霧島市福山町	10～20cm, ブロック状	A,B2			
9	九養岡	曽於市財部町	15～20cm, ブロック状		B3	苦	
10	踊場	曽於市財部町	20cm	A			
11	中崎上	曽於市財部町	10cm, ブロック状	A?			
12	桐木	曽於市末吉町	24cm	平,A,B1		B3, 条	CエリアとDエリアの境界付近
13	桐木耳取	曽於市末吉町	25cm	平,A,B1		B2,B3, 苦, 条	
14	平松城	曽於市末吉町	10～15cm, ブロック状	A			
15	鳥居川	曽於市大隅町	10cm, ブロック状	A		B2orB3	

◎テフラ層厚10cm未満（濃集層形成）

No.	遺跡名	所在地	テフラ層厚	濃集層下位	濃集層中	備考
16	野田後	曽於市末吉町	濃集層30cm		B3	本来はDエリア内であるが、調査地点では1次堆積層は確認されず
17	原村Ⅰ	曽於市末吉町	濃集層30cm	B2	B2,B3	
18	原村Ⅱ	曽於市末吉町	濃集層30cm	A	A	
19	西原	曽於市末吉町	濃集層24cm	平,A,B2	平,A, 条	
20	山ノ田B	志布志市松山町	濃集層20～30cm		平,A	
21	蕨野B	志布志市松山町	濃集層35cm	平,A	A,B3	
22	松ヶ尾	志布志市有明町	濃集層38cm	A	A	
23	上野原	霧島市国分	濃集層15cm		平,A,B2	
24	新田	鹿屋市輝北町	濃集層？		A,B3	
25	松ヶ迫	都城市	濃集層20cm	A	B2,B3, 条	
26	十三束	都城市	濃集層20cm	平,A	B1	
27	黒生第2	都城市	濃集層20cm	平	苦	
28	天ヶ渕	都城市	濃集層15cm	B2		
29	雀ヶ野第3	都城市高城町	濃集層？		B1,B2,B3	

※平＝平桟式土器、A＝塞ノ神A式土器、B＝塞ノ神B式土器（数字1～3は細分類）、苦＝苦浜式土器、条＝条痕文系土器（轟A式土器）
※エリアの設定は、桜島11テフラの現存層厚の等層厚線（森脇, 1994）による区分である。

表4 塞ノ神B式土器・塞ノ神B式系土器・条痕文土器の出土層位別点数

城ヶ尾遺跡

層位	桜島11テフラとの関係	B1	B2	B3
Ⅵ層	桜島11テフラ上位	2	9	−
Ⅶ層	桜島11テフラ下位	8	10	−

桐木遺跡

層位	桜島11テフラとの関係	B1	B2	B3	苦	条
Ⅵ層	桜島11テフラ上位	−	−	1	−	4
Ⅶ層	桜島11テフラ下位	−	−	−	−	−

桐木耳取遺跡

層位	桜島11テフラとの関係	B1	B2	B3	苦	条
Ⅵ層	桜島11テフラ上位	−	2	1	2	7
Ⅶ層	桜島11テフラ下位	1	−	−	−	−

※平＝平栫式土器，A＝塞ノ神A式土器，B＝塞ノ神B式土器（数字1〜3は細分類），苦＝苦浜式土器，条＝条痕文系土器（轟A式土器）
※口縁部から胴部までつながり，かつ文様構成のわかる土器を抽出して，層位別の出土点数をカウントした。

　塞ノ神B3タイプに該当する土器は出土していないが，塞ノ神B1タイプの大多数である8点がテフラ下位から，塞ノ神B2タイプのうち10点がテフラ下位，9点がテフラ上位から出土しており，ほぼ半数ずつの割合となっている。テフラ上位から出土した塞ノ神B1タイプの約20％は，何らかの営為による上方への二次堆積か土器型式の残存現象のいずれかであると解釈できるが，塞ノ神B2タイプに関してはテフラの下位と上位，すなわちテフラ降下前と後において同類土器が製作・使用され廃棄されたと解釈せざるを得ないような出土状況である。以上のような検討結果を踏まえると，桜島11テフラは，塞ノ神B2タイプが製作・使用されていた段階に降下したと考えられ，同タイプの存続期間に絞り込むことができる。また，塞ノ神A式と塞ノ神B式の関係については，後者を新しく位置付けるのが妥当で，塞ノ神B式土器は，B1タイプからB2タイプを経てB3タイプへと変遷した可能性が高い。さらに，塞ノ神B3タイプ・苦浜式土器・轟A式土器（AⅠ類，AⅣ類）は同テフラ以降の土器群であることが明確である。

第2章　鬼界アカホヤ噴火の土器編年上での位置付けと土器様式との関係

(2) K-Ah直下出土土器の検討

　K-Ah直下の出土土器をとりあげて，K-Ah降下直前の土器型式を抽出したことがある（桒畑，1996）が，各地域，遺跡，出土地点によって，テフラの有無や土壌堆積速度に違いがあることは明らかであり，直下から出土したことが必ずしもテフラ降下直前を示すものではないことはあらためていうまでもない。しかしながら，K-Ahが比較的安定して堆積し，その後の腐植も著しくない遺跡において，ある土器型式がK-Ah直下において出土し，かつほかに出土した縄文時代早期後葉の土器型式よりも上位で検出されれば，その土器型式が鬼界アカホヤ噴火時により近い時期にある可能性は高い。そのような事例として，宮崎県宮崎市天神河内第1遺跡（宮崎県教育委員会，1991），宮崎県えびの市妙見遺跡（宮崎県教育委員会，1994），鹿児島県湧水町七ッ谷遺跡（吉松町教育委員会，1999），鹿児島県志布志市鎌石橋遺跡（河口ほか，1982），鹿児島県志布志市下堀遺跡（有明町教育委員会，2004），鹿児島県南九州市永野遺跡（知覧町教育委員会，1983），鹿児島県南九州市牧野遺跡（南九州市教育委員会，2015），鹿児島県大崎町野方前段遺跡（鹿児島県立埋蔵文化財センター，2010b），鹿児島県南種子町横峯遺跡（南種子町教育委員会，1993）などの事例がある（図25下段）。

　出土地点の微地形と埋積状況は個別に検討を要するが，これらの事例のうち火砕流に起因すると思われる堆積物に巻き込まれた状態で検出された永野遺跡・牧野遺跡・横峯遺跡を除くと，いずれもK-Ah最下部の火山豆石・軽石に覆われ，明らかにほかの縄文時代早期土器型式よりも上位に検出されるという状況が認められた。前三者のうち，横峯遺跡は鬼界カルデラの南西約50kmの種子島南西海岸側に位置しているが，同遺跡において幸屋火砕流堆積物の中ないし直下から苦浜式土器と微隆起線文の施された轟A式土器（口縁部にAⅣ類，胴部にBⅠa類の文様をもつ土器）が出土した地点は調査区域の北西部，すなわち鬼界カルデラ向きの比較的急な斜面であり，火砕流の破壊力によって当時の地表の撹乱が生じた可能性も考えられる。

　横峯遺跡の苦浜式土器を除くと，これらのK-Ah直下出土の土器型式は，轟A式土器（AⅠ類，AⅡ類，AⅢ類，AⅣ類）と刻目隆帯文土器（BⅣ類：西之薗式土器）である。

　轟A式土器の中でもAⅠb類は，K-Ahの上位からも出土している（図25

第 2 節 鬼界アカホヤ噴火の九州縄文土器編年上での位置付けと土器様式との関係

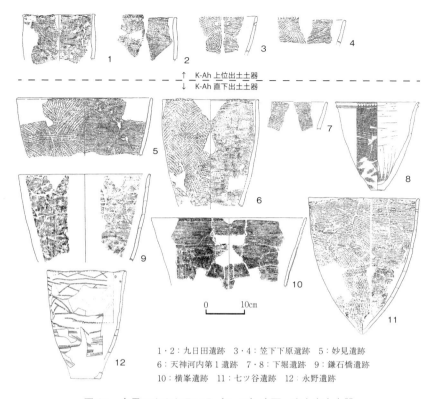

図 25 鬼界アカホヤテフラ（K-Ah）直下・直上出土土器

上段）。南九州中部以北に位置する鹿児島県霧島市九日田遺跡（牧園町教育委員会, 1993）においては，K-Ah 下位に土器包含層は認められず，自然現象あるいは何らかの人為によって K-Ah 上位に再堆積したとは考えられない。同じような状況は宮崎県延岡市笠下下原遺跡（北方町教育委員会, 1992）でも確認されている。また，先述したように，刻目隆帯文土器（BⅣ類：西之薗式土器）も K-Ah の上位からも検出されている。

これらの事例から，条痕文系の轟 A 式土器（AⅠb 類）と刻目隆帯文土器（西之薗式土器）が縄文時代早期後葉の土器群の中でも K-Ah に最も近い時期に位置付けられると考える。

(3) 東南部九州のテフラからみた縄文時代早期後葉の土器変遷

ここまでの K-Ah 下位に堆積する桜島 11 テフラを利用した九州縄文時代早期後葉の土器編年の検証作業（桒畑, 1996, 1998）を踏まえると，桜島 11 テフラは塞ノ神 B2 タイプ段階に降下した可能性が高く，平栫式土器・塞ノ神式土器群の編年に関しては，平栫式土器・塞ノ神 A 式土器→塞ノ神 B 式土器という型式変遷案（河口, 1985b；高橋, 1997）が妥当と考える。少なくとも平栫式土器と塞ノ神 A 式土器については，鬼界アカホヤ噴火時にはすでに終焉を迎えていたことが確実である。K-Ah に時間的に近い縄文時代早期末の土器群としては，いわゆる苦浜式土器を含む塞ノ神 B 式系土器群と条痕文系土器群であるいわゆる轟 A 式土器を抽出することができる（桒畑, 2002）。

さらに，佐賀県東名遺跡（佐賀市教育委員会, 2009）では，K-Ah 降下以前に形成された貝塚の貝層本体から塞ノ神 B 式系土器群がまとまって出土し，貝塚の貝層の最上層から轟 A 式土器（AIV類，BIa類）が出土した。塞ノ神 B 式系土器群は，いわゆる苦浜式土器を含み，高橋信武（1997）による塞ノ神III式新段階と塞ノ神IV式に該当する。これらは塞ノ神 B 式土器の終末段階とも呼ぶべき土器群であり，本稿では塞ノ神 B 式土器東名段階と仮称した。この遺跡の層位的出土状況によれば，塞ノ神 B 式土器東名段階→轟 A 式土器という時間的関係が明らかである。

(4) 池田湖テフラと轟式土器の関係

轟 B2 式土器と K-Ah の上位に堆積するローカルテフラとの層位的関係がとらえられる事例がある。鹿児島県伊敷遺跡（鹿児島県教育委員会, 1983b）では，^{14}C 年代が 5500〜5700 年 B.P とされる池田湖テフラ（池田湖軽石）の下層から膨らんだ胴部に沈線文をもつ土器が出土し，同県鎮守ヶ迫遺跡（鹿児島県教育委員会, 1984）では，同軽石の上位から胴部が「く」の字に屈曲した土器が出土していることから，池田湖テフラは，轟 B2 式土器の古相（BIIa類）から新相（BIIb類）への移行段階に降下したと考えられる。

3 九州縄文時代早期末〜前期土器型式の較正暦年代と K-Ah の位置

九州における縄文時代の大別時期区分の ^{14}C 年代に関しては坂田邦洋（1979）による先駆的な研究があり，九州の縄文時代早・前期土器の編年と ^{14}C 年代測

第2節　鬼界アカホヤ噴火の九州縄文土器編年上での位置付けと土器様式との関係

定値との関係についても詳細に検討された（坂田, 1980）。この一連の研究は，土器と共出した資料の中で ^{14}C 年代測定の対象となりうる試料，例えば貝塚の貝殻や木炭を試料として，ガス比例計数管法によって得られた ^{14}C 年代測定値をもとに検討しているものである。試料の中には各土器型式との確実な共伴関係を問えないものが含まれており，当然ながら暦年較正や海洋リザーバー効果なども考慮されることのなかった段階のものであるが，当該期の自然科学的年代を把握する貴重な研究である。しかしその後は，1990年代以降に AMS ^{14}C 年代測定法が普及し，^{14}C 年代の暦年較正が進展してきたにもかかわらず，九州における縄文時代早期末から前期にかけての ^{14}C 年代測定値と考古学的な縄文土器編年との対応関係については，十分に検討されてきたとは言えない。

そこでここでは，縄文時代早期後葉の塞ノ神B式土器から前期後半の曽畑式土器について，出土土器と年代測定対象試料との確実な共伴を証明しうる当該期の遺構が少ないという状況から，データ数が限られるが，型式判別可能な土器（図26）に付着した煤などの炭化物の AMS 法による ^{14}C 年代測定値を表5にまとめた。ただし，試料2・21は年代測定対象土器の実測図が未公表のため提示していない。さらにそのデータをもとに，各土器型式の較正暦年代を求めた（表6）。年代の算出には，IntCal09（Reimer et al. 2009）の較正曲線に基づいて，CALIB REV6.0.0（Stuiver and Reimer, 1986-2010）のプログラムを使用した。各試料の較正暦年代は 2σ を用い，確率密度分布が10％以上の範囲を太線で示した（図27）。表5の各年代測定対象土器のうち，試料番号 14・15・17・18・23・24・36 の出土遺跡では，K-Ah の堆積が確認されず，K-Ah との層位的関係は明らかではない。また，試料番号 26, 33, 34 は K-Ah 上位に構築された後世の遺構の中から出土したものである。炭素同位体分別の補正をするための $\delta^{13}C$ 値が公表されているもののうち，試料番号 1・3・5・9a・33 は $\delta^{13}C$ 値が -25‰ を上回り，-20～-24‰ の中にあるため，海洋リザーバー効果を考慮する必要がある（小林, 2008）が，その他は問題ないと思われる。

以下に，図27をもとに推定した各土器型式の暫定的な較正年代の上限と下限を記載する。較正暦年代の cal BC の右側に括弧書きで cal BP も併記した。

第2章　鬼界アカホヤ噴火の土器編年上での位置付けと土器様式との関係

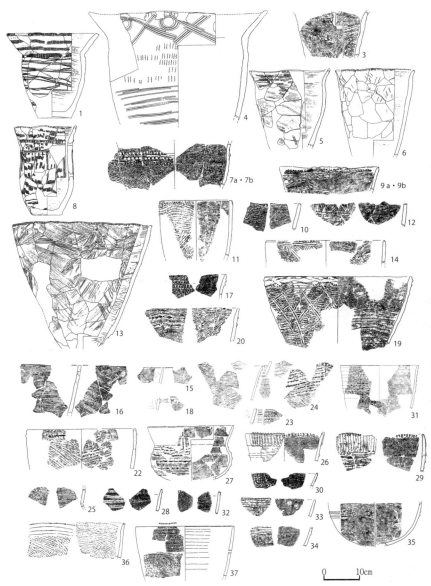

※実測図の出展は，表5に記載。なお，2・12は実測図未公表，38～40の曽畑式土器は実測図省略。

図26　年代測定対象土器実測図

第2節　鬼界アカホヤ噴火の九州縄文土器編年上での位置付けと土器様式との関係

表5　九州縄文時代早期末〜前期の土器付着炭化物の AMS^{14}C 年代測定値

番号	遺跡名	出土層位	型式名	測定試料	δ^{13}C PDB (‰)	^{14}C年代 (BP)	文献
1	三角山Ⅳ	K-Ah 下	塞ノ神B式 (B2タイプ)	外炭	-22.8	7,450 ± 35	鹿児島県埋文センター (2004a)
2	城ヶ尾	K-Ah 下	塞ノ神B式 (B2タイプ)	外炭	-26.6	7,100 ± 40	鹿児島県埋文センター (2003b)
3	西畑瀬	K-Ah 下	塞ノ神B式東名段階	外炭	-22.31	7,155 ± 30	佐賀県教委 (2009)
4	東名	K-Ah 下	塞ノ神B式東名段階	外炭	-25	7,087 ± 28	佐賀市教委 (2009)
5	三角山Ⅳ	K-Ah 下	塞ノ神B式東名段階	外炭	-23.9	7,000 ± 35	鹿児島県埋文センター (2004a)
6	三角山Ⅳ	K-Ah 下	塞ノ神B式東名段階	外炭	-25.6	6,745 ± 35	鹿児島県埋文センター (2004a)
7a	東名	K-Ah 下	塞ノ神B式東名段階	内炭	-26	6,887 ± 28	佐賀市教委 (2009)
7b	東名	K-Ah 下	塞ノ神B式東名段階	外炭	-26	6,846 ± 24	佐賀市教委 (2009)
8	三角山Ⅳ	K-Ah 下	塞ノ神B式東名段階	外炭	−	6,570 ± 50	鹿児島県埋文センター (2004a)
9a	東名	K-Ah 下	轟A式 (隆帯文,BⅠa類)	内炭	-20	6,926 ± 37	佐賀市教委 (2009)
9b	東名	K-Ah 下	轟A式 (隆帯文,BⅠa類)	外炭	-26	6,651 ± 32	佐賀市教委 (2009)
10	桐木	K-Ah 下	轟A式 (微隆起線文,AⅣ類)	外炭	-25	6,550 ± 70	鹿児島県埋文センター (2004c)
11	湯屋原	K-Ah 下	轟A式 (微隆起線文,AⅣ類)	外炭	−	6,450 ± 40	郡山町教委 (2003)、年代値は遠部・宮田 (2008b)
12	三角山Ⅰ	K-Ah 下	轟A式 (微隆起線文,AⅣ類)	外炭	-26.2	6,420 ± 70	鹿児島県埋文センター (2006a)
13	野方前段A地点	K-Ah 下	轟A式 (条痕文,AⅠb類)	外炭	-27.35	6,571 ± 40	鹿児島県埋文センター (2010b)
14	小ヶ倉A	−	轟A式 (条痕文,AⅠb類)	外炭	-26.3	6,470 ± 50	辻田・竹中 (2003)
15	野中	−	轟A式 (条痕文,AⅠb類)	外炭	−	6,439 ± 28	福岡市教委 (2013)、年代値は今回測定
16	上猪ノ原第4地区	K-Ah 下	轟A式 (条痕文,AⅠb類)	外炭	-23.1	6,390 ± 30	宮崎県教委 (2012)
17	向田	−	刻目隆帯文 (BⅣ類)	外炭	−	6,280 ± 55	筑穂町教委 (2005)、年代値は遠部 慎氏教示
18	野中	−	刻目隆帯文 (BⅣ類)	外炭	−	6,200 ± 28	福岡市教委 (2013)、年代値は今回測定
19	南田代	K-Ah 上	刻目隆帯文 (BⅣ類)	外炭	-26.84	6,190 ± 29	鹿児島県埋文センター (2005a)、年代値は今回測定

第2章　鬼界アカホヤ噴火の土器編年上での位置付けと土器様式との関係

番号	遺跡名	出土層位	型式名	測定試料	δ^{13}C PDB (‰)	^{14}C年代 (BP)	文献
20	仁田尾中B	K-Ah上	轟B1式（BⅠb類）	外炭	-25.27	6,231±34	鹿児島県埋文センター(2007b),年代値は今回測定
21	仁田尾中B	K-Ah上	轟B1式（BⅠb類）	外炭	-29.23	6,100±50	鹿児島県埋文センター(2007b)
22	堂園平	K-Ah上	轟B1式（BⅠb類）	外炭	-29.29	6,090±40	鹿児島県埋文センター(2006c)
23	野中	－	轟B1式（B1b類）	外炭	－	6,074±30	福岡市教委(2013),年代値は今回測定
24	野中	－	轟B1式（B1b類）	外炭	-25.39	5,914±22	福岡市教委(2013),年代値は今回測定
25	湯屋原	K-Ah上	轟B2式（BⅡa類）	外炭	－	6,240±110	郡山町教委(2003),年代値は遠部・宮田(2008b)
26	内小野	－	轟B2式（BⅡb類）	外炭	-24.55	5,944±30	えびの市教委(2000),年代値は今回測定
27	西畑瀬	K-Ah上	轟B2式（BⅡa類）	外炭	-26.28	5,870±30	佐賀県教委(2009)
28	南田代	K-Ah上	轟B2式（BⅡ類）	外炭	-25	5,835±30	鹿児島県埋文センター(2005a)
29	三角山Ⅰ	K-Ah上	轟B2式（BⅡb類）	外炭	-26	5,770±45	鹿児島県埋文センター(2006a)
30	上安久	K-Ah上	轟B2式（BⅡb類）	外炭	-24.65	5,760±25	都城市教委(2011)
31	天神河内第1	K-Ah上	轟B2式（BⅠc・BⅡb類）	外炭	-26.1	5,491±22	宮崎県教委(1991)年代値は今回測定
32	南田代	K-Ah上	轟B2式（BⅡ類）	外炭	-26	5,475±30	鹿児島県埋文センター(2005a)
33	内小野	－	轟B3式（BⅠd類）	外炭	-23.9	5,833±28	えびの市教委(2000),年代値は今回測定
34	内小野	－	轟B3式（BⅠd類）	外炭	-25.15	5,747±30	えびの市教委(2000),年代値は今回測定
35	西畑瀬	K-Ah上	轟B3式（BⅠe類）	外炭	-26.19	5,445±30	佐賀県教委(2009)
36	二日市洞穴	－	轟B3式（BⅠd類）	外炭	-25.45	5,160±20	橘(1980),年代値は遠部(2006)
37	湯屋原	K-Ah上	西唐津式	外炭	－	5,450±45	郡山町教委(2003),年代値は遠部・宮田(2008b)
38	田向	K-Ah上	曽畑式	外炭	－	5,150±150	宮崎県教委(1994b),年代値は遠部・宮田(2008a)
39	三角山Ⅰ	K-Ah上	曽畑式	外炭	-27.1	5,070±45	鹿児島県埋文センター(2006a)
40	桐木	K-Ah上	曽畑式	外炭	-29.1	4,820±50	鹿児島県埋文センター(2004c)

第2節　鬼界アカホヤ噴火の九州縄文土器編年上での位置付けと土器様式との関係

表6　九州縄文時代早期末～前期土器型式の較正暦年代

番号	型式名	遺跡名	較正暦年代（cal BC, 2σ）	測定コード
1	塞ノ神B式（B2タイプ）	三角山Ⅳ	6,402-6,238	PLD-2013
2	塞ノ神B式（B2タイプ）	城ヶ尾	6,051-5,962,5,960-5,899	Beta-129905
3	塞ノ神B式東名段階	西畑瀬	6,068-5,988	PLD-7281
4	塞ノ神B式東名段階	東名	6,019-5,967,5,957-5,901	NUTA2-9641
5	塞ノ神B式東名段階	三角山Ⅳ	5,984-5,795	PLD-2011
6	塞ノ神B式東名段階	三角山Ⅳ	5,721-5,617	PLD-2010
7a	塞ノ神B式東名段階	東名	5,838-5,720	NUTA2-9637
7b	塞ノ神B式東名段階	東名	5,773-5,667	NUTA2-9640
8	塞ノ神B式東名段階	三角山Ⅳ	5,618-5,473	PLD-2012
9a	轟A式（隆帯文, BⅠa類）	東名	5,889-5,729	NUTA2-13373
9b	轟A式（隆帯文, BⅠa類）	東名	5,632-5,523	NUTA2-9804
10	轟A式（微隆起線文, AⅣ類）	桐木	5,623-5,458,5,455-5,374	Beta-141498
11	轟A式（微隆起線文, AⅣ類）	湯屋原	5,481-5,339	−
12	轟A式（微隆起線文, AⅣ類）	三角山Ⅰ	5,511-5,294	Beta-137436
13	轟A式（条痕文, AⅠb類）	野方前段A地点	5,614-5,586,5,569-5,475	IAAA-90988
14	轟A式（条痕文, AⅠb類）	小ヶ倉A	5,512-5,327	Beta-175984
15	轟A式（条痕文, AⅠb類）	野中	5,477-5,357	IAAA-132052
16	轟A式（条痕文, AⅠb類）	上猪ノ原4	5,468-5,399,5,391-5,316	−
17	刻目隆帯文（BⅣ類）	向田	5,370-5,198,5,178-5,065	−
18	刻目隆帯文（BⅣ類）	野中	5,229-5,051	IAAA-132051
19	刻目隆帯文（BⅣb類）	南田代	5,225-5,042	IAAA-112572
20	轟B1式（BⅠb類）	仁田尾中B	5,304-5,200,5,177-5,067	IAAA-112573
21	轟B1式（BⅠb類）	仁田尾中B	5,229-4,990	IAAA-30489
22	轟B1式（BⅠb類）	堂園平	5,207-5,147,5,081-4,899	IAAA-51397
23	轟B1式（BⅠb類）	野中	5,059-4,899	IAAA-132050
24	轟B1式（BⅠb類）	野中	4,840-4,720	PED-25042
25	轟B2式（BⅡa類）	湯屋原	5,393-4,940	−
26	轟B2式（BⅡb類）	内小野	4,907-4,863,4,857-4,726	IAAA-100943
27	轟B2式（BⅡa類）	西畑瀬	4,803-4,686	PLD-7279
28	轟B2式（BⅡ類）	南田代	4,785-4,611	PLD-1931
29	轟B2式（BⅡb類）	三角山Ⅰ	4,719-4,513	MTC-05832
30	轟B2式（BⅡb類）	上安久	4,688-4,543	PED-15767
31	轟B2式（BⅠc・BⅡb類）	天神河内第1	4,840-4,720	PED-25041
32	轟B2式（BⅡ類）	南田代	4,365-4,309,4,305-4,259	PLD-1932
33	轟B3式（BⅠd類）	内小野	4,783-4,612	IAAA-100941
34	轟B3式（BⅠd類）	内小野	4,688-4,517	IAAA-100942
35	轟B3式（BⅠe類）	西畑瀬	4,348-4,251	PLD-7280
36	轟B3式（BⅠd類）	二日市洞穴	3,994-3,950	PLD-6725
37	西唐津式	湯屋原	4,369-4,230	−
38	曽畑式	田向	4,265-3,655	MTC-10304
39	曽畑式	三角山Ⅰ	3,968-3,765	MTC-05831
40	曽畑式	桐木	3,705-3,516	PLD-3002

第 2 章　鬼界アカホヤ噴火の土器編年上での位置付けと土器様式との関係

【塞ノ神 B 式系土器群の較正暦年代】

塞ノ神 B 式（B2 タイプ）	6,100?～5,900? cal BC（8,050?～7,850? cal BP）
塞ノ神 B 式（東名段階）	6,050～5,500 cal BC（8,000～7,450 cal BP）

【轟式系土器群の較正暦年代】

A I 類	5,600～5,300 cal BC（7,550～7,250 cal BP）
A IV 類	5,600～5,300 cal BC（7,550～7,250 cal BP）
B I a 類	5,600～5,500 cal BC（7,550～7,450 cal BP）
B IV 類（西之薗式土器）	5,350～5,100 cal BC（7,300～7,050 cal BP）
B I b 類	5,300?～4,900 cal BC（7,250?～6,850 cal BP）
B II 類	4,900～4,500? cal BC（6,850～6,450? cal BP）
B I d 類・B I e 類	4,700?～4,250 cal BC（6,650?～6,200 cal BP）

【曽畑式系土器群の較正暦年代】

西唐津式	4,350～4,250 cal BC（6,300～6,200 cal BP）
曽畑式	4,300～3,550 cal BC（6,250～5,500 cal BP）

　上記のうち，轟 A 式土器（A I 類・A IV 類・B I a 類）と B IV 類（西之薗式土器）の較正暦年代は，小林謙一（2012）の提示する東海地方の条痕文系土器群の較正暦年代（5,450～5,050 cal BC）とおおむね重なっている。この年代は，小林（2008）が示した関東地方の条痕文系土器群の年代幅（6,500～5,050 cal BC）の後半段階に位置付けられる。列島規模で広域展開する条痕文系土器様式の年代は，九州地方を含む東海地方以西が後出する状況が確認できる。

　B IV 類（西之薗式土器）と B I b 類の年代測定値は，後者の年代幅が若干新しく位置付けられつつも，現状ではほぼ重なる。両型式が単独で出土する遺跡が少数ある一方で，共出する遺跡の事例が少なからずあることを考慮すると，時間的に近い関係にあることも想定される。

　屈曲形を特徴とする B II 類の中で試料番号 25 と 32 が他のデータと比べて前後に大きく外れており，B I d 類の試料番号 36 も他のデータと比べて新しい年代を示している。これらを除けば，B IV 類（西之薗式土器）と B I b 類の下限年代の後に B II 類の上限年代が続き，B I d 類の上限年代は B II 類の年代範囲の後半と併行しながら，曽畑式土器との中間的な土器型式である西唐津式土器段階まで存続するような状況がわかる。

第2節　鬼界アカホヤ噴火の九州縄文土器編年上での位置付けと土器様式との関係

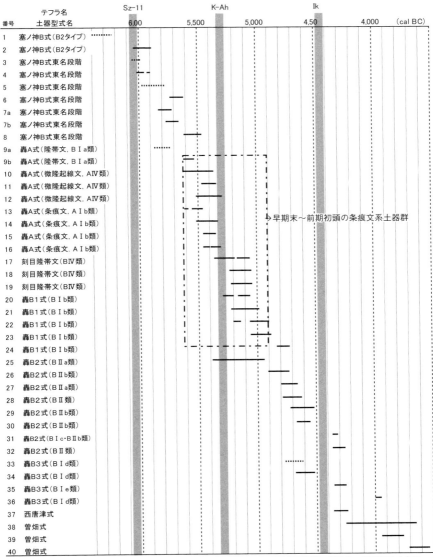

図27　九州縄文時代早期末〜前期土器型式の較正暦年代

第 2 章　鬼界アカホヤ噴火の土器編年上での位置付けと土器様式との関係

　K-Ah の年代は，先にレビューしたように，水月湖の年縞堆積物の計数年代と ^{14}C 年代測定値の較正暦年代をあわせて考えると，紀元前で BC5,300 年頃の可能性が高い。この年代を各土器型式の較正暦年範囲グラフ（図 27）に重ね合わせてみると，縄文時代早期末から前期初頭の条痕文系土器群（轟 A 式土器および西之薗・轟 B1 式土器の年代幅（5,350〜4,900 cal BC）に位置付けられる。また轟 A 式土器の年代測定対象土器を詳細にみていくと，K-Ah に最も近いのは轟 A 式土器の微隆起線文をもつタイプ（AⅣ類）と条痕文を主文様とするタイプ（AⅠb 類）のようである。このうち前者については K-Ah の上位で出土する事例は知られていないのに対し，後者の条痕文のみの文様意匠をもつ轟 A 式土器は，鹿児島県九日田遺跡（牧園町教育委員会, 1993）などで，胴部外面の条痕文が波状となるものや口縁部内面に三角形モチーフの条痕文をもつ土器群が K-Ah の上位で出土した。さらに，鹿児島県志布志市下堀遺跡（有明町教育委員会, 2004）では，1 条の刻目隆帯文をもつ条痕文土器（BⅣ類：西之薗式土器）が，鬼界アカホヤテフラ直下において轟 A 式土器の条痕文を主文様とする土器（AⅠb 類）と共出する。これらを考慮すると，鬼界アカホヤの噴火は，轟 A 式土器の新段階，さらに踏み込むと，刻目隆帯文土器である轟 BⅣ類（西之薗式土器）が出現した頃に起こった可能性が高い。

　K-Ah とのおおまかな時間的関係をみると，塞ノ神 B 式系土器群が同テフラの 200 年前以前，轟 A 式土器から西之薗・轟 B1 式土器までの一連の条痕文系土器群の年代幅約 700 年間のちょうど中頃に K-Ah が位置し，轟 B2 式土器期以降が K-Ah の 400 年後以降となった。

4　九州縄文時代早期末〜前期前半土器型式の較正暦年代

　ここまでみてきた各土器型式の変遷と年代的位置付けをもとに，九州縄文時代早期末〜前期前半の土器型式群を条痕文系という大きなくくりの中でとらえることのできる轟式系土器群（轟土器様式）の変遷を図 28 のような模式図にまとめた。以下に各段階の較正暦年代を記載する。

  ・轟 A 式土器：5,600〜5,300 cal BC
  ・西之薗・轟 B1 式土器：5,350〜4,900 cal BC
  ・轟 B2 式土器：4,900〜4,500 cal BC

第2節　鬼界アカホヤ噴火の九州縄文土器編年上での位置付けと土器様式との関係

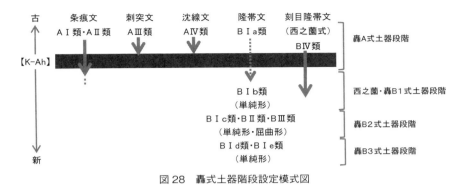

図28　轟式土器階段設定模式図

・轟B3式土器：4,700～4,250 cal BC

5　鬼界アカホヤ噴火と九州縄文時代早期末から前期初頭の土器様式の系譜

(1)　九州縄文時代早期末の土器様式の系統

　K-Ah下位の轟A式土器については，塞ノ神B式土器からの系譜を引いているという説（河口, 1985b；高橋, 1989）がある。これに対し，轟A式土器から轟B式土器群に認められる一連の条痕文に関しては，早期末の東日本を中心とする条痕文土器群が西日本に波及して成立したとする見解（江坂, 1967）も以前から提示されてきた。

　本州西部における早期末の土器編年が万全ではないこともあって，土器様式のパラレルな連動現象を確言することができないが，轟A式土器の成立に関しては，前段階の土器様式である塞ノ神B式系土器の流れを汲みつつも，尖・丸底化していく底部形態の大きな変化は，西日本における広域的な型式変化の流れの中で把握すべき問題であると考える。この点に関しては，形態だけでなく，平栫式・塞ノ神式土器様式が土器成形に際し，底部円盤に積み上げ方式で製作されているのに対し，轟A式土器は口縁・胴部と底部を別々に製作し接合するという，土器製作技法の変化が存在することも看過できない。

　さらにK-Ah直前に出現し，K-Ah後に編年の主体をおく刻目隆帯文土器（BⅣ類：西之薗式土器）の系譜については，当然ながら先行する轟A式土器との関係が指摘される（桒畑, 2008b, 2015；広瀬, 2014）。例えば，口唇部と口縁部

第2章　鬼界アカホヤ噴火の土器編年上での位置付けと土器様式との関係

の隆帯文上に施された刻目が横倒しの連続する「ハ」の字状となるもの（西之薗式土器分類の1Aハ類・2Aハ類・2Bハ類）は，轟A式土器の中の口縁部に横倒しの「ハ」の字状の連続刺突文をもつ土器からの連続性が認められる。また，胴部に綾杉状や斜格子状モチーフの条線文を施したり，口縁部内面に波状モチーフの条痕文を重ねたりするという点に轟A式土器（AⅠb類・AⅡ類）との近縁性がうかがわれ，同式土器の系譜を引き継いでいると考えられる。

　その一方で，刻目隆帯文という文様を重視すると，口縁部に1条の隆帯文をもつ中国地方の福呂式土器・長山式土器・羽島下層Ⅰ式土器，さらには近畿地方の一条寺南下層出土土器など（図29）との近縁性を考慮する必要がある（粟畑，2008，2015）。さらに，轟B2式土器の刺突・押引文土器を含む「屈曲形」の土器群には，山陰地方の西川津式土器の影響が強く認められ，九州だけにとどまらず中四国地方の各地に分布が確認されている。当該期における文様・器形の多様さの背景にはこれら地域間どうしの土器製作技術を交換し合う情報網の存在が推定され，土器型式圏の広域化がこの段階にピークに達したとみることができる（粟畑，2008）。ちなみに轟式土器が韓半島に分布を広げるのもこの時期である（宮本，1990b；広瀬，1994）。

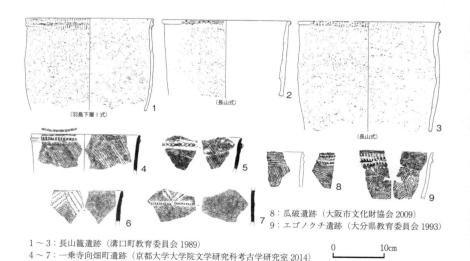

1～3：長山籠遺跡（溝口町教育委員会 1989）
4～7：一乗寺向畑町遺跡（京都大学大学院文学研究科考古学研究室 2014）
8：瓜破遺跡（大阪市文化財協会 2009）
9：エゴノクチ遺跡（大分県教育委員会 1993）

図29　西日本各地の縄文時代早期から前期初頭の刻目隆帯文土器群

（2）鬼界アカホヤ噴火と九州の縄文土器様式の系譜

　東南部九州におけるK-Ahの下位に堆積するテフラを利用した層位的発掘調査成果に基づいて九州縄文時代早期後葉の土器編年を整理した結果，平栫式・塞ノ神式土器様式は鬼界アカホヤ噴火以前に条痕文系の轟式土器様式に交代していたということが判明した。したがって南九州アカホヤ論争の土器様式交代説で示された，平栫式・塞ノ神式土器様式の壊滅という九州レベルでのドラスティックな土器様式の変化は成立しない。また，K-Ah直下・直上出土の土器群をみていくと，鬼界アカホヤ噴火は轟A式土器が製作・使用されていた時期に起こった可能性が高い。九州全域に分布していた轟A式土器（図30右図）は，鬼界アカホヤ噴火に伴う火砕流の到達範囲外である南九州中部以北においてK-Ahを挟んで連続していたと考えられる。つまり，轟A式土器が製作・使用されていた地域，同土器型式が分布する土器圏全体が噴火によって壊滅し，土器の製作情報が断絶したということはなく，九州レベルでみたときに，土器型式を製作し継承していく人間の営みは途切れることはなかったと評価できる。

　実際に，九州の中部以北では，熊本県轟貝塚（宇土市教育委員会, 2008），佐賀県西畑瀬遺跡（佐賀県教育委員会, 2009），大分県エゴノクチ遺跡（大分県教育委員会, 1993），福岡県向田遺跡（筑穂町教育委員会, 2005），同県野中遺跡（福岡市教育委員会, 2013）などでみられるように，K-Ah以前の轟A式土器が出土し，かつその後に位置付けられる西之薗・轟B1式土器も共出する遺跡が確認されている。このようにK-Ahを前後する土器型式が連綿と続く遺跡の存在は，九州の中部以北において，断続的ながら同じ集落地が何度も継続的に利用されていたことを示すものである。

　ちなみに，縄文時代早期にさかのぼる玦状耳飾がないとされていた九州において，南九州のいくつかの遺跡でK-Ahの下位から同耳飾が検出される事例が確認されたことによりその存在が確実視されるようになり（上田・廣田, 2004；大坪, 2015），それらの古手の玦状耳飾が轟A式土器などの縄文時代早期末の土器型式に属することも指摘されている。同耳飾はK-Ah上位のいわゆる轟B式土器にも共伴することが明確であり（上田・廣田, 2004），装身具の系譜からも轟A式土器から後続の轟式土器群への連続性は明らかである。

　先にも述べたように，テフラが厚く堆積した地域において，テフラの下位と

第 2 章 鬼界アカホヤ噴火の土器編年上での位置付けと土器様式との関係

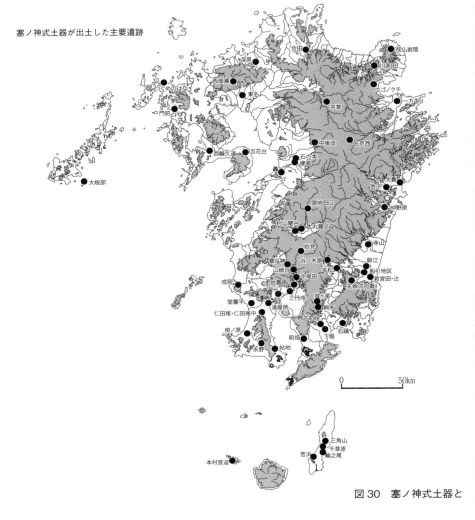

図 30 塞ノ神式土器と

上位で異なる土器型式が出土し，土器型式の存続期間がテフラ降下時をもって終息するようにみえるケースを検討する場合，火山噴火が人類文化へ与えた影響を評価する災害考古学的な視点は重要であるが，土器型式が完全に断絶したと解釈するのは危険である。一般に，ある土器型式が製作され使用された地域，すなわち土器型式の分布範囲である土器圏はテフラ降下範囲よりも広く，

第2節　鬼界アカホヤ噴火の九州縄文土器編年上での位置付けと土器様式との関係

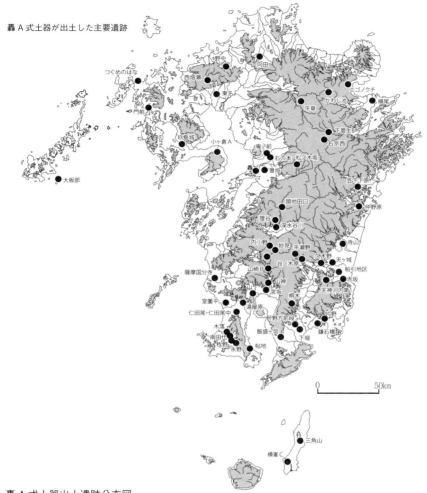

轟A式土器出土遺跡分布図

　土器圏がそっくりそのまま火山噴火による被災範囲に重なるという状況は現実的には想定しがたい。このことは，破局噴火である鬼界アカホヤ噴火と九州の縄文土器の関係についても言えることである。

　その一方で，K-Ah 以前の轟A式土器と K-Ah 後の西之薗・轟B1式土器を比較すると，K-Ah 以前の轟A式土器では深鉢形土器の文様ヴァリエーショ

107

第 2 章　鬼界アカホヤ噴火の土器編年上での位置付けと土器様式との関係

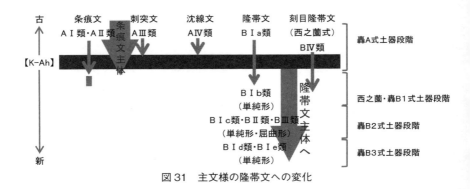

図31　主文様の隆帯文への変化

ンの一つにしか過ぎなかった隆帯文が，K-Ah 後の西之薗・轟B式1式土器以降の土器群では主文様として確固たる位置付けを占めるようになる。この現象の背景には，K-Ah 以前から本州西部一帯の条痕文系土器様式に影響を受けていた九州の条痕文系土器様式が，前者の地域における口縁部に隆帯文をもつ条痕文土器（宮本（1987）のA類や岡田（2008）の西日本縄文条痕文系土器のⅢ期），具体的な土器型式名でいうと，福呂式土器，長山式土器，一乗寺南下層出土土器等の出現と展開に連動して，轟A式土器から隆帯文をもつBⅣ類（西之薗式土器）やBⅠb類に一斉に変遷し，西日本レベルで同じような土器が広域に分布する土器圏の広域化が進んだことが考えられる（桒畑，2008，2015）。

　それと同時に，鬼界アカホヤ噴火という事件が，これまでの轟A式土器にみられる条痕文を主文様とする土器から，BⅣ類（西之薗式土器）やBⅠb類のような条痕地に隆帯文を付加する土器へという，文様の変化を促した可能性は考えられるだろう。すなわち，鬼界アカホヤ噴火の災害は，九州レベルでの土器様式の壊滅をもたらしたのではなく，轟式土器という一連の土器様式の中において，文様情報の継承に混乱を生じさせ，結果として新たな文様モチーフの採用を促進させたと推察される（図31）。当然ながら，その背景には当該期における土器を携えた人々の広範囲かつ頻繁な移動も想定されよう。

第3章
鬼界アカホヤ噴火後の環境変化と人類の対応

第1節 縄文時代早期の環境変遷史上における鬼界アカホヤ噴火の位置

1 縄文時代早期の植生変遷史と鬼界アカホヤ噴火の位置

　先に述べたように，水月湖の年縞の縞数えによるアプローチと^{14}C 年代値の暦年較正による二種類の年代推定アプローチ結果を勘案すると，鬼界アカホヤテフラの較正暦年代は，現状で 7,200〜7,300 cal BP，紀元前表記で 5,300 cal BC 頃と推定される。この年代はわが国の考古学編年上の縄文時代早期末にあたる。

　それでは，鬼界アカホヤ噴火が起きた縄文時代早期末とは，環境史的な視点からみたときにいったいどのような時期だったのであろうか。

　町田・新井（2003）によれば，鬼界アカホヤ噴火当時，気候はいわゆるヒプシサーマル（高温）期を迎え，完新世のうちでも高温多湿な時代とされ，花粉分析による花粉帯の区分でいえば R II a 期に K-Ah の層準があると指摘された。また，海面は晩氷期以降著しく高くなって，鬼界アカホヤ噴火とほぼ同時期，ないしやや遅れて最高海水準となり，地殻の隆起が隆起速度約 2m/1,000 年以上の著しく速い海岸を除くと，鬼界アカホヤ噴火の直後に海進・高海面のピークがくるとされた。

　さらに町田・新井（2003）は，K-Ah は，完新世堆積物の広域かつ重要な指標層であり，完新世の環境変動史上においても有効な時間指標であるとした。

　完新世（後氷期）におけるグローバルな気候変動は，グリーンランド氷床コアの酸素同位体変動研究（North Greenland Ice Core Project members, 2004；

Alley et al. 1997) や中国南部のフールー洞窟やドンゲ洞窟の石筍の酸素同位体変動研究 (Wang et al. 2001；Yuan et al. 2004) により議論が深まっている。日本列島でも，福井県水月湖や鳥取県東郷池における年縞堆積物に基づく，気候変動史や海水準変動史の研究が進展しており (福沢・山田・加藤, 1999)，グローバルな気候変動との対比も進められている。

　鬼界アカホヤ噴火が起こった時期は，工藤 (2012) が提示した完新世 (後氷期) における環境史の段階設定の中でとらえると，後氷期前半の温暖化傾向にある時期の2番目，PG Warm-2：約8,400〜5,900 cal BP (約7,500〜5,200 ^{14}CBP) の中頃に位置付けられる。この段階は，いわゆる8.2kaイベントによって海水準の上昇が一時的に停滞もしくは低下した後，再び急激に海水準が上昇し，海水準が高位安定にむかう時期であり，関東南部や奥東京湾周辺地域で照葉樹林が拡大する時期とされる。

　環境史や生態史の変遷を検討する上で基礎とされる花粉群集からみた植生帯の変遷については，安田 (1980) や辻 (2000, 2004, 2009) らの業績があり，縄文時代早期末は，関東・中部地方以西の各地でシイ属やアカガシ亜属が高率となり，照葉樹林時代をむかえる段階であるとされる。

　以下，日比野 (1996) のレビューに基づいて関東以西の植生変遷を地域ごとに概観すると，関東・中部地方では，^{14}C年代約8,500年前から照葉樹林の主要樹種であるシイノキ属やアカガシ亜属が出現しはじめ，^{14}C年代約6,000年前にはおもにこれらの樹種で占められ，以降，照葉樹林の時代となる。大阪湾沿岸地域では，^{14}C年代7,500〜6,000年前にはコナラ亜属の減少と，それとは逆に，アカガシ亜属の増加がみられ，約1,500年をかけて落葉広葉樹から照葉樹林に変遷したとされる。^{14}C年代6,000年前以降は照葉樹林が分布するが，シイ林の発達は少なかったようである。中国地方はコナラ林やミズナラ林が^{14}C年代8,500年前まで続き，このあとにツガ属やモミ属が優勢となる。モミ―ツガ林の時代は^{14}C年代約7,000年前まで続くが，やがてシイ林やカシ林からなる照葉樹林が拡大する。四国地方は，^{14}C年代約8,500年前以降アカガシ亜属とシイノキ属が優勢な照葉樹林が分布していたと考えられている。

　前田 (1980) によると，大阪湾沿岸各地や播磨灘東部では，^{14}C年代約6,500年前頃にナラ類とカシ類の花粉粒化石の出現比が入れ替わったのは確実であ

り，落葉広葉樹林から照葉樹林への移行はこの時期以降に本格化したという。

日本列島太平洋岸における完新世の照葉樹林発達史について花粉分析結果をもとに黒潮との関連で考察した松下（1992）によれば，房総半島以南の太平洋岸地域では，完新世の初期から照葉樹林が成立し，なかでもシイ林の発達が顕著にみられ，特に伊豆半島や房総半島南端で照葉樹林の発達が良く，その成立，拡大時期も早かったという。松下はこれらの地域が早くから黒潮の影響を受け，冬季温暖かつ湿潤であるといった海洋気候が照葉樹林の発達を促したと推定し，太平洋岸地域における照葉樹林が完新世初期に3回の拡大期，すなわち ^{14}C 年代で，8,500年前・7,500年前・6,000年前をもって発達したと指摘した。

同じく松下（2002）は，南九州の肝属川流域において機械式ボーリングで採取されたコアの分析をした中で，確実にK-Ahの下位の試料であり，^{14}C 年代で8,000～6,500年前の時期幅をもち，縄文時代早期後半に位置付けられる花粉化石群帯のKY-Ⅲ帯について，花粉化石から推定される植生は，シイ属—マテバシイ属が高率優占し，マキ属，ヤマモモ属が増加し，アカガシ亜属とともに随伴する，ユズリハ属なども加わり，シイ林を中心とする照葉樹林極相期と評価した。

南九州の照葉樹林の発達について植物珪酸体分析を用いて検討した杉山（1999）によれば，桜島薩摩テフラ（Sz-S）直下（^{14}C 年代11,000年前）で薩摩半島沿岸部においてクスノキ科の分布拡大が，桜島11テフラ（Sz-11）の直下（^{14}C 年代7,500年前）で錦江湾沿岸部や宮崎県南部沿岸部などにおいてシイ属を中心とした照葉樹林の出現が確認され，K-Ah直下（^{14}C 年代6,300年前）では，シイ属やクスノキ科を主体とした照葉樹林が南九州の沿岸部をはじめ九州の内陸部にも拡大したという。

このように，鬼界アカホヤ噴火が起こった時期，考古編年上の縄文時代早期から前期にかけて，関東地方以西で照葉樹林の拡大が確認されているが，関東地方以西の太平洋岸を中心とする沿岸各地では，すでにK-Ah降下以前に照葉樹林要素の出現と増加傾向にあるデータが確認されており，鬼界アカホヤ噴火以前に，すでに落葉広葉樹林から照葉樹林への移行がはじまっていたと考えられる。すなわち，完新世の1万年間を通じて森林植生の大きな変化である「緑の大変貌」（松島・前田，1985）の序章が鬼界アカホヤ噴火以前にはじまって

いたとみることができる。

　九州における実際の遺跡で花粉分析が行われた事例をみると，佐賀県佐賀市東名遺跡の縄文時代早期後葉，塞ノ神B式土器期の貝塚が形成されるころの植生は，コナラ亜属アカガシ亜属とシイ属 - マテバシイ属が優占し，イチイガシ林を主とする照葉樹林が推定されており（金原, 2009），この貝塚の形成はK-Ah以前である。また，大分県大分市横尾遺跡では，K-Ah下位の縄文時代早期末の堆積物の花粉分析により，谷部にコナラ亜属やエノキ属——ムクノキの落葉広葉樹がみられるが，全体的にはアカガシ亜属が優占し，周辺にはカシ林の照葉樹林が分布していたと指摘されている（金原, 2009）。熊本県宇土市曽畑低湿地遺跡では，K-Ahの火山ガラス検出層準が落葉広葉樹と常緑広葉樹の混交時代で植生の推移期とされ，その上位，縄文時代前期包含層が照葉樹林の安定期・極相林とされる（畑中, 1988）。これらの事例を踏まえると，九州の縄文時代早期後葉の集落周辺には照葉樹林が展開しはじめており，鬼界アカホヤ噴火時には相当広い範囲において照葉樹林が広がっていたと推定される。

2　縄文時代早期の海水準変動と鬼界アカホヤ噴火の位置

　海岸線の移動は，相対的な海水準変化と海岸線への堆積物供給という二つの要因によって規制され，相対的な海水準の変化は，主として氷河性のアイソスタシーやハイドロアイソスタシーなどによって引き起こされるとされている（斉藤, 2011）。また，完新世の海面変化は，気候変化に由来する海水準変化に加えて，地殻変動，ハイドロアイソスタシー，火山活動などに伴うさまざまな変化が含まれている。

　日本各地の臨海部に発達する沖積平野の地形や堆積物は，最終氷期（約18,000～20,000年前）以降における顕著な海水準変動の影響を受けて発達しており（海津, 1981），縄文海進と呼称される完新世の海進による地形は日本列島各地に広く認めらる。

　完新世海進高頂期の認定は，地形学的な資料および地質学的・古生物学的資料，指標テフラの存在などに基づいて行われている。海進高頂期の年代は主に^{14}C年代の測定によって推定されているが，多くは暦年較正がなされておらず，海成層中で検出されるK-Ahの存在が多くの場所で有効な指標とされている。

完新世海進高頂期の高度や地域性についてまとめた太田（2010）によれば，完新世海進による地形は日本列島各地に広く認められるが，その高度は局地的な変動のため地域差が大きく，氷期の海退以降の相対的海水準変化も極めて地域差が大きいという。海進高頂期の海面高度は最大で約30m，場所によっては現海面下にあり，おおまかな傾向として地震隆起で特徴づけられる地域を除くと，おおむね現在の海面上2〜5m上にある場合が多いとされる。

　関東地方，特に南関東地方は古くから研究が進んでおり，多くの資料に基づいて精度の高い海面変化曲線が復元されている。多数の小さい溺れ谷の海成層の分布，高度に加えて貝化石群集の解析に基づいて古地理の変遷，古環境が詳しく論じられている（遠藤・小杉, 1990；松島, 1979）。東京湾においては，^{14}C年代約9,000年前以降急上昇を続けてきた海面は，縄文時代早期後半に入ると，^{14}C年代約8,000〜7,500年前頃に−20m付近で上昇を鈍化ないし停滞させた。これがいわゆる8.2kaイベントに対応するが，以後再び急上昇を始め，^{14}C年代約7,000〜6,500年前には海水準が2〜2.5mに達し，海域の拡大がピークとなり，「奥東京湾」と呼ばれる広大な浅い海域が形成され，^{14}C年代約6,500年前には海水準が高位安定となる（樋泉, 1999a）。

　大阪湾地域でも連続的な層序から多数の年代資料と古生物学的解析が行われ，海水準変化や古地理変遷図が描かれている（梶山・市原, 1986；前田, 1980；別所, 2000）。大阪湾における相対的海面変化曲線作成した前田（1980）によれば，^{14}C年代7,500〜6,500年前の間が最も急速な海面上昇期であり，典型的な沈水海岸が形成され，6,000年前に海面上昇速度は鈍化するが，現海面＋3mに達し最も広範囲に海が広まったとされる。大阪府池島・福万寺遺跡では，海成層中においてK-Ahの一次堆積層が確認されており，大阪市域の最終間氷期以降の編年表を作成した趙（2000）は，大阪平野の古地理変遷の河内湾の時代に沖積層中部の海成粘土層の中に横大路火山灰，すなわちK-Ahが見出されるとし，その上位に海進のピークがくると指摘した。また別所（2000）は，池島・福万寺遺跡における完新世の堆積環境変遷課程を論ずる中で，K-Ahが堆積するのは海底の堆積環境であるとし，K-Ah降下を挟んだ前後の約1,000年間に相対的海水準が上昇したとする変動曲線を提示した。

　紀伊半島および四国の太平洋岸では，海域の巨大地震と関連する隆起を示す

第3章　鬼界アカホヤ噴火後の環境変化と人類の対応

完新世海成段丘が発達し，旧汀線高度は最高約10mに達するが，その他の地域では安定ないし沈降傾向にある（太田，2010）。

瀬戸内海東部，播磨灘沿岸域における海水準変動の復元によれば，K-Ah降下時には約−1m，高海水準期は約7,000～5,300 cal BPで約＋1.5mとされた（佐藤，2008）。

日本海側の縄文海進に関する研究は，島根県東部の低湿地遺跡から得られたデータをもとに推定されており，K-Ah降下後に海水面の上昇のピークが確認されるが，その後の縄文時代前期初頭の段階で一時的に停滞・下降するという（会下，1996）。福井県水月湖から1991年に採取されたピストンコア（SGP2）の年縞堆積物に認められる菱鉄鉱量と方解石量の変化と緑泥石とイライトの比率の変化をもとに海水面の変動と降水量の変動を推定した福沢仁之（1995）によれば，K-Ah堆積以降，海水面が上昇し，降水量が増加したという。

さらに福沢ほか（1998a, 1998b）は，鳥取県梨浜町東郷池の年縞堆積物の菱鉄鉱量と黄鉄鉱量（全硫黄量）の変動からみた海水準変動は，年縞から導き出された暦年代の約8,800年前から海が本格的に流入して内湾的環境となった後，約8,200～7,800年前に海水準が下降（いわゆる8.2kaイベントに対応）するが，その後ふたたび海水準が上昇するとしている。

九州本島では一般に完新世海進高頂期の高度は低く，大分平野や行橋平野でも高頂期の海水準高度は約2mと見積もられている（千田，1987；下山，1994）。高頂期の海水準が低い傾向は，特に北部および北西部で著しい（中田ほか，1994）。地震隆起によるかどうか確定的ではないが，旧汀線高度が宮崎平野部では最高約9mに達する。隆起が目立つ鹿児島湾北岸では10mを越える。この隆起は，姶良カルデラの形成と関係する火山性のものと考えられている（森脇ほか，2002）。筑紫平野西部の佐賀平野では，^{14}C年代約6,900年前以降，海水準が急激に上昇し，K-Ah降下後の^{14}C年代約6,200年前には現海水準よりも約1m高い位置でピークになるという（下山，2008；下山・塚野，2009）。

このように縄文海進による海進高頂期の年代は，鬼界アカホヤ噴火後の較正暦年代でおおむね約7～6 ka cal BPであり，沿岸部においては海進に伴い，集落域や活動域が水没するところもあったとみられる。すなわち鬼界アカホヤ噴火は日本列島の臨海部において縄文海進が進行中の真っただ中に起こったと

いうことができる。

第2節　鬼界アカホヤ噴火による災害エリア区分と人類の対応モデル

1　鬼界アカホヤ噴火による災害エリア（テフラハザード）区分

　鬼界アカホヤ噴火による災害エリア区分に関しては，火山災害が噴火の規模と様式，そして火山からの距離によってその程度が異なるという視点，先に述べた災害エリア（テフラハザード）区分論に基づいて，大きく4つのエリアに区分した上で，日本列島各エリアにおける鬼界アカホヤ噴火直後の様相を同テフラ前後の状況も勘案しながら概観してみる。

　ところで石毛（1993）によれば，環境は，自然環境，社会環境，物質文化環境，情報環境の4つのカテゴリーに分類される。自然環境は本質的には人類の活動とは無関係に秩序づけられ変化が進行している自然のことであり，自然環境を規定するサブシステムを構成する主要な要素が気候，地形と地質を含む土地条件と植物相，動物相の4つである。人類が形成する文化的環境（社会環境，物質文化環境，情報環境）は，食物連鎖という視点からみれば，土地条件と気候という物理的環境の上に成り立つ植物相と動物相という生物的環境の上位に形成される（石毛，1993, p.51）。

　ここでは，想定される鬼界アカホヤ噴火によるインパクトによって文化的環境がどのような動態を示すのかについて，自然環境の中の生物的環境の変化にも目を向けながら検討する。

　K-Ahのような大規模テフラが人類と生態系に与えた影響を研究する際の手法としては，当然ながら遺跡におけるテフラの堆積様式の判別を経たうえで，大規模な爆発的噴火が破壊や埋没を通して地表の自然と人類にどのような打撃を与えるかということを検討していく必要がある。その際の注目点としては，町田・新井（2003）の指摘を整理すると，次に示す2点にまとめられる。

　　a）火砕流堆積物や火砕サージは，降下テフラよりもはるかに深刻な影響がある。降下テフラについても，どのくらい降り積もると生態系はどのような影響を受けるかについて注意しておく。

　　b）テフラによる生態系の破壊の後，復旧あるいは新しい発展はどのように

第3章　鬼界アカホヤ噴火後の環境変化と人類の対応

進んだのか，それを支配した要因はなにかといった面の基礎研究が必要である。この場合，自然条件だけでなく時代によって異なる人間社会の条件も自然の打撃に対する重要な要因である。

ここではまず，上記の a) に基づいて鬼界アカホヤ噴火による災害エリアの区分を提示する。火山噴火による被害の程度は，火山噴火の規模と様式，そして火山からの距離によって規定されるという火山災害エリア（テフラハザード）

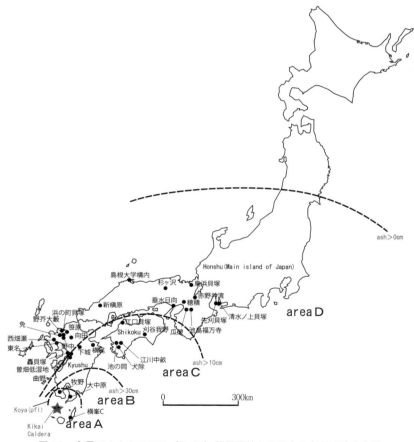

図32　鬼界アカホヤテフラ（K-Ah）等層厚線と西日本の主要遺跡分布図
（K-Ah の等層厚線図は、町田・新井, 2003 による）

区分論をもとに，K-Ah の産状と K-Ah の等層厚線図（町田・新井，2003）をもとに作成する（図32）。

このエリア区分をもとに，各エリアの発掘調査データ等を参考にしながらそれぞれの環境変化パターンと人類の対応モデルを提示する。

2　各エリアの様相

(1) A エリア

鬼界アカホヤ噴火に伴う幸屋火砕流（K-Ky）到達範囲とする。

幸屋火砕流（K-Ky）は，高度約 4,000m からの噴煙柱崩壊によって発生したとされる（藤原ら，2001）。高いエネルギーを有し，海を渡り，大隅・薩摩両半島にも堆積している。噴出源から半径およそ 100km の範囲に分布しているが，詳細に検討すると，おおむね東北―東北東側に偏っている（宇井，1973）。分布面積が広い割には厚さが薄く，一般的な火砕流に比べて非常に希薄な流れであり，火砕サージに近い。また，地形的障害がないにもかかわらず，薩摩半島西南端や種子島北部には到達しなかったことから，鬼界カルデラから放射状に均等に拡がったのではなく，指向性をもっていたとされている（宇井，1973；藤原ら，2001）。

鬼界アカホヤ噴火時の最初のプリニー式噴火に伴う幸屋降下軽石の分布範囲も，ほぼこのエリアの中におさまる。この軽石は一連の噴出物の最下部にあたる。分布主軸は東北東方向であり，大隅半島南端部では，層厚 50cm 以上であり，薩摩半島南端部では層厚 10cm 程度である。両地域の台地・更新世段丘上では，同降下軽石上位の幸屋火砕流堆積物と降下細粒火山灰とを合わせた現存層厚が 0.7m に及ぶ地点も確認されている。

このエリアの薩摩半島南部の指宿地方では，K-Ah とその上位の池田火山噴出物との間の黒色腐植土が無遺物層であり，池田火山噴出物直下において，竹葉・イネ科植物葉片・シダ・径 1～2cm の小木しか認められないことから，幸屋火砕流による大規模な植生破壊が起こり，K-Ah 堆積後かなりの期間を経ても草原状態で，森林生態系の回復は遅かったと推定されている（成尾，1984）。同エリアの大隅半島南部地域においては，土壌から採取されたプラント・オパール分析の結果，K-Ah の直上は，それまでの森林植生から一転してススキ属

を主体とする草原植生に移行したことが明らかにされており，幸屋火砕流による大規模な森林植生の破壊が指摘されている（杉山，1999）。同地域に所在する鹿児島県南大隅町大中原遺跡（根占町教育委員会，2000）で検出された幸屋火砕流の直撃によって炭化した樹木や倒木痕は，実際の被災状況を示すものである。これらのことから，幸屋火砕流が及んだ範囲の植生環境は壊滅的なダメージを受けたことが推定され，生態系への影響は甚大であったと推察される。しかしながら，幸屋火砕流がもつ火砕サージに近い薄い流れという特性と指向性は，到達範囲内の植生を全壊するまでには至らなかったと推定される。実際に，幸屋火砕流到達北限地域にあたる鹿児島県大隅半島の肝属川中下流域における花粉分析と ^{14}C 年代測定の結果，一帯の照葉樹林は 100～300 年で回復したと推定されている（松下，2002）。

　植生遷移の一次遷移の典型例である徹底的な植生破壊が起こる溶岩流の場合，桜島では文明年間（1470 年代）の溶岩流上においてもスダジイ林が形成されておらず，スダジイ林の極相林が形成されるにはおよそ 1,000 年を要すると見積もられている（田川，1998）。また，伊豆大島の溶岩流上においては，スダジイ・タブノキが優占する極相広葉樹林が形成されるのに 1,200 年を要したとの報告（Tezuka, 1961）がある。

　幸屋火砕流到達北限の A エリア周縁部においては，火山噴火後の植生遷移が必ずしも一次遷移ではなかった可能性が想定され，火山遷移としては，一次遷移と二次遷移がモザイク状に混在する 1.5 次遷移（露崎，1993，2001）というイメージでとらえたほうが実態に即していると思われる。

　今のところ，鬼界アカホヤ噴火時に機能していた集落を構成する遺構や人類の遺体（人骨など）そのものが，幸屋火砕流に直接覆われて検出されたという事例は見つかっていないが，先に，K-Ah 直下で土器が検出された事例を抽出した中で，幸屋火砕流堆積物直下で土器が出土した遺跡として，鹿児島県南九州市永野遺跡（知覧町教育委員会，1983），同県同市牧野遺跡（南九州市教育委員会，2015），同県南種子町横峯遺跡（南種子町教育委員会，1993）を紹介した。このうち横峯遺跡で出土した轟 A 式土器は，器面がひび割れてテフラ粒子が固着している状態が観察されており，火砕流のインパクトを如実に示している。

(2) Bエリア

　幸屋火砕流の到達範囲外であり，K-Ah の層厚 30cm 以上の区域である。

　薩摩半島の台地・段丘上においては，K-Ah 層厚 50～20cm の堆積が確認されており，地域・地点による層厚のばらつきがある。また，現時点では，薩摩半島西岸部の沖積層中において，K-Ah の明瞭な堆積は確認されていない。

　大隅半島では南端部だけでなく中北部においても，台地・段丘上において概して層厚 40cm 以上とこのエリアの中でも比較的厚く堆積している状況が認められている。また，霧島火山群周辺の台地・段丘上においても層厚 40cm 以上となっているところが多い。このことは，前者が池田湖テフラ，後者が霧島火山群起源テフラに被覆されていたために保存状態が保たれたという要因も考慮する必要があるものの，むしろ上空高く舞い上がった K-Ah の細粒火山灰が偏西風の影響で噴出源から北東方向に多量に運ばれた結果を示すと考えられる。

　薩摩半島東岸部の鹿児島県鹿児島市では，縄文時代早期末の海岸線は現在の海岸線から約 6km 内陸に入っていたと推定され，海水準は海抜約 4m 以上と推定されている。当時の海底にたまった K-Ah はおおむね 1～2m，厚いところで 5m 以上であり，火山灰の降下・流入・堆積により海底が一気に浅くなったと指摘されている（森脇ほか，1994，2002；森脇，2002，2004）。また，鬼界アカホヤ噴火時に内陸深く海が入り込んでいた鹿児島湾北岸地域でも，湾奥北西側の蒲生地域では，鬼界アカホヤ噴火以前に米丸マールが水蒸気爆発を起こしてその噴出物が湾内に堆積し，それに追い討ちをかけるように K-Ah が堆積して，当時の海域が急激に埋積されたと指摘されている（森脇ほか，1986）。永迫俊郎ほか（2002）によれば，大隅半島東部の肝属川流域において，沖積層中に最大で層厚約 2m の K-Ah が確認される。また，鬼界アカホヤ噴火時は，同川流域の入戸火砕流堆積物（A-Ito）で構成される海食崖からの土砂供給が増加する時期にあたるため，A-Ito に K-Ah が混交した二次堆積物が層厚 15m と厚く堆積する地点も確認されるという。永迫らは，K-Ah が肝属川流域の沖積層の埋積を進展させたことは確実であるとしている。

　このエリア北東部の宮崎平野部沖積地においては，K-Ah の厚い二次堆積層（層厚 2m 以下）中にアラカシなどの多量の植物遺体が検出されており，降灰により枯死して流入したと推定されている（長岡ほか，1991）。この堆積物に関し

ては，上流域から押し流されてきた土石流堆積物の可能性の他に，鬼界アカホヤ噴火時に随伴した津波による堆積物（町田　洋氏教示）の両方の可能性を想定する必要があると思われるが，いずれにしても，九州東部の沿岸部における鬼界アカホヤ噴火時の周辺植生の破壊を示すものとみてよいであろう。

このエリアの北縁部にあたる九州内陸部の人吉盆地一帯では，平均層厚50cmのK-Ahの一次堆積物が確認される台地・段丘上において，場所によっては弥生時代までの長期間にわたって，同テフラが浸食や生物擾乱を受けてもなお地表面に露出し続けて土壌の形成が遅れたことが，同盆地一帯の遺跡の調査から推察されている（木崎,1992）。また当該地域では，生活環境の悪化に伴って遺跡数が激減したことも指摘されている（木崎,2006）。

このように，このエリアは火砕流には襲われなかったものの，テフラの大量降下による山間部の植生被害によって斜面崩壊が起こり，土石流や洪水が頻発したと指摘されている（長岡ほか,1991；森脇ほか,1994）。また，このエリア各地の海岸部には，上流から運ばれた多量のK-Ahが起源と考えられる，火山灰の二次堆積物や洪水堆積物による河川流域の沖積低地や浅海域の埋積現象が確認されており，水域の底生生物（ベントス）をはじめとする生態系への甚大な影響が推察される。

(3) Cエリア

K-Ahの層厚10cm以上30cm未満の区域である。中九州の熊本県と九州北東部の大分県，さらに東側の四国の様相をみてみる。

中九州の熊本県においては，K-Ahが広域テフラと認識された直後の1970年代末から1980年代前半にかけて，県北部の小国町下城遺跡（熊本県教育委員会,1979），県央部の宇城市曲野遺跡（熊本県教育委員会,1984）の発掘調査において，現地表面に近い層準に土壌化したK-Ahの存在が指摘され，他の火山灰との層序関係と遺跡間対比が検討された。これらの成果を総括した江本（1983）は，K-AhとATを鍵層として熊本県における基本層序と考古学的編年との対応関係を提示した。県央部では，K-Ahが土壌化したり，浸食や生物擾乱を受けたりした状態でブロック状に検出されるようである。これに対し，県北部の大分県寄りの地域では，傾斜地を除いた台地・段丘の平坦面において，K-Ahが比較的厚く堆積しており，最大で20〜30cmの層厚が認められる。

第2節　鬼界アカホヤ噴火による災害エリア区分と人類の対応モデル

　なお，先述したBエリアに含まれる県南部の人吉盆地一帯では，最大で約50cmの層厚が確認されている。

　曽畑低湿地遺跡（熊本県教育委員会，1988）は，熊本平野南縁部の宇土市街地を中心として南に向けて袋状に張り出した沖積地に面して立地している。16層（暗灰色シルト層）に，K-Ahの火山ガラスのピークがある（海抜＋0.8m）。その上位15層から12層までが轟式土器期の堆積物であるとされる。珪藻分析の結果によれば，16層の下の17層（暗褐色砂礫層）段階にそれまでの淡水域の環境から，入江が拡大し顕著な海水の流入がはじまるとされる。花粉分析の結果，16層は落葉広葉樹と常緑広葉樹の混交時代であり，温暖気候への転換期にあたる。さらに上位の14層堆積時に海の影響が弱くなり，汽水的な環境が強くなる。13層と12層は再び海の影響が強くなり，12層の海抜＋2.8mが海成層の上限高度である。13層の木片の^{14}C年代が6,040±40 BPとされる。15層以降は照葉樹林の安定した時代であり，イチイガシを中核とした照葉樹林の極盛相林である（海津，1988；畑中，1988）。K-Ahの堆積は不明瞭だが，同層準の上位の15層から12層までは層厚約1.6mを測り，土砂が速いスピードで運ばれ，堆積が繰り返された不安定な堆積環境であったと指摘されている（海津，1988；木崎，2004）。しかしながら，出土した土器をはじめとする遺物からは，付近において轟A式土器期から曽畑式土器期まで継続的な土地利用がうかがわれる。当該地域周辺における鬼界アカホヤ噴火を挟んでの人類活動の継続のようすは，宇土半島基部に位置する同市内の轟貝塚（浜田・榊原，1920；宇土市教育委員会，2008）において出土した，塞ノ神B式土器から轟B式土器まで長期間にわたる土器型式群の年代幅からも裏付けられる。

　大分県南西部の大野川上流域では，荻台地や菅生台地における多くの遺跡の発掘調査によって，K-Ahの存在が確認されているが，もともとの堆積が薄いため浸食や生物擾乱が進みブロック状を呈しており，層厚は10〜20cmである。また，鬼界アカホヤ噴火時には海域であったとみられる大分平野西部の沖積層中の中部泥層にも，層厚0.1〜2mのK-Ahの堆積が確認されている（千田，1987）。

　大分市の横尾遺跡（大分市教育委員会，2008）は，別府湾南東岸の大分平野の大野川下流域，乙津川（旧大野川）と鶴崎台地の東端部が接する古鶴崎湾に面

した地点に立地する。現海岸から6kmの内陸部であり，台地に挟まれる大野川右岸の谷口に位置する。谷口周辺には台地上に降灰したK-Ahが集積しており，厚いところで層厚約1mとなっている。珪藻分析の結果，縄文時代早期後葉とされる最下部層は海域の堆積環境が推定され，その後河川－海水干潟，水場遺構が構築されていたK-Ah直下では，河川から沼沢ないし干潟が推定され，海進期に停滞ないし小海退が認められるという。花粉分析の結果によれば，K-Ahを挟んでの極端な植生変化は認められないが，落葉広葉樹林への一時的なダメージが指摘されている（金原，2008，2009）。

　四国においては，愛媛県宇和島市の池の岡遺跡（宇和島市教育委員会，2007）で，縄文時代前期の土器が出土した5層の下部に最大層厚3cmのブロック状の橙色細粒火山灰が確認され，火山ガラスの屈折率測定により，K-Ahと同定された。宇和島市犬除遺跡2次調査（愛媛県埋蔵文化財センター，2001）では，第Ⅳa層の橙色細粒火山灰層（層厚14～16cm）が，火山ガラスの屈折率測定によりK-Ahの一次堆積物であると同定された。また，今治市江口貝塚周辺低地のボーリングコア中のTP―6.5m付近で検出された，厚さ6cmの粗砂・細礫混じりの黄色シルト層は，K-Ahの二次堆積物と推定された（平井，1993；愛媛大学法文学部考古学研究室，1993）。高知県では，中村市江川中畝遺跡（西土佐村教育委員会，2000）で，縄文時代前期の土器が出土する赤褐色層（Ⅲ層）最大層厚50cmからK-Ahに由来する火山ガラスが検出され，同テフラが浸食されたり生物擾乱を受けたりして二次堆積したものと推定されている。香美市刈谷我野遺跡（香北町教育委員会，2005）では，黒灰褐色土（3層）からK-Ahに由来する火山ガラスが検出され，同層付近にK-Ahの降灰層準が推定されている。同様な黄褐色系の土層は四国西部で広く確認されており，基本的にK-Ahを含む堆積土であるととらえられている（多田，2001）。甲藤・西（1972）によれば，高知平野の沖積層中で検出される細砂～細砂シルトは，K-Ahの二次堆積を含む火山灰に比定される。当該平野の海抜－10m付近の埋没谷では最大層厚7mであるが，鬼界アカホヤ噴火当時の陸域に近い浅海域と推定される海抜－5m付近では，層厚0～1mと比較的薄く不安定な堆積を示しており，Bエリアの海岸部と比較するとK-Ahの埋積による湾内の生態系への影響は少なかったと推定される。

(4) Dエリア

　K-Ahの層厚10cm以下の区域である。

　福岡県の福岡平野では，海成層中にK-Ahの火山ガラスのピークが確認される。福岡市浜の町貝塚（福岡市教育委員会，2010a）では，-4.5～5m付近にK-Ahの降灰層準が推定されている。K-Ah降下当時の陸域においては，福岡市免遺跡（福岡市教育委員会，1997）において自然流路の削剥を免れた緩やかな斜面に層厚5～10cmのK-Ahの堆積が確認され，くぼ地に集積した二次堆積物を含むK-Ahの層厚は厚いところで50cmである。K-Ahを挟んで上下から条痕文土器が出土した。また，福岡市野芥大藪遺跡（福岡市教育委員会，2010b）では，幅1m前後の自然流路に流れ込んだK-Ahが確認されている。その他，福岡市笹原遺跡（福岡市教育委員会，2001）では基盤の黄色系砂層の直上にのる土壌化した火山灰が，火山ガラスの屈折率分析によりK-Ahと同定されている。K-Ahの堆積は確認されていないが，脊振山麓扇状地の福岡市脇山地区の野中遺跡や福岡県筑豊地方南部の飯塚市向田遺跡では，K-Ah直前直後と考えられる轟式土器群が出土しており，鬼界アカホヤ噴火後も人類の活動は継続していたと考えられる。

　筑紫平野西部の佐賀平野では，年代値と化石の古水深に基づく推定（下山，2008；下山・塚野，2009）により，海水準は^{14}C年代6,900BPには現海水準よりも0.9m低い位置にあったが，それ以降約2m上昇し，^{14}C年代6,200BPには現海水準よりも1m高い位置でピークとなり，その後やや下降したという。過去約9,000年間の平均海水準の上昇は浮泥堆積上限高度の上昇と連動しており，佐賀県佐賀市東名遺跡（佐賀市教育委員会，2009）は海水準上昇のピークより高い位置にあったが，有明海の大きな潮位差が原因である浮泥の堆積によって埋没したとされる。このようにK-Ah降灰以前に海進が進行して浮泥の堆積速度が一気に上昇したことにより，沿岸部の生活圏は浮泥で覆い尽くされ，臨海部では生活環境が激変した可能性がある。

　同じ佐賀県では，脊振山地を流れる嘉瀬川沿いの河岸段丘上の遺跡でK-Ahの堆積が確認されている。佐賀市西畑瀬遺跡（佐賀県教育委員会，2009）では，ブロック状に堆積したK-Ahの上下で轟式土器群が検出された。西畑瀬遺跡の北方3kmに位置する九郎遺跡（佐賀県教育委員会，2010）でも轟B式土器がま

第3章　鬼界アカホヤ噴火後の環境変化と人類の対応

とまって出土しており，海岸部とは対照的に K-Ah を挟んで人類活動は継続していたと推察される。

　兵庫県北部，養父市の杉ヶ沢高原（標高 750～830m）に所在する杉ヶ沢遺跡第 13・14 地点（兵庫県教育委員会, 1991）では，くぼ地や湿地にレンズ状に堆積した最大層厚 10cm の K-Ah が検出されており，第 14 地点の K-Ah 直上から出土した縄文条痕系土器は K-Ah 降下直後の活動痕跡を示すものである。

　瀬戸内海に面した兵庫県の海岸部では，沖積地の海成層中から K-Ah が検出されている。兵庫県神戸市西部の垂水・日向遺跡の第 3 次調査（神戸市教育委員会, 1992）では層厚約 6cm の K-Ah の降下一次堆積物が確認された。また同遺跡第 10 次調査（神戸市教育委員会, 1996）では，層厚 40～50cm の K-Ah の堆積物が確認された。分析の結果，K-Ah の一次堆積層は最下部の約 10cm であり，上位の二次堆積層中には潮汐の影響を受けた漣痕（ripple mark）が確認され，当遺跡付近は小さな弧を描く入江であったと推定された。

　山陰地域では，島根県益田市新槙原遺跡において，縄文時代前期の土器が出土する第 2 層と第 3 層のうち，第 3 層から K-Ah の火山ガラスが大量に検出されており，第 3 層が K-Ah の降灰時あるいはその直後に形成された土層と推定されている（三浦・松本, 1987）。島根大学構内遺跡橋縄手地区（島根大学埋蔵文化財調査研究センター, 1997）では，縄文時代早期の包含層の上部に形成された海成層中において，層厚 2cm 以下の K-Ah の一次堆積物が確認されている。当該地域では，縄文時代早期末から～前期にかけて遺跡・貝塚が形成され，むしろ前期に至って遺跡数が増加していることから，K-Ah 降灰による環境への影響を考慮する必要はないという（会下, 1996, 1997）。

　大阪湾周辺においては，海成層中に K-Ah の一次堆積層が検出される事例がある。大阪府八尾市・東大阪市の池島・福万寺遺跡（大阪府文化財調査研究センター, 2000）では，海成層中において層厚約 10cm の K-Ah のプライマリーな堆積物が確認された。K-Ah 降下当時の当遺跡周辺は，「河内湾」の内湾奥部～潮間帯の水深 5m 程度の浅い海であったと推定されている。K-Ah 層の上下で棲息姿勢のままの完形のウラカガミの貝化石が検出され，巣穴等の生物擾乱も顕著であり，堆積環境に大きな変化はなかったと推定された。また，兵庫県穂積遺跡（豊中市教育委員会, 1999）では 102 層灰色シルトの下部で K-Ah の

火山ガラスが検出され，同層上部の100層からマテガイ等の貝化石が多産した。大阪市瓜破遺跡（大阪市文化財協会，2009）では，谷底の流路内にK-Ahの堆積が確認され，その上位から縄文時代早期末〜前期初頭の条痕文系土器（土器付着炭化物^{14}C年代：6,290 ± 45 BP，較正暦年代：5,370〜5,205 cal BC）が出土しており，河内平野（河内湾）奥部におけるK-Ah降下直後の人類の活動痕跡を示すものとして注目される。

奈良盆地におけるテフラの産状をまとめた光石（2012）によれば，同盆地では，10地点のK-Ahの検出例があるが，遺存状態に恵まれているとは言い難く，遺物との関係が判明した事例もないという。完新世以降の奈良盆地の乾燥化と水系に沿った地域の急速な埋積によって，K-Ahは堆積物中に拡散してしまったのではないかという指摘もある（西田・奥田，2003）。

琵琶湖南湖東岸の湖底遺跡である赤野井湾遺跡（滋賀県教育委員会・滋賀県文化財保護協会，1998）では，浚渫A調査区において縄文時代早期末の土坑群が30基検出され，遺構のベースとなる暗褐色粘土層とその上位の青灰色粘土層との間に層厚数cmのK-Ahが検出されている。テフラ分析の結果でも縄文時代早期末の包含層（灰黒色泥土層）の直上に，K-Ahに由来する火山ガラスのピークが認められた。この集落跡がK-Ah以降には継続しないことの要因として，濱（1998）はK-Ahの降下による環境変化をあげたが，縄文時代早期末の土坑・落ち込み遺構の埋土を珪藻分析した結果，湖沼浮遊性指標種群が検出されており，土坑が放棄された直後は典型的な湖沼環境が推定されることを考慮すると，突然の湖の水位の上昇によって，当該地点における集落が放棄されたとみたほうがよいと思われる。琵琶湖周辺地域における縄文時代早期後葉（条痕文土器期）の居住形態について瀬口（2002）は，それまで山間部と湖辺部の間を季節的に回遊する季節的定住から拠点の一方を山間部から平野部に移行したと推定し，早期後葉に内陸平野部で落葉広葉樹と照葉樹の混淆林化が進んだことによって平野部でも食料資源が多様になり安定性が高まったと推察した。大野（2001, 2003）も近畿地方における集落立地の特徴として，縄文時代早期後半には海岸・湖岸の沿岸部に立地する集落が増加すると述べ，水産資源への働きかけが強まったとする。

東海地方西部における先刈貝塚のボーリング調査によって当時の浅海底に

K-Ah の堆積が確認され，火山灰の降下が海洋生物へのダメージを与えて貝塚形成が低調となったという説（山下，1987, 1988；小田，1993）があるが，むしろ海進の進行によって海面上昇が進み水域環境が変化することにより干潟の環境が失われていったことを重視すべきではないかと考える。また，K-Ah の降下を契機として木島式土器を使用していた人々が東海西部から東海東部へと移動したとする考え方（池谷，2008；池谷・増島，2006；小崎，2010）があるが，先に示したように K-Ah の降下年代（5,300 cal BC）と木島式土器の年代（4,900 cal BC 前後：小林，2012）とは数百年幅の年代差が見込まれることを考慮すると，K-Ah の降灰が土器圏の動態の直接的な要因とは考えられない。

東京湾においては，^{14}C 年代約 6,500 年前（縄文時代早期末）に急上昇を続けてきた海水準が高位安定へとむかい，沿岸一帯には河成作用や海岸浸食によってもたらされた砂泥が堆積して，湾奥の浅化が進行し，遠浅の干潟や後浜湿地がしだいに拡大した。樋泉（1999a）によれば，こうした環境には海と陸の双方からもたらされた有機物がトラップされ，貝類をはじめとする干潟ベントス（底生生物）群集の生育が促進され，沿岸環境と湾内の生態系は大きく変貌したと推定されている。アクセスの容易な干潟の拡大と貝類資源の増加によって，縄文時代早期末から前期初頭を境として東京湾岸域においては貝塚が急増し，貝塚形成史の画期をなすと指摘されている。

(5) 各エリアにおける人類の対応パターン

ここまで概観した A〜D エリアの様相をもとに，各エリア（図33）の K-Ah 後の環境変化パターンと人類の対応モデルを次のように提示する（表7）。

第3節　南九州における鬼界アカホヤ噴火後の生態系の回復過程

1　鬼界アカホヤ噴火後の遺跡分布の推移—再定住のプロセス—

前節で概観した鬼界アカホヤ噴火による火山災害エリアのうち，幸屋火砕流の到達範囲とした A エリア，そして C・D エリアと比較して降下テフラが厚く堆積した B エリアにおいては，甚大な生態系への影響が想定される。

人類の大半が死滅し，わずかな生存者は移動したと推定される A エリアでは，鬼界アカホヤ噴火後に無住期間が想定できる。また B エリアでも生活圏

の移動を余儀なくされ，A・Bエリアともに人類の適応は困難になったと推定される。

そこでここでは遺跡形成の推移をみていくために，縄文時代早期末〜前期前半の土器の細分編年をもとにして，A・Bエリア内の遺跡の一覧表を作成した（表8）。ここでは，出土した土器型式の出土量に注目する。土器の出土量については，発掘調査の方法や範囲によって左右されるものであるが，集落の規模や一遺跡での土器消費量，ひいてはその場所における定着期間等を検討する大

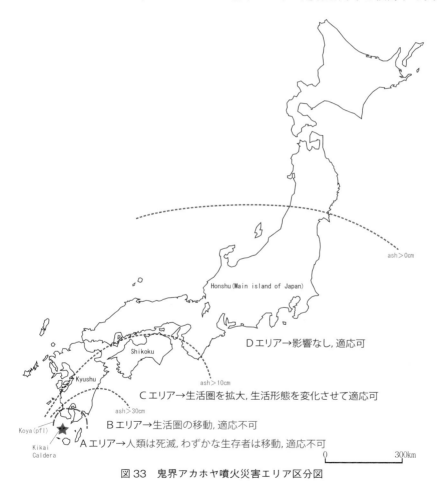

図33　鬼界アカホヤ噴火災害エリア区分図

第3章　鬼界アカホヤ噴火後の環境変化と人類の対応

表7　鬼界アカホヤ噴火災害のエリア区分と人類の対応パターン

区分	遺跡における堆積物	自然環境への影響	人類の対応パターン	備考
A	pyroclastic flow	森林植生破壊，木本類・草本類への影響，山地斜面・谷部における二次ラハール頻発，沖積地の土石流頻発，海岸部は津波による影響，火砕物の一次堆積及び二次堆積による浅海域への影響（底生動物の生息阻害）	a：人類は死滅，わずかな生存者は移動，適応不可	この区域の東半部には降下軽石・火山豆石が厚く堆積
B	ash > 30cm	木本類・草本類への影響，山地斜面・谷部における二次ラハール頻発，沖積地の土石流頻発，海岸部は津波による影響，火砕物の一次堆積及び二次堆積による浅海域への影響（底生動物の生息阻害）	b：生活圏の移動，適応不可	この区域の東半部には降下軽石・火山豆石を含む火山灰が比較的厚く堆積
C	ash > 10cm	木本類（落葉樹）・草本類への影響，海岸部の一部には津波による影響	c：生活圏の拡大，生活形態を変化させて適応可	
D	ash < 10cm	影響なし	d：影響なし，適応可	

まかな目安にはなると考えられる。

表8をもとに，各段階の遺跡分布状況の変化と各段階のいくつかの遺跡の内容を検討することによって，人類の生活環境の回復過程と被災地における再定住のプロセスを復元する。

西之薗・轟B1式土器期（図34，5,350～4,900 cal BC）：Aエリア周縁部（幸屋火砕流の北限ライン付近）にあたる南さつま市の上焼田遺跡（鹿児島県教育委員会，1977a），阿多貝塚（金峰町教育委員会，1978），二頭遺跡（南さつま市教育委員会，2006），清水前遺跡（南さつま市教育委員会，2011），西之薗遺跡（鹿児島県教育委員会，1978a），鹿児島市の段之原遺跡（喜入町教育委員会，1987），仁田尾中A・B遺跡（鹿児島県立埋蔵文化財センター，2007b），鹿屋市の榎田下遺跡（鹿児島県教育委員会，1989）を除くと，他はすべてそれよりも北に分布している。また，九日田遺跡（牧園町教育委員会，1993），阿多貝塚，清水前遺跡はいずれもトレンチによる試掘・確認調査の事例であり，土器はごくわずかしかみられない。このような結果だけで集落跡の全容を推し量ることは困難であるが，ほとんどの遺跡において土器が多量に出土する傾向は認められず，人口密度や集落規模はかなり小さなものと推察される。鬼界アカホヤ噴火以降の遺跡発見例が少ないこと自体が，南九州全域における生態系が相当なダメージを受けたこと

第3節 南九州における鬼界アカホヤ噴火後の生態系の回復過程

表8 鬼界アカホヤ噴火後の遺跡一覧

No.	遺跡名	所在地	時期；遺構
	鹿児島県		
1	荘上塚	出水市	轟B(2)；貝塚
2	大原野遺跡	薩摩川内市	轟B(1)
3	大畩町園田遺跡	さつま町	轟A, 西之薗, 轟B(1・2)；集石
4	島巡遺跡	伊佐市	轟B(2・3)
5	松当堂遺跡	伊佐市	轟B(3)
6	山下遺跡	伊佐市	西之薗, 轟B(3)
7	石打遺跡	湧水町	西之薗, 轟B(1)
8	九日田遺跡	霧島市	轟A
9	姪原遺跡	霧島市	轟B(2)；集石
10	桑ノ丸遺跡	霧島市	轟B(1)
11	小山遺跡	鹿児島市	轟B(2)
12	湯屋原遺跡	鹿児島市	轟B(1・2)
13	杤堀遺跡	鹿児島市	轟B(2)
14	仁田尾遺跡	鹿児島市	轟B(1・2)；土坑・集石
15	仁田尾中A・B遺跡	鹿児島市	西之薗, 轟B(1・2)；集石
16＊段ノ原遺跡	鹿児島市	西之薗；集石・炉
17＊帖地遺跡	鹿児島市	轟B(2)
18	堂園平遺跡	日置市	轟B(2)
19	笑童子遺跡	日置市	轟B(2)
20	黒石洞穴	日置市	轟B(2・3)
21＊阿多貝塚	南さつま市	轟A?, 轟B(3)；貝塚
22＊上焼田遺跡	南さつま市	西之薗, 轟B(1・2)；貝塚
24＊二頭遺跡	南さつま市	轟B(1)
23＊木落遺跡	南さつま市	轟B(1・2)
25＊西之薗遺跡	南さつま市	轟A, 西之薗；集石
26＊清水前遺跡	南さつま市	轟B(1)
27	永野遺跡	南九州市	轟B(1・2)；集石
28＊南田代遺跡	南九州市	轟A, 西之薗, 轟B(1・2・3)；集石
29＊神野牧遺跡	鹿屋市	轟B(2)
30＊榎田下遺跡	鹿屋市	轟A, 轟B(1)；集石
31＊榎崎A遺跡	鹿屋市	轟A, 轟B(2)；集石
32＊飯盛ヶ岡遺跡	鹿屋市	西之薗, 轟B(1・2)；集石
33＊伊敷遺跡	鹿屋市	轟B(2)
34＊鎮守ヶ迫遺跡	鹿屋市	轟B(2)
35＊並迫遺跡	南大隅町	轟B(2)
36	宮岡遺跡	曽於市	轟B(2)；土坑・集石
37	丸岡A遺跡	志布志市	轟B(1)
38	片野洞穴	志布志市	轟B(2)
39	野久尾遺跡	志布志市	轟B(2)

No.	遺跡名	所在地	時期；遺構
40＊東方ノ平遺跡	西之表市	轟B(2)
41＊高峯遺跡	西之表市	轟B(2)
42＊三角山1遺跡	中種子町	轟B(2)
43＊仁佐遺跡	中種子町	轟B(1)；溝？
44＊平六間伏遺跡	南種子町	轟B(3?)
45＊赤石牟田遺跡	南種子町	轟B(2)
46＊上平	南種子町	轟B(2)；土坑
	宮崎県		
47	仲野原遺跡	日向市	轟B(3)
48	内野々第4遺跡	都農町	轟B(3)
49	尾花A遺跡	川南町	西之薗
50	崩戸遺跡	高鍋町	轟B(2)
51	野首第1遺跡	高鍋町	轟B(2)
52	老瀬坂上第3遺跡	高鍋町	轟B(2・3)
53	新立遺跡	西都市	轟B(1)
54	祇園原地区遺跡	西都市	轟B(2)
55	上日置遺跡	新富町	西之薗
56	久木野遺跡	宮崎市	轟B(2)
57	永迫第2遺跡	宮崎市	西之薗
58	白ヶ野遺跡	宮崎市	轟B(2)
59	滑川遺跡	宮崎市	西之薗, 轟B(2)
60	権現原第1遺跡	宮崎市	轟B(2)
61	永ノ原遺跡	宮崎市	轟B(2)
62	若宮田遺跡	宮崎市	轟B(3)
63	天神向第1遺跡	宮崎市	轟B(1・2・3)；集石
64	谷合第2遺跡	日南市	轟B(2)
65	坂ノ口遺跡	串間市	西之薗式
66	内小野遺跡	えびの市	轟A, 轟B(2・3)；集石
67	彦山第5遺跡	えびの市	轟B(2)
68	妙見遺跡	えびの市	轟B(2)
69	灰塚遺跡	えびの市	轟B(2)
70	谷ノ木原遺跡	小林市	轟B(1)
71	田代ヶ八重遺跡	小林市	轟B(1)
72	上長遺跡	小林市	轟B(2)；集石
73	池ノ友遺跡	都城市	轟B(2)
74	王子原遺跡	都城市	轟B(2・3)；竪穴・土坑
75	上安久遺跡	都城市	轟B(2)；土坑・集石
	熊本県		
76	頭田口A遺跡	五木村	轟B(1・3)
77	深水谷川遺跡	相良村	轟A, 西之薗

注：No.の後に＊印のある遺跡は幸屋火砕流到達範囲内

時期の土器型式名にアミカケのあるものは土器片数60点以上の多量出土を示す。

を反映していると考える。

　ある程度の規模の遺跡調査事例である西之薗遺跡, 仁田尾中A・B遺跡, 大畩町園田遺跡（宮之城町教育委員会, 1985）では, まとまった量の土器の出土が認められるだけでなく, 集石遺構などの調理施設を伴っている。また上焼田遺跡ではK-Ah直上においてブロック貝層の形成も認められる。出土した貝の^{14}C年代として, ハマグリから$6,520 \pm 260$ BP（GaK-5940）と$6,400 \pm 210$ BP

第3章　鬼界アカホヤ噴火後の環境変化と人類の対応

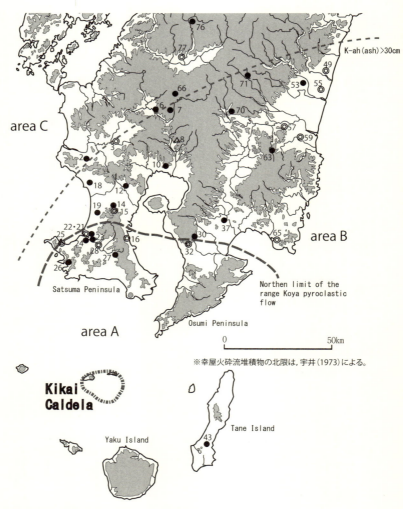

※幸屋火砕流堆積物の北限は，宇井(1973)による。

△はK-Ah上位から轟A式土器が出土した遺跡
◎は西之薗式土器のみ，または西之薗式土器と轟B1式土器が出土した遺跡
●は轟B1式土器のみが出土した遺跡

図34　西之薗・轟B1式土器出土遺跡分布図

(GaK-5942) の 2 例, カキから 5,950 ± 210 BP (GaK-5941) という数値が得られている (坂田, 1979)。数百年の海洋リザーバー効果を差し引く必要があると思われるが, 全体的にみて K-Ah 降下直後か間もない時期の所産と考えていいだろう。これらの遺跡からは集落の定着性や継続性が看取される。Aエリア周縁部以北, すなわち幸屋火砕流の北限ライン付近以北では K-Ah 直後から少しずつ生活環境が回復し, 鬼界アカホヤ噴火後数百年以内には, 南九州本土での再定住がはじまったものと推察される。しかしながら, 薩摩・大隅半島の南端部と大隅諸島 (Aエリア中心域周辺部と東部) においては, 西之薗式土器の出土する遺跡は確認されておらず, 当該期の新段階に位置付けられる種子島の中種子町土佐遺跡 (中種子町教育委員会, 2005) で比較的まとまった量の土器が出土しているのみである。

轟 B2 式～轟 B3 式土器期 (図 35, 4,900〜4,250 cal BC): 鬼界アカホヤ噴火後 400 年以降になると, 南九州本土のほぼ全域 (Aエリア北部) に遺跡の分布がみられ, 大隅諸島の種子島 (Aエリア東部) においても土器が多量に出土したり, 明確な遺構を伴ったりする遺跡がみられる。しかし, 同じ大隅諸島の中の屋久島 (Aエリア中心域周辺) ではこの時期の遺跡すら発見されておらず, ある程度まとまった量の土器が出土するようになるのは, 鹿児島県屋久島町一湊松山遺跡 (鹿児島県立埋蔵文化財センター, 1996) の事例から, 曽畑式土器期以降であると考えられる。

1993 年から 1995 年にかけて発掘調査された鹿児島県一湊松山遺跡は, 鬼界カルデラに面した屋久島の北端部に位置する (図 36)。東シナ海に向け真北に突き出た矢筈岬の付け根にあたり, 一帯は一湊川によって形成された沖積低地と砂丘が広がる。調査地点は, 一湊川の右岸に形成された砂丘の最奥部の標高約 10m の砂丘上である。遺跡の基盤には, 花崗岩を母材とする直径 2〜3 mm 程度の砂層 (18 層) が厚く堆積している。その上位に堆積する第 17 層の明黒褐色砂層から, 古段階の曽畑式土器に伴って集石遺構 2 基や磨製石斧 4 本の埋納遺構が検出され, 曽畑式土器最古段階の時期に定住集落が形成されはじめたことが明らかとなった。また, その上位の 15・11・10・9・8・6 層の砂層からも曽畑式土器期の遺物と遺構が検出された。この場所において定着的な集落が形成されはじめた, 17 層の 1 号集石遺構から採取された炭化材の ^{14}C

第3章　鬼界アカホヤ噴火後の環境変化と人類の対応

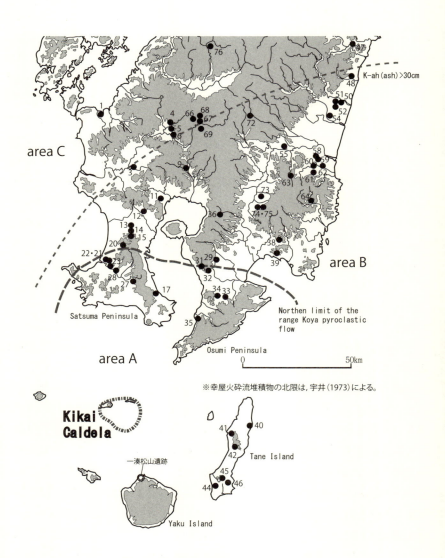

図35　轟B2式・B3式出土遺跡分布図

第3節　南九州における鬼界アカホヤ噴火後の生態系の回復過程

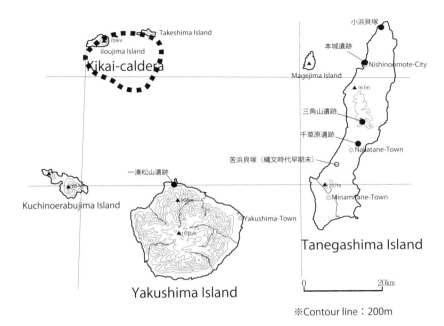

図36　大隅諸島における縄文時代前期後半（曽畑式土器期）の主要遺跡

年代測定値は，5,620 ± 110 BP（GaK-18207）で，同じく17層の包含層中から得られた炭化材の^{14}C年代測定値は，5,410 ± 120 BP（GaK-18210）と報告されており，較正暦年代をIntCal09（Reimer *et al.* 2009）の較正曲線に基づいて，CALIBREV6.0.0（Stuiver and Reimer, 1986-2010）のプログラムを使用して算出すると，それぞれ2σで，4,705〜4,323 cal BC，4,461〜3,973 cal BCである。

　上記と比較するために，曽畑式土器の古段階の土器付着炭化物の^{14}C年代測定値の較正暦年代例をあげると，宮崎県日之影町田向遺跡の4,265〜3,655 cal BC（遠部・宮田，2008a），同県宮崎市滑川第1遺跡の4,228〜4,120 cal BC（清武町教育委員会，2006c）がある。

　土器付着炭化物の年代と比べると，一湊松山遺跡のデータは全体的にやや古めであるが，鬼界アカホヤ噴火を5,300 cal BCとすると，年代幅の上限で，鬼界アカホヤ噴火の被災後595年後，下限で1,327年後の資料となり，中央値では約1,000年の開きが見込まれる。

第3章　鬼界アカホヤ噴火後の環境変化と人類の対応

　このような屋久島北部における様相は，同じ大隅諸島の種子島などと比較したときに，同じ幸屋火砕流到達地域（Aエリア）内において，被害の後遺症が残った地域が存在していたことを物語っており，人類の適応・再定住に時間差が生じたことが想定できる。このことに関しては，後で詳細に検討したい。

2　鬼界アカホヤ噴火後の石器組成の変化

　鹿児島県本土南部と大隅諸島においては，鬼界アカホヤ噴火に伴う火砕流による直接的な森林植生の破壊が指摘されているほか，火砕流の到達範囲外のK-Ahが降下した地域においても山地斜面の崩壊や土石流などの二次災害によって当時の森林植生が相当なダメージを受け，堅果類の生産量が激減したことが推測される。前節の災害エリア（テフラハザード）区分で示したA・Bエリアにおいては，実際に森林植生の大規模な破壊が起きていたことを示す事例が得られており，Cエリアの一部においても落葉広葉樹へのダメージが確認されている。

　昭和34年（1959）の霧島火山群新燃岳の噴火災害の調査（火山噴出物による材木被害調査班, 1965, pp.68-112）によって，森林への被害状況が確認されると同時にそれらの原因についての究明もなされている。それによると，火山灰の降灰地域においては，樹上に堆積した火山灰の重量によって枝が湾曲・垂下し，幹が倒伏するという一次被害が生じた。また，噴出直後の火山灰は分析の結果，水溶成分中に硫酸イオンが異常に多く，降下した火山灰の中でSO_3が生じ，土壌中に硫酸が生成されることによって，土壌の酸性化が進み，pHは3の強酸性を示した。降灰地域においては，可溶性の有害物質を根から吸収した樹木に生理障害が生じて枯死した。さらに，このような二次被害は，雨水によって土壌中の有害物質の溶脱が進めば，被害は進展しないことが明らかとなった。

　このような事実を踏まえると，当然ながら，鬼界アカホヤ噴火直後の降下テフラも同様な性質を示したと考えられ，降灰後しばらくは土壌の酸性化が進み，植生の被害が続いたと推測される。

　南九州では，縄文時代草創期から多くの遺跡において，植物質食料加工具である大型の石皿や磨石が多数出土しており，堅果類の加工・利用が列島内の他地域に先駆けて比較的安定的に行われ，定住度が高まっていたことが指摘され

ている（雨宮, 1993）。また，後続する段階の縄文時代早期前半には，加工が進んだ重い石皿や大型土器の存在，土器装飾の発達，竪穴住居跡の柱穴サイズが示す耐久性の高さなどの各事象から，年間を通じての定住生活が営まれていたと推定されている（雨宮・松永, 1991）。

　このことを考慮して，南九州における鬼界アカホヤ噴火後の遺跡に残された石器組成，特に火山災害による植生（堅果類）への影響という観点から，狩猟具（石鏃）に対する植物質食料加工具（磨石・石皿類）の割合（磨石・石皿類の点数／石鏃の点数＝指数）を中心にみていく。この検討によって，当時の生業システムに何らかの変化が読み取れないか推察したい。

　これについては，雨宮（1990）が南九州の資料を縄文時代の時期ごとに土器様式との関係において検討を加え，轟式土器期は石鏃が異常に多く，曽畑式土器期は逆にその比率が少ないことを指摘し，前者の背景として特殊な自然環境や社会状況があったのではないかと解釈している。桒畑（1991, 1994, 2002）もさらに，詳細なデータを作成して検討したことがある。今回は本稿で提示した轟式土器の段階設定に基づいてあらためて石器組成を示した（表9）。表中には，参考までに後続する曽畑式土器期の組成についても付記した。

　なお，伴出した土器が一型式に限られるような短期間の石器組成を示す良好な資料が少ないため，各遺跡の時期は出土土器の総点数の過半数を超える土器型式に代表させて位置付けた。

　K-Ah以前と対比するために，以下に九州各地のK-Ah下位の轟A式土器期の指数を以下に列挙する。

　　右京西遺跡（荻町教育委員会, 1986）：磨石・石皿類45点／石鏃類22点＝2.04

　　石の本遺跡（熊本県教育委員会, 2001）：磨石・石皿類37点／石鏃類6点＝6.16

　　桐木遺跡（鹿児島県立埋蔵文化財センター, 2004b）：磨石・石皿類7点／石鏃類77点＝0.15

　　横峯遺跡（南種子町教育委員会, 1993）：磨石・石皿類22点／石鏃類4点＝5.5

　　西之薗・轟B1式土器期（5,350～4,900 cal BC）の古段階の遺跡は，鹿児島県

第 3 章　鬼界アカホヤ噴火後の環境変化と人類の対応

表 9　鬼界アカホヤ噴火後の石器組成

時　期	No.	遺跡名	磨石・石皿類 (堅果類加工具)	石　鏃 (狩猟具)	磨石石皿類/石鏃 指　数
轟式（西之薗式）	25	西之薗遺跡 (鹿児島県南さつま市)	8	36	0.22
	16	段之原遺跡 (鹿児島県鹿児島市)	0	6	0
轟式（西之薗・轟 B1 式 　　～轟 B2 式）	22	上焼田遺跡 (鹿児島県南さつま市)	5	101	0.05
	3	大畠町園田遺跡 (鹿児島県さつま町)	0	78	0
	30	榎田下遺跡 (鹿児島県鹿屋市)	15	131	0.11
轟式（轟 B1 式）	43	土佐遺跡 (鹿児島県中種子町)	71	0	／
轟式（轟 B2 式）	1	荘貝塚 (鹿児島県出水市)	14	39	0.35
	46	上　平 (鹿児島県南種子町)	54	4	13.5
轟式（轟 B3 式）	21	阿多貝塚 (鹿児島県南さつま市)	3	7	0.43
曽　畑　式	29	神野牧遺跡 (鹿児島県鹿屋市)	17	23	1.35
	・	別府（石踊）遺跡 (鹿児島県志布志市)	32	4	8.0
	・	柿川内第 1 遺跡 (宮崎県小林市)	31	14	2.21
	・	指辺遺跡 (鹿児島県西之表市)	5	0	／
	・	一湊松山遺跡 (鹿児島県屋久町)	20	0	／

注：アミカケは幸屋火砕流到達範囲内の遺跡（桒畑，1991・1994 に加筆・改変）

【参考】
曽畑式期・菜畑遺跡 14 層　12　14　0.86（佐賀県唐津市）

の南さつま市西之薗遺跡（鹿児島県教育委員会，1978a），同市上焼田遺跡（鹿児島県教育委員会，1977a），鹿児島市段之原遺跡（喜入町教育委員会，1987），さつま町大畠町園田遺跡（宮之城町教育委員会，1985）がある。幸屋火砕流到達範囲の内外（AorB エリア），そして，山間部や海岸部などといった遺跡の立地条件にかかわらず，どの遺跡においても磨石・石皿類が石鏃に比べて極端に少なくなる傾向（指数：0.3 以下）が顕著である。上記の上焼田遺跡では，K-Ah 直上層からブロック貝層が検出されており，その中から獣骨も見つかっている。同定を行った大塚閏一（1977, pp.80）によれば，獣骨は 1cm 足らずの小片が多いが，

四肢骨・胴骨は 80％がシカで，残りの 20％がイノシシと報告された。シカは大型のものであるという。

　南九州本土（A エリア北部と B エリア）では遅くとも轟 B2 式土器期（4,900～4,500 cal BC）以降，磨石・石皿類の出土量が増え，指数が 0.3 を越える。A エリア東部に位置する大隅諸島の種子島では，西之薗・轟 B1 式土器期の新段階の土佐遺跡（中種子町教育委員会, 2005）や轟 B2 式土器期の上平遺跡（南種子町教育委員会, 2004）にかけて磨石類が安定して出土しており，高い指数を示している。

　曽畑式土器期には南九州本土全域で磨石・石皿類の出土量が急増し，石鏃量を大幅に上回り，指数は軒並み 1.0 を越える。この曽畑式土器期の状況は，A エリア中心域に近く，壊滅的な打撃を受けたとみられる屋久島でも認められる。

　上記のような石器組成の差異は，同様な技術基盤に立つ場合，生業における狩猟と採集の度合いの違いを示し，ひいてはその社会を取り巻く環境条件や食料資源の種類と量に起因すると考えられる。したがって，西之薗・轟 B1 式土器期の古段階の石鏃量の多さは狩猟活動への強い傾斜を示し，轟 B2 式土器期以降から曽畑式土器段階に植物質食料への依存が高まった可能性がある。その要因としては，先述した自然科学の分析結果が示すように，鬼界アカホヤ噴火後しばらくは，火砕流による直接的な影響やその後に引き起こされた二次的な災害によって，南九州の森林植生は相当なダメージを受け，堅果類の生産量が著しく低下していたことを想定することができる。その後，次第に植生が回復することによって，堅果類の生産量が安定し，その利用も活性化したと考えられる。

第4章
鬼界アカホヤ噴火と他の縄文時代火山災害事例の比較

　破局噴火といわれる鬼界アカホヤ噴火の規模は，テフラの噴出物総体積量等を目安として設定されている火山爆発度指数がVEI7レベルとされている。この指数と比較したときに，約100分の1の規模である指数VEI5レベルの桜島11テフラと霧島御池テフラ，そして，プリニー式噴火ではないが，長期のブルカノ式灰噴火の所産である霧島牛のすね火山灰の火山災害事例をとりあげて，狩猟採集民の対応を分析し，各事例との比較を通して，鬼界アカホヤ噴火の狩猟採集社会への影響を相対的に評価する。

　南九州の遺跡において確認されているテフラの大半は，その噴火の規模と様式，分布範囲が判明している。遺跡内での堆積物の観察によって，火砕流堆積物と降下火砕物の識別も可能である。プリニー式噴火の場合，壊滅的なダメージを与える高速混相流（火砕流，ベースサージ，火砕サージなど）の到達範囲や，噴出源から風下方向に扇状に広がる降下火砕物（軽石，スコリア，火山灰など）の分布範囲は，その噴火規模におおむね比例しており，堆積物の種類や状態によって災害エリアの範囲を設定し，各エリアにおいて得られた考古資料を分析することによって，被災状況の復元と人類の対応の類型化も可能である。

第1節　桜島火山および霧島火山噴火の事例

1　プリニー式噴火(1) …桜島11テフラの事例

(1) 桜島11テフラの概要

　桜島11テフラは，桜島の東北東方向を中心に分布する降下軽石である（小林哲夫, 1986；森脇, 1994）。噴出年代は^{14}C年代で約7,500年前（奥野・福島・小林, 2000），較正暦年代では8,000 cal BPとされた（奥野, 2002）。噴出物の総

第4章　鬼界アカホヤ噴火と他の縄文時代火山災害事例の比較

堆積量を目安とする火山爆発度指数（VEI）は5レベルである（町田・新井，2003）。この噴火による火砕流堆積物は，大隅半島には到達しておらず（小林哲夫氏教示），噴出源から半径数km未満と思われる。

(2) 自然環境への影響

桐木遺跡（現存テフラ層厚約24cm，エリアBとCの境界付近）における植物珪酸体分析（古環境研究所，2004）によれば，桜島11テフラ直下でミヤコザサ節などのササ類を主体としてススキやチガヤ属などもみられる草原的な植生環境が推定され，桜島11テフラの上位，鬼界アカホヤ火山灰直下では，周辺でカシ類，クスノキ科，イスノキ属などの照葉樹林が成立，反対にイネ科草本類は減少していると指摘された。照葉樹林の出現は温暖化の進行を示し，イネ科草本類の減少は，テフラ降下による植生環境の撹乱（辻，1993）を反映していると思われる。

桜島火山噴火に関する古記録から推定した研究（小林・江崎，1996；小林・溜池，2002）によれば，降下テフラの現存層厚は，降下当初の層厚の4/5以下から1/2以下（時には1/10以下）であるという。この試算に基づくと，桜島11テフラの現存層厚約24cmである桐木遺跡におけるテフラ降下時の層厚は38cmから48cm（最大2.4m）に達していた可能性もあり，当時繁茂していた草本類はほとんど埋積され，灌木類にも影響があった可能性がある。また，降下テフラが30cm以上堆積した地域では，降雨時における二次ラハール（Lahar）現象が多発していたという指摘（小林・溜池，2002）があり，この遺跡周辺においては二次的な泥流災害による植生破壊も起こっていた可能性がある。

(3) 狩猟採集民への影響

図37に桜島11テフラの等層厚線と遺跡の分布を示した。

Aエリア：桜島11テフラに伴う火砕流の到達範囲における遺跡発掘調査事例がないため，現時点においては，噴火による直接的かつ甚大な被害がもたらされたと推定される区域での具体的な状況は不明であるが，このようなエリアの参考として，桜島北西部の扇状地端部にある鹿児島県鹿児島市武貝塚（奈良大学文学部考古学研究室，1998）の縄文時代後期の三万田式土器期における土石流堆積物による集落の放棄事例が報告されている。

Bエリア：桜島11テフラの層厚30cm以上のエリアでは，限られた3つの遺

第1節　桜島火山および霧島火山噴火の事例

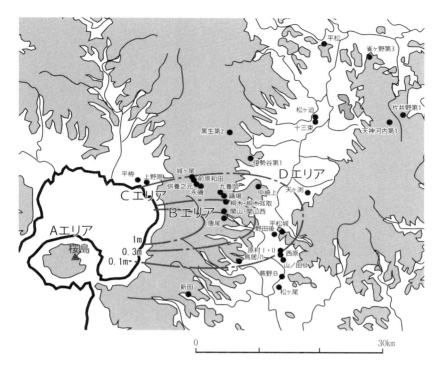

図 37　桜島 11 テフラの等層厚線と関連遺跡分布図
（桜島 11 テフラの等層線は森脇，1994 による）

跡，関山遺跡（鹿児島県立埋蔵文化財センター，2008b），関山西遺跡（鹿児島県立埋蔵文化財センター，2008c），唐尾遺跡（鹿児島県立埋蔵文化財センター，2008d）の調査事例から，テフラ降下直後（塞ノ神 B2 タイプの存続期間）に人類の顕著な活動や居住が再開することはない。関山遺跡においてはその後の塞ノ神 B3 タイプの段階に活動が再開されるが，明確な遺構を伴うものではなく，土器の出土点数も少量，拠点的な集落ではなく，短期のキャンプ的なものであった可能性がある。このエリアにおいては，塞ノ神 B2 タイプの段階に起きた桜島火山の噴火に伴う軽石の降下によって生活環境が悪化し，次の土器型式である塞ノ神 B3 タイプ段階まで人類の活動が不可能だったと推測される。

　C エリア：テフラ層厚 10cm 以上 30cm 未満のエリア周縁部に位置する城ヶ尾

第4章　鬼界アカホヤ噴火と他の縄文時代火山災害事例の比較

遺跡（鹿児島県立埋蔵文化財センター，2003b）では，塞ノ神B2タイプが層厚15～18cmのブロック状を呈する桜島11テフラ層を挟んで上下から出土している。同遺跡では桜島11テフラを挟んで上下から集石遺構が検出されているが，A地区西側において検出された集石遺構は，テフラ層を挟んで上下において環状に構築されている。また，このA地区西側においては，土器片が出土しない空間（内帯）の周囲に環状に土器片が分布するという現象が確認されており，桜島11テフラを挟んで下位と上位の土器分布状況はオーバーラップしている。報告者は環状の土器出土状況について，継続的な生活を背景とした累積的な土器廃棄行為の結果であると推定（有馬ら，2003）している。城ヶ尾遺跡では，桜島11テフラの下位と上位において同じような場所に環状に集石遺構が構築されていること，土器廃棄行為パターンの連続性が認められるという点からここでの生活は継続されたと考えられる。同じエリア内の桐木耳取遺跡でも桜島11テフラの上位から塞ノ神B2タイプの土器が出土しており，大幅な活動の制限は認められない。しかしながら，城ヶ尾遺跡の桜島11テフラを挟んでの下層（Ⅶ層）と上層（Ⅵ層）の石器組成を比較すると，特に狩猟具と植物質食料加工具との構成比に変化が認められ，前者が増加し，後者が半減している。降下テフラによる周辺植生への影響により生業活動に変化が生じた可能性がある。

　Dエリア：テフラ層厚10cm未満のエリアでは，桜島11テフラの一次堆積を挟んでの人間の営みについての連続性を厳密に検討することは不可能だが，同テフラの軽石濃集層中から塞ノ神B2タイプや塞ノ神B3タイプの土器がともに出土する遺跡がいくつか認められており，土器型式の分解能でみる限りは活動の連続性が看取される。降下軽石粒の上方への散乱によるテフラの二次堆積層である軽石濃集層の形成要因としては，雨・風などの自然現象や植物・小動物などの撹乱によるものに加えて，その集落内での集石遺構の構築や土坑の掘削など，人為によって生じた可能性もある。このエリアも軽石降下後もあまりその影響を受けることなく，その土地における活動を継続したと推定される。

2　プリニー式噴火…霧島御池テフラの事例

(1) 霧島御池テフラの概要

　霧島御池テフラは霧島火山完新世最大のプリニー式噴火の産物であり，直径

約1kmの御池を噴出源として，南東方向に分布主軸をもつ（沢村・松井，1957；井ノ上，1988；井村，1994）。成尾（1998a）によれば，本層を構成する軽石は発泡が悪く結晶の少ない淡黄白色から黄色を帯びた軽石が主体で，少量ながら灰色軽石も含まれ，噴出源の南東方向に位置する都城盆地では同テフラ中に灰色岩片も認められる。都城市北西部の都城市夏尾町や御池町付近では，白色ないし淡桃色を帯びたソフトボール大〜人頭大の角張った軽石が主体であり，それらの間に灰黒色と白色の縞状になった軽石が点在しており，マグマと水蒸気が接触して横殴りの爆風（ベースサージ）が起きたことを示している（成尾，1998a）。このベースサージ堆積物は，火口周辺の噴出源から5〜10km以内で確認されている（金子ら，1985）。

　年代は，^{14}C年代が4,200 BP，較正暦年代4,600 cal BPである（奥野，2002）。火山爆発度指数はVEI5である（井村，1994）。

（2）自然環境への影響

　霧島御池テフラが厚く堆積したエリアでは，同テフラの堆積によって当時の植生は一時的に破壊されたと考えられるが，メダケ属（メダケ節・ネザサ節）やススキ属などの草原植生は比較的早い時期に再生し，さらにより繁茂する傾向にあったことが推定されている（井上ら，2000）。

　また，霧島御池テフラの現存層厚約10cmを測る桐木耳取遺跡では霧島御池テフラ直下で照葉樹林のイスノキが検出され，その上位に堆積した黒ボク土からもイスノキが検出されることから，軽石の現存層厚10cm以下のエリアにおいては，照葉樹林をはじめとする樹木には大きな影響は認められず，森林植生は継続したと考えられる。

　霧島御池テフラが厚く堆積した都城盆地の北西部から中心部にかけては，台地・段丘上は一様に分厚い軽石層で埋積されている。また，台地・段丘の開析谷や当時の河川流域の状況は，大淀川の支流である横市川流域における事例をみると，台地・段丘からの崩落や流れ込みによるとみられる同軽石と，台地基盤を形成する入戸火砕流堆積物中に含まれる軽石とが，多量に混じった再堆積物が幾層にも確認されている。このことから，軽石堆積後は，河川流域において長期間にわたって土石流が頻発したことが推察される。台地・段丘下位のいわゆるシラス低地面における堆積環境が安定するのは，縄文時代中期末〜後期

第 4 章　鬼界アカホヤ噴火と他の縄文時代火山災害事例の比較

初頭（阿高式土器期以降）と推定される。

(3) 狩猟採集民への影響

　この噴火に伴う軽石は南東方向に厚く堆積しており，風下側にある都城盆地の生態系には甚大な影響を与えたことが推定される（図38）。

　同盆地の中央部に位置する宮崎県都城市池ノ友遺跡（桒畑, 2006c）では，現存層厚約80cmの軽石層直下において，炉跡，台石，深鉢形土器が出土している。遺物は軽石層の中に入り込むように検出されており，軽石降下直前あるいは少し前にこの地で生活していたことをうかがうことができる。土器型式は，縄文時代中期の春日式土器の最新段階である南宮島段階に位置付けられる。

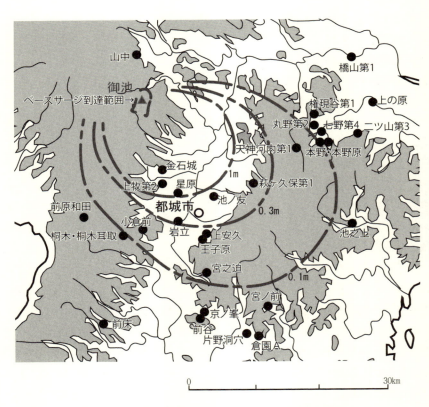

図38　霧島御池テフラの等層厚線と関連遺跡分布図

池ノ友遺跡よりも噴出源に近い宮崎県都城市金石城跡（都城市教育委員会，1992）では，現存層厚約 1.5 m の軽石層直上面から，大平式土器が出土し，同市上牧第 2 遺跡（宮崎県埋蔵文化財センター，1999）では，現存層厚約 1 m の軽石層に掘り込まれた阿高式系土器期の竪穴住居跡が見つかっており，多量の土器・石器が出土している。同市岩立遺跡（桒畑，2006d）では，現存層厚約 30 cm の軽石層上位の包含層から中尾田Ⅲ類土器，大平式土器，阿高式系土器が出土し，竪穴住居跡や土坑群も見つかっている。

　現存層厚 10 cm 以下の降下軽石分布圏周縁部では，宮崎県宮崎市天神河内第 1 遺跡（宮崎県教育委員会，1991）で同軽石を挟んで上下から春日式土器新段階（南宮島段階）の土器が検出されている。また，宮崎県都城市上安久遺跡（都城市教育委員会，2011）では，現存層厚約 26 cm の軽石層上位の包含層から春日式土器新段階の土器が出土している。

　霧島御池テフラの噴出源から北方約 7 km に位置する宮崎県小林市山中遺跡（小林市教育委員会，2010）では軽石の堆積が認められず，同テフラの降下範囲外にあたる。この遺跡では春日式土器，中尾田Ⅲ類土器，大平式土器，阿高式系土器へと連綿と続く各土器型式群が出土しており，継続的な土地利用が看取され，霧島御池噴火による土器型式の分解能上の空白期間は認められない。

　多量の軽石降下と堆積に見舞われた都城盆地の再定住の時期を，池ノ友遺跡の霧島御池軽石直下の炉跡炭化物と，同軽石上位から出土する土器型式の土器付着炭化物の ^{14}C 年代の較正暦年代を比較することによって便宜的に算出してみる。

　池ノ友遺跡第 3 次調査 H-1 区焼土 1 号（SN1）中から採取した炭化物の ^{14}C 年代は，4,180 ± 100 BP（δ 13C 値：－26.8‰）で（奥野　充氏教示），較正暦年代は 2 σ で 2,941〜2,476 cal BC である。

　小林市山中遺跡（小林市教育委員会，2010）から出土した中尾田Ⅲ類土器の ^{14}C 年代は，4,100 ± 40 BP で，較正暦年代は 2 σ で 2,870〜2,567 cal BC。大平式土器の ^{14}C 年代は，4,160 ± 40 BP で，較正暦年代は 2 σ で 2,882〜2,622 cal BC。阿高式土器の ^{14}C 年代は，3,920 ± 40 BP で，較正暦年代は 2 σ で 2,493〜2,289 cal BC。なお，これらの較正暦年代は IntCal09（Reimer et al. 2009）の較正曲線に基づいて，CALIBREV6.0.0（Stuiver and Reimer, 1986-2010）のプロ

グラムを使用して算出した。

上記の較正暦年代の上限年代を参考にすると，現存層厚1m以上2m未満のエリアでは，噴火後70〜60年以内の中尾田Ⅲ類土器・大平式土器と呼ばれる土器型式の段階に活動が再開され，竪穴住居などを構築する明確な定住集落の形成は，噴火から約450年を経過した阿高式土器期以降と推定される。

現存層厚30cm以上1m未満のエリアでは，噴火後約70〜60年以内の中尾田Ⅲ類土器・大平式土器と呼ばれる土器型式の段階に活動が再開され，竪穴住居跡を伴う明確な定住集落の形成もはじまる。

現存層厚10cm以上30cm未満のエリアでは，春日式土器新段階（南宮島段階）の継続期間内の噴火直後において活動を再開した可能性がある。

3　長期の灰噴火，ブルカノ式噴火…霧島牛のすね火山灰の事例

(1) 霧島牛のすね火山灰の概要

霧島火山群の古高千穂火山の噴火活動を代表するテフラである霧島牛のすね火山灰（UsA）は，固結溶岩の粉砕粒子からなり，発泡が悪く細粒部分に富む砂質の火山灰層である。

霧島牛のすね火山灰層には，K-Ahが挟在しており，K-Ahを境に上部層（UsA-U）と下部層（UsA-L）に分けられる。下部層とK-Ahとの境界には腐植土壌などは存在せず，両者はほぼ連続的に堆積したものと考えられているが，K-Ahと上部層の間には数十年程度の時間間隙が推定されている（小林，2008）。

その噴出源からの距離と層厚の関係を用いて最大層厚を見積もり，分散度と粉砕度の関係から噴火様式を調べると，本層はブルカノ式噴火の範囲に入る。

火山爆発度指数（VEI）は3とされる（井村，1994）。

しかしながら，ブルカノ式噴火の産物としては，総噴出量は1.21km²と異常に多い。この火山灰は，噴出源を中心として同心円状に分布しており，噴出源近傍では風化生成物を挟まない一枚の火山灰層であるが，噴出源から離れるとその中に風化帯や腐植土を挟んでくることや，本層中に白色の葉片が均一に存在することなどを考慮すると，この火山灰の噴出に伴う噴煙柱高度は数千m以上まで達しない小規模なもので，かつ季節風の影響を受けながら多数回続い

たことを示しており，火山活動が樹木を完全に枯死させるほど激しくなかったことを物語っているとされる（井ノ上，1988）。噴火活動が盛衰を繰り返しながら長時間続いたと推察される。霧島牛のすね火山灰下部層と上部層の全体的な年代幅は，奥野（2002）によれば，7,600～7,100 cal BP（5,650～5,150 cal BC）という約500年間と推定される。

このような継続的なブルカノ式噴火による火山灰層は，桜島火山や諏訪之瀬島火山，薩摩硫黄島火山でも知られており，安山岩～流紋岩質の成層火山で一般的にみられるテフラ層である。

霧島牛のすね火山灰下部層は，堆積直後に鬼界アカホヤテフラに被覆されたために保存状態は非常に良好である。給源近傍では青灰色の多数の砂質火山灰の集積層であるが，給源から離れると薄い風化帯や腐植層を挟むようになり，全体として褐色～暗褐色のローム質層へと変化する。ほぼ同心円状の分布を示すが，火口からの距離により産状が異なっており，給源から4km以内の範囲では，6～7枚のユニットからなり，火山灰サイズの粒子に富んでおり，比較的硬く固結している。ラミナの発達したユニットも認められるが，腐植質の層準は認められない。しかし給源から約4～8kmの範囲では2つのローム層を挟在するようになり，テフラ部は三分される。さらに遠方では層厚は薄く，各ユニットは不明瞭となり，全体として均質で腐植質の薄い青灰色のローム質層へと変化する。西南方約7.5kmの地点において，三分された同テフラの最上部と最下部のテフラから径5mm程度の炭化木片が検出され，前者から6,245 ± 45 BP，後者から6,330 ± 45 BPの^{14}C年代が得られている（山下・奥野・小林，2012）。

(2) 自然環境への影響

霧島牛のすね火山灰下部層は噴出源から離れると，テフラ層中に樹木の葉片を含むことが指摘されているように，実際に噴出源の東方4～5kmの宮崎県高原町蒲牟田周辺では同テフラ下部層中に化石状の低木起源の葉片を多数観察することができる。噴出源の東方約26kmにある宮崎県都城市雀ヶ野遺跡群（高城町教育委員会，2005）では植物珪酸体分析によって，層厚14～16cmの霧島牛のすね火山灰下部層から鬼界アカホヤ火山灰直下層にかけて，ススキ属，ウシクサ族，チマキザサ節などのイネ科の草本類が減少するのに対し，照葉樹林のシイ属，カシ類，クスノキ科などが検出されており，むしろ樹木起源のものは

第4章　鬼界アカホヤ噴火と他の縄文時代火山災害事例の比較

下位層よりも多く見出されている。このテフラを噴出した噴火活動が休止期を挟みながらも，樹木を枯死させるほどの激しいものではなかったことを裏付けている。

(3) 狩猟採集民への影響

古高千穂火山を中心として，東西約40km，南北約25kmの範囲においては，霧島牛のすね火山灰下部層がK-Ah直下にコンクリートのようにかたくしまって固着したようにして堆積している（図39）。同火山灰の現存層厚10cm以上のエリア内では，鹿児島県霧島市界子仏遺跡（牧園町教育委員会，1989），宮崎県都城市平松遺跡（都城市教育委員会，2013），同市黒生第2遺跡（都城市教育委員会，1990），同市十三束遺跡（桒畑，2006a），同市松ヶ迫遺跡（桒畑，2006b），同市雀ヶ野第3遺跡（高城町教育委員会，2005）などにおいて，霧島牛のすね火山灰の下位から，縄文時代早期後葉の平栫式土器，塞ノ神A式土器，塞ノ神B

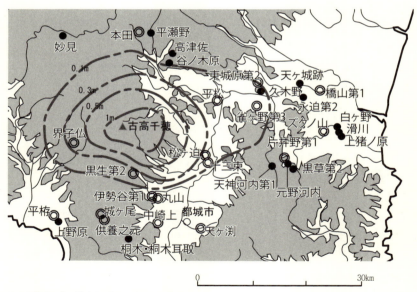

◎：平栫式・塞ノ神式土器期まで利用された遺跡
●：轟A式土器期も利用された遺跡

図39　霧島牛のすね火山灰下部層の等層厚線と関連遺跡分布図
（霧島牛のすね火山灰下部層の等層厚線は井ノ上，1988による）

148

式土器（B3タイプを除く）までの各土器型式が出土している。霧島牛のすね火山灰下部層の降下が始まったのは較正暦年代で 5,650 cal BC 以降と推定されており（奥野, 2002）, 土器型式に照らすと, 塞ノ神 B 式土器の終末段階から噴火がはじまり, 較正暦年代で 5,600 cal BC 以降である轟 A 式土器の段階を通じて噴火が続いたと推定される。現時点では, この轟 A 式土器期の遺跡が上記のエリア内において見つかっていない（図 39）。霧島牛のすね火山灰の降灰は森林植生に壊滅的なダメージを与えるまでには至らなかったと推定されるが, 長期間にわたって断続的に降下した火山灰は地上に降下したのちも舞い上がって, 人体の呼吸器系統や目に影響を及ぼすことが推察される。同エリア内においては人類の活動が低調になり, 拠点的な集落を形成することもなくなったと推定される。轟 A 式土器を携えた人々はこのエリアを敬遠していた可能性が高い。

　このエリアの外, 層厚 10cm 以下のエリアでは, 霧島牛のすね火山灰下部層の堆積自体が不明瞭となり, 牛のすねロームの呼称が示すとおり土壌化している。宮崎市西部（田野町や高岡町など）の遺跡では, 同ローム層が遺物包含層となり, 縄文時代早期後葉～末の土器型式（平栫式土器・塞ノ神 A・B 式土器・轟 A 式土器）が出土する。このエリアでは, 人類活動を含めた生物擾乱によりテフラが撹拌されたと推定される。

第 2 節　鬼界アカホヤ噴火と他の火山災害事例の比較

1　火山爆発度指数と噴火規模による比較

　まず, 高速混相流（火砕流）の到達範囲（A エリア）に関しては, 火山爆発度指数 VEI7 の鬼界アカホヤ噴火の場合は噴出源から約 100km の範囲とされ, 火山爆発度指数では約 100 分の 1 の VEI5 とされる桜島 11 テフラ噴火や霧島御池テフラ噴火のそれの約 10 倍と推定される。鬼界アカホヤ噴火の場合, 同エリアの無住期間は, 屋久島を除くと約 400 年（西之薗・轟 B1 式土器期の空白にあたる）と見積もられる。

　次に, 降下テフラが厚く堆積することによって, 環境に甚大な影響を与えたエリアであるテフラ現存層厚 30cm 以上のエリア（B エリア）は, 鬼界アカホヤ

第 4 章　鬼界アカホヤ噴火と他の縄文時代火山災害事例の比較

　噴火の場合，噴出源から約 200 km の範囲であり，数十 km の範囲内に収まる桜島 11 テフラ噴火や霧島御池テフラ噴火の約 10 倍となる。

　鬼界アカホヤ噴火に伴う降下軽石は噴出源から東北東方向を中心に分布しており，主分布域は海域である。しかしながら，降下火山灰（coignimbrite ash）の分布範囲は破格の規模で，噴出源から 1,000 km を超える範囲にも広がっており，気候・気象への影響が想定される。細粒火山灰は，地表のあらゆる構築物をはじめ森林植生に付着し，地表面をセメントのように覆って固化する。

　昭和 52 年（1977）の有珠山噴火災害の際には，粗粒の粗い火山礫が降下した地域よりも微粒子の火山灰が降下した地域の方が森林植生への被害程度が大きいとの報告がある（北海道立林業試験場企画室，1978, p.3）。具体的には，火山礫による樹木被害は，葉の脱落程度で幹や枝の折損は少なかったのに対し，微粒子火山灰は，樹木の枝葉に付着し，降雨によって重量を増して倒伏の被害が生じた。さらに，微粒子の火山灰が降下した地域は，火山礫が降下した地域と比べてその後の森林の回復も遅かったという。

　降下火山灰の一次・二次堆積による縄文海進期の浅海域へのダメージも想定され，貝類などの底生生物（ベントス）の生息阻害が引き起こされたと考えられる。また，津波・地震などの噴火に随伴する現象による沿岸域の被害も想定される。鬼界アカホヤ噴火の A エリア周縁部と B エリア内における再定住の遺跡では，堅果類等の植物質食料加工具が極端に少ない石器組成を示しており，植生環境への影響が長引いたことを反映している。

　一方，桜島 11 テフラや霧島御池テフラの場合は降下軽石が主で，細粒火山灰はわずかである。降下テフラが軽石主体の場合，層厚が薄いと堆積はルーズで間隙が生じやすく，セメントのように地表を覆う細粒火山灰と比較すると植生の回復は比較的早いものと指摘される（井上ら，2000）。先述した有珠山噴火に伴う森林被害の事例（北海道立林業試験場企画室，1978, p.3）も考慮すると，生態系への影響は限定的であったと推定される。

　後述するが，桜島 11 テフラの噴火時と鬼界アカホヤ噴火時の集団や生活の形態が異なっていた可能性があることにも注意する必要がある。前者の平栫式・塞ノ神式土器期には遺構や土器分布の環状構造が認められる事例があるのに対し，後者の轟 A 式土器の時期には小規模遺跡が多く，散漫な遺構と土器

分布状況が示すような移動性の高い生活様式が看取される。同じ狩猟採集経済段階においても，その社会のあり方によって，火山災害に対する人類の対応パターンに違いが生じる可能性がある。

2　火山災害の累積性

　噴火タイプと火山爆発度指数による火山災害の類型化と注意点としては，単純に一つの噴出物，現象のみを取り上げて判断するのは危険であり，累積的な火山噴火によるダメージを受けた地域を考慮する必要があるということがあげられる。例えば，約1,000年おきにプリニー式噴火が起きて分厚い降下テフラが累積した桜島火山東側に隣接する大隅半島西部地域の縄文時代早期～前期の様相をはじめ，鬼界アカホヤ噴火の火砕流の直撃を受け，その約1,000年後に池田カルデラの火砕流にも見舞われた指宿地方の様相は火山災害の累積被災地と評価できる。その他，霧島火山群周辺と都城盆地北部では，桜島11テフラ・霧島蒲牟田テフラからK-Ah直下までの縄文時代早期末，霧島牛のすね火山灰相当層準（火山砂を含む黒色土層）において遺構・遺物の検出例が皆無であるという状況が看取され，古高千穂火山の長期間にわたる灰噴火（ブルカノ式噴火）の影響が推察される。霧島火山群周辺地域についても，K-Ahの降下及び同テフラ前後のテフラの降下も含めた火山災害累積地域として認識する必要性がある。

第5章
考　察

　本論では，縄文時代早期末に起きた鬼界アカホヤ噴火という完新世最大規模の火山災害が人類の活動にどのような影響を及ぼしたのかについて，火山災害エリア（テフラハザード）区分論に基づいて検討を進めてきた。徳井（1990）が述べているように，火山噴火が人々に及ぼす被害の大きさは，火山噴火の規模と様式，火山からの距離といった自然要素と，そこにどのくらい人が住んでいたか，どのような生活を営んでいたのか，どのような社会状況にあったのかといった人文要素に規定される。

　前者の自然要素に関しては，火山から同じ距離関係にあり，同じようなインパクトを受けた地域内においても，第3章でみたように，火山噴火による災害因子の性格とインパクトを受ける側の地域の地理的・地形的環境の違いによって，その後の生態系の回復状況が異なってくる可能性がある。

　後者の人文要素については，町田（1981）も指摘したように火山災害の大きさは，噴火の規模や様式だけに決定権があるのではなく，多くの自然災害と同様，人間側の社会的・経済的条件によって異なり，能登（1989，1990，1993，2000）も述べるように，火山災害についての対応は，その時々の社会や人々の価値観によって決定される。つまり，同じような火山の噴火による災害が起きても，災害を受ける側の社会的環境の相違によって，被災の度合いが異なってくると考えられ，経済的基盤が異なる狩猟採集社会と農耕社会では被災の度合いや災害への対応が異なると考えられる。さらに，同じ狩猟採集経済段階においても，その社会のあり方によって被災の度合いや対応が異なってくるのではないかと想定される。

　そこでここでは，鬼界アカホヤ噴火の影響を受けとめた縄文時代早期末の狩猟採集民の対応と適応を浮き彫りにするために，一つ目に，第3章で幸屋火砕

流到達範囲内として同一エリア（Aエリア）として一括して扱ったが，地域によって再定住の時期差が生じていた原因について，災害因子の詳細とそれを受けとめた地域の地形環境に着目して検討する。二つ目に，縄文時代早期から前期にかけて活発化する海産資源利用の実態を示す材料として貝塚をとりあげて，九州全体における貝塚の消長と鬼界アカホヤ噴火の関係を整理し，鬼界アカホヤ噴火後に貝塚が形成される地域とそうではない地域が現出した原因を検討する。三つ目に，当該期の自然環境を規定するサブシステムの一つである森林植生をとりあげてその評価を検討した上で，当該期の遺跡や遺物について，同じ狩猟採集段階の縄文時代早期後葉の遺跡の状況と比較することによって，鬼界アカホヤ噴火による影響の度合いを推定する。最後に，縄文時代早期末とは社会的・経済的条件が大きく異なると想定される農耕社会の火山災害の受けとめ方について，古墳時代の事例を中心としながら，必要に応じてそれ以降の事例についてもとりあげて比較してみる。

第1節　幸屋火砕流到達範囲内における災害の地域性
―因子の性格と地形環境の違いから―

　第3章において，火山噴火災害は，噴火の規模と様式，火山からの距離によってその種類や程度が異なるという考え方（徳井，1989）に基づいて，火山災害エリア（テフラハザード）区分論を提示した上で，生態系に甚大な影響を及ぼしたと推定される幸屋火砕流の到達範囲と降下テフラが厚く堆積した地域をとりあげて，人類の再定住のプロセスを遺跡から得られた情報をもとに推定した。
　その結果，火山からの距離によって，その影響を等しく受けとめたはずの同一エリア内において再定住のタイミングに違いが認められた。
　結論から言うと，火山災害の因子の性格とそれを受けとめた地域の地理的・地形的環境の違いにより，その後の回復と人類の生活の再開時期が異なってくる可能性があるということである。
　以下では，幸屋火砕流の詳細な運搬様式を再度確認したうえで，同火砕流到達範囲の北限付近にあたる薩摩半島と大隅半島の中南部における鬼界アカホヤ噴火後の再定住のタイミングを検討する。さらに，幸屋火砕流堆積物の南東側分布限界付近に位置し，大半が同火砕流によって覆われた大隅諸島の屋久島と

種子島の地形的環境の対比をとおして，両島の再定住に要する時間差の原因を検討してみる。

先に紹介したように，幸屋火砕流堆積物の流動・堆積機構については，宇井（1973）や藤原ら（2001）によって詳細な検討がなされている。

幸屋火砕流堆積物は，厚さが極めて薄いにもかかわらず広域に分布する拡散型の火砕流堆積物である（宇井・Walker, 1983；宇井ほか, 1983）。宇井（1973）や藤原ら（2001）によれば，一般的な火砕流に比べて火山ガス量が極めて多く非常に希薄な流れであり，火砕サージに近い。堆積物中に含まれる外来岩片量が少なく，海上を通過中に重い岩片は失われた可能性がある。また，鬼界カルデラから放射状に均等に拡がったのではなく，おおむね東北―東北東側に偏り，指向性をもっていたと指摘されている。運動エネルギーが大きく遠くまで広がって堆積した火砕流であったため，乱流的性質も強いと指摘されている（宇井ほか, 1983）。

一般的に火砕流は，粉体流であるため，堆積物は低地を埋積し，比較的平坦な地形を形成する。火砕流堆積物の規模が大きくなると，小さな起伏を覆って広大な火砕流台地を形成する。これに対し，サージと呼ばれるテフラの運搬様式は，乱流状態の火山灰が定置するケースで，上空の風により運搬され，旧地形を被覆するように堆積する降下テフラと火砕流の中間的な堆積様式を示す。堆積物には斜交構造が発達し，地形の高まりでは薄く，窪地には厚く堆積する傾向がある（遠藤・小林, 2012, p.38）。

宇井（1973）による詳細な記載を参考にすると，幸屋火砕流堆積物は，遠方に達すると分布が低地に限られるような一般的傾向がある。東北東方向は他方位より高い海抜高度地点にも分布する。東北東・北北東方向では軽石の大きさは尾根越え毎に低下する。東北東方向の尾根の手前の盆地に多量の堆積物がある。北西方向は地形的障壁がなかったにもかかわらず，細粒で厚さが薄い。

先に述べたように，幸屋火砕流到達範囲（Aエリア）北部の周縁部付近（幸屋火砕流到達北限ライン付近）では，噴火直後から生活環境が回復をみせ，比較的早い段階に人類の再定住がなされたと推定される。その後，数百年を経て，Aエリア北部の南九州本土でも人類の再定住が行われたと推定される。

実際に，薩摩半島の西岸部においては，鬼界アカホヤ噴火直後の可能性もあ

第5章　考察

る西之薗・轟B1式土器がごく少量出土する遺跡だけでなく，比較的まとまって出土する遺跡も見つかっている。さらに，大隅半島の高隈山南麓部においても，西之薗・轟B1式土器が出土する遺跡がある。

　薩摩半島西岸部の南さつま市金峰町の台地上においては，幸屋火砕流堆積物が上位のK-Ahと混じりあって，不明瞭な堆積となる（成尾，2002）。大隅半島中部の笠野原台地では，高い尾根の背後にある台地西部では局所的にしか認められない。（宇井，1973）。

　火砕流到達北限地域の花粉分析のデータ（図40）によれば，K-Ah降下後約100年で森林植生が回復しているという（松下，2002）。この原因としては，分布が広大なわりに厚さが薄く一般的な火砕流に比べて非常に希薄（火砕サージに近い）で，噴出源から放射状に均等に拡がったのではなく指向性をもつとされる幸屋火砕流の流動特性によって，火砕流到達範囲内においても流下を免れた場所があり，植生の破壊と回復の程度は一律ではなかったからではないかと推定されている。このような火砕流の流動・堆積機構を考慮すると，Aエリア周縁部においては火山噴火後の植生遷移が必ずしも一次遷移ではなかった可能性が想定され，火山遷移の1.5次遷移（露崎，1993, 2001）という枠組みで評価をした方が妥当と思われる。そのような考え方に立つと，一帯の植生が全壊したわけではないので，生態系の回復はより南側の火砕流によって全壊した地域と比較して早かったのではないかと推定される。薩摩半島の西之薗遺跡（鹿児島県教育委員会，1978a）や上焼田遺跡（鹿児島県教育委員会，1977a），大隅半島の飯盛ヶ岡遺跡（鹿児島県立埋蔵文化財センター，1993），榎田下遺跡（鹿児島県教育委員会，1989）などは，環境が回復したあとに，最初にこの地に足を踏み入れた人々の活動痕跡を示すものと思われる。

　次に，鬼界カルデラの南東側に位置する屋久島と種子島について検討する。

　隆起する山地と台地の島であるこの二つの島は大隅半島から南にのびる大陸棚上にあって，琉球弧の外弧隆起帯に属している。ともに四万十帯の熊毛層群を基盤とする点と海成段丘が発達している共通する特徴をもちつつも，図36・42を一瞥してわかるように，屋久島は外形が円形ないし五角形の中新世花崗岩からなる高峻な山岳の島であるのに対し，種子島は南北に細長い低平な台地・丘陵の島でコントラストが著しい（町田，2001）。

第1節　幸屋火砕流到達範囲内における災害の地域性―因子の性格と地形環境の違いから―

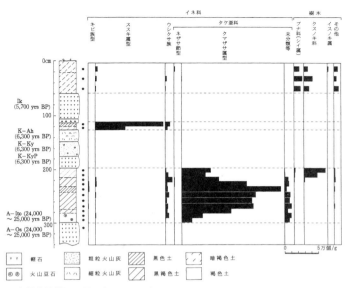

鹿児島県錦江町厚ヶ瀬における植物珪酸体分析結果（杉山，1999より）

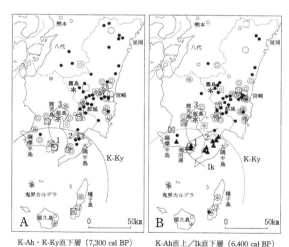

九州南部における照葉樹林の植物珪酸体出現状況（杉山，2002より）

図40　南九州における鬼界アカホヤテフラ（K-Ah）前後の植物珪酸体分析結果

第5章 考察

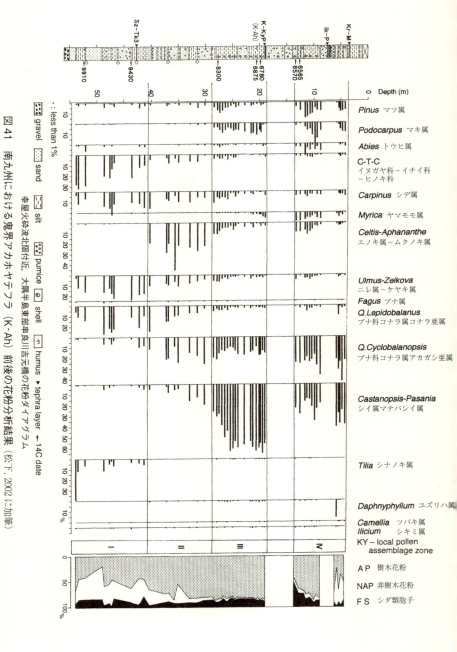

図41 南九州における鬼界アカホヤテフラ (K-Ah) 前後の花粉分析結果 (松下, 2002に加筆)

第1節　幸屋火砕流到達範囲内における災害の地域性—因子の性格と地形環境の違いから—

　両島は幸屋火砕流の南東側分布限界付近に位置しており，種子島の北部には幸屋火砕流堆積物は確認されておらず（藤原ほか，2001），同島の南端部にも認められない（下司，2009）。また屋久島南部の尾之間地区でも幸屋火砕流堆積物は確認されない（下司，2009）。同地域の北側には屋久島南部に発達する東西方向の稜線と渓谷があり，幸屋火砕流の走流の障壁となった可能性が高いと指摘される。

　先に述べたように，Aエリア南東部に位置する大隅諸島の種子島と屋久島では，幸屋火砕流の直撃後，人類の再定住までの期間に大きな時間差が生じていたことが推定され，被害程度と生活環境の復旧状況が異なっていたことが推察される。

　このことは，高峻な山岳の島である屋久島と低平な台地・丘陵の島である種子島との地形環境の違いが起因していると推定される（図42）。

　屋久島の外周には，東・南部の海岸部を中心として海岸段丘が分布している。これまでの分布調査などによって把握されている縄文時代の遺跡の分布はこの海岸段丘面上を中心としており，大半は縄文時代後期に属するとみられ

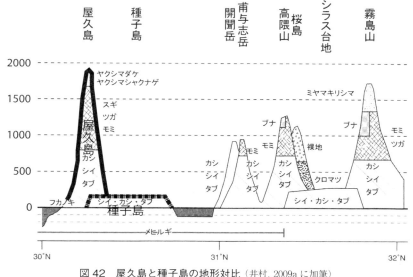

図42　屋久島と種子島の地形対比（井村，2009aに加筆）

第5章　考　察

る28遺跡中,海抜50m以下の中位段丘や完新世段丘および砂丘上に立地する遺跡が21遺跡であり,他の7遺跡は海抜50～100mの高位段丘上に立地する。このうち縄文時代早期の遺跡2か所(長峯遺跡・倉掛下町遺跡)と縄文時代前期の遺跡1か所(一湊松山遺跡)は前者に含まれており,屋久島において縄文時代を通して定着的な集落適地とされた地形環境は海抜50m以下の中位段丘・完新世段丘・砂丘上とみてよいであろう。

　一方の種子島は全体として海成段丘からなり,低平な台地・丘陵が広がり,縄文時代の遺跡は海岸部だけでなく,内陸部の谷地形・沢に面した台地・丘陵端部にも多数分布している。

　森脇(2002, 2006)によれば,屋久島では,山地斜面がK-Ahの一次堆積物で覆われたのみならず,二次堆積物も厚く堆積しており,当時の河口周辺にも二次堆積物が多量に堆積しており,海岸低地の形成に多大な影響を及ぼしていると指摘されている。以下その報告をもとにみると,屋久島北東岸の小瀬田では,女川の河口南岸に10～15mの標高をもつ完新世段丘が認められる。この完新世段丘は四万十層群を基盤とする波蝕台からなる。この波蝕台の海浜礫堆積物中に厚さ1.5mのK-Ahが見出された。ここでのK-Ahは,粗粒軽石と赤橙色の火山灰が混合し,火砕流堆積物(幸屋火砕流)の一次堆積の層相を示す。場所によっては,K-Ahは波蝕台の基盤岩上に直接堆積する。その海抜高度は約8～10mである。ここの完新世段丘はK-Ah堆積直後に離水したとされている。また,沖積平野の狭い屋久島の中では比較的広い隆起三角州が分布する宮之浦の宮之浦川河口右岸の海抜13mの完新世段丘では,地表付近は粗粒な礫からなる堆積物であるが,下位にはガラス質火山灰を主体とする細粒火山灰堆積物が10m以上厚く堆積し,これらの堆積物は層理をなし,またこの中には円摩した軽石層も介在する。こうした構成物質と堆積構造は,この堆積物がK-Ahの二次堆積物であることを示す。しかし,この堆積物の中には,K-Ah以外の物質がみられないことから,一次堆積と二次堆積の時間間隙は大きくないという。

　また,下司(2009)の報告によれば,屋久島北岸の宮之浦川,一湊川,永田川に沿った標高50mよりも低い地域には,幸屋火砕流を母材とする特異な堆積物が分布する。基底部には,花崗岩の礫混じりの粗粒砂層が発達し,軽石片

や黒曜石片が少量含まれる。その上位には，幸屋火砕流堆積物を母材とする火砕物層が発達する。火砕物層は淘汰が悪く，直径10cmを超える軽石塊が含まれる。基質は同質のシルト〜砂からなる。この火砕物層には，非炭化の樹幹が多量に含まれる。また，軽石の残留磁化方位は集中せず，低温で堆積したことを示唆する。層厚は微地形によって異なるが，場所によっては3m以上の層厚が認められる。同様の堆積物は，口永良部島北岸の標高50mよりも低い地域にも確認されている。下司はこれらの屋久島・口永良部島の低地に発達する幸屋火砕流起源の堆積物が土石流様の水流による堆積物である可能性があるとした上で，丘の頂部や稜線の鞍部など分布地点の地形的特徴やこれら特異的な堆積物の分布が，鬼界カルデラに面した屋久島・口永良部島北海岸の標高50m以下の地域に限られることから鬼界アカホヤ噴火時に発生した津波による堆積物の可能性が高いとしている。

　屋久島中央部に聳える山地と渓谷は，鬼界アカホヤ噴火による幸屋火砕流に覆われた際に，森林植生が破壊され，貯水機能を失った山地斜面を流れ下る洪水によって斜面崩壊が起こりやすい条件にあったと推定される。その堆積原因が土石流によるものか津波によるものかという結論は留保されるものの，屋久島海岸部の中位段丘や完新世段丘上で確認される鬼界アカホヤ噴火と時間間隙をおかずに生じたK-Ahの二次堆積物によって，狩猟採集民にとって集落適地とされた島内において限定的な地形面一帯の生態系は甚大な被害を受けたものと推察される。このことが，海岸部だけでなく，島内のいたるところに集落適地の地形面を有する種子島と比較したときに，生活環境の回復を遅れさせ，採集狩猟民は屋久島における定着的な活動を長い間敬遠していた可能性が高い。

第2節　九州縄文時代早〜前期貝塚の消長と鬼界アカホヤ噴火の影響

　かつて，九州における縄文時代貝塚研究の現状をまとめた山崎（1975）は，貝類捕獲の開始について，縄文時代草創期にさかのぼる可能性を示唆しながら，確実な漁労の開始は早期の押型文土器期であるとした。しかしながらその内容は希薄であると述べ，本格的な貝塚が形成されるのは縄文時代前期以降であるとしている。また，その中で早期にさかのぼる宮崎県の跡江貝塚・柏田貝塚・大貫貝塚の存在については，瀬戸内地方との文化的つながりを想定してお

第5章　考察

り，九州全域に敷衍できるものではないとしている。

　河口（1985a）は，南九州では鬼界アカホヤ噴火以前は貝類を捕食する慣習がなかったが，鬼界アカホヤ噴火による自然災害に順応する手段として，縄文時代前期以降に貝類の捕食を開始したとしている。その中で，自身が発掘調査にあたった縄文時代早期の地点貝塚，あるいはブロック貝塚である平栫貝塚は貝塚の実態がないとして貝塚という遺跡の枠組みから除外している。

　しかしながら，最近の調査の進展によって，九州東部の宮崎県だけに限られていた縄文時代早期にさかのぼる貝塚の存在が，鹿児島県や佐賀，そして福岡県でも確認されるようになってきており，これまで九州においては縄文時代前期以降に本格化するとされてきた貝塚形成が縄文時代早期にさかのぼることは確実になってきている。

　筆者は先に，九州東部，宮崎県内において縄文時代早期に形成された貝塚が，鬼界アカホヤ噴火後の前期以降に引き続き営まれなかった原因として，K-Ahの大量降灰と二次堆積によって浅海域の生態系がダメージを受けたからではないかと推定したことがある（桒畑，1995）。しかしながらこのときには十分なデータを提示して検討したものではなかった。

　そこで，ここでは，鬼界アカホヤ噴火というイベントを挟んで，貝塚の形成が継続されるのか，それとも途絶えてしまうのかという貝塚の消長に関する問題について考察したい。

　この問題は単に貝塚の有無という考古学的事象だけではなく，各地の臨海部の地形発達に関しても十分に検討したうえで考察を進めていく必要がある。

　汀線のあり方は，世界的な海水準変化とともに地域的な地殻変動や河川や潮流堆積や浸食，潮汐運動や地形の影響を受けており，海進の痕跡は各地で多様である。日本列島の相対的海水準の変化は各地で地域差が大きく，縄文時代の相対的な海面変化は単に海面の上昇・降下だけでなく，陸地の隆起・沈降にも左右される。すなわち，相対的海水準の変化には，地殻変動・火山性変動・ハイドロアイソスタシーなどが複雑に絡み合っており，水域環境の復元は一筋縄ではいかない。このような多様な水域環境に対応して，各地でさまざまな水産資源利用がなされており，水産資源利用の変遷とその多様性は，さまざまな水域環境への適応戦略として理解できる。

先に検討したように，鬼界アカホヤ噴火は縄文海進最盛期（ピーク）直前に起こっていることが確実である。^{14}C 年代で約 6,000 年前を中心とした海岸環境は，最終氷期最盛期以降の海面変化史の中で特徴的な位置にあると指摘される（森脇, 2002）。基本的には急速な海面上昇はこの頃にピークに達し，河谷域では海進が深く内陸に及び，浅海の内湾が形成され，尾根域においては全体として入り組んだリアス式の海岸が形成された。以後大局的には，現在の海面付近に安定し，当時形成されていた内湾は河川堆積物などの埋積によって海退が生じた。

このような縄文海進最盛期頃に形成された比較的干満の大きい遠浅の海岸は，貝の生育に好都合で，食用となる貝の種類も豊富で採取しやすかった。このような貝が重要な食料として利用できる環境に居住した狩猟採集民によって，貝塚は数多く残されたとされる（赤澤, 1983, p.20）。

九州における縄文時代貝塚の分布を概観すると，北部九州の古遠賀湾・洞海湾周辺をはじめ，島嶼部を含む西北九州，有明海沿岸部を中心とする中九州など，いくつかの貝塚密集域が認められるが，個別貝塚の立地と出土遺物等を考慮すると，奥湾性貝塚，内湾性貝塚，内湾性と外洋性の両方をあわせもつ貝塚，外洋性貝塚という具合におおむね 4 つに類型化することができる（木村, 1994；澤下・松永, 1994）が，これはある程度水域環境が固定したある時間断面における貝塚のありようであって，実際は水域環境の変遷に伴い一つの貝塚で複数の類型が多層的に認められることもありうる。

特に縄文海進が進行した縄文時代早期から前期にかけては，日本各地に溺れ谷が形成され，海進の進行に伴い同一地点が汽水域から塩水域へと移り変わったり，海退が生じて逆の変遷が起きたりするとともに，同じ内湾の中で塩水域と汽水域が近接して存在していたことも想定される。

貝類には，塩分濃度が低い環境に適した貝類，塩分濃度が高い環境に適した貝類の大まかには二者があり，その生息環境は，水深や塩分濃度・海底の状況など，水域環境によって異なっている（松島, 1979, 2006；松島・前田, 1985；富岡, 1999）。貝塚出土の貝類には，遠隔地から持ち込まれたものが含まれることがあるが，その構成や組成は，おおむね遺跡周辺の水域環境を反映していると考えられる（図 43）。また，貝類群集別組成の変化や推移をみることによって，

第5章　考察

表10　貝塚出土の貝類の生息環境と貝類群集区分（松島・前田，1985より転載）

水　域	沿　　岸　　水			内　湾　水	
地理的位置	湾　　の　　外　　側			湾　口　部	
底　質	岩　礁	砂泥質	砂　質	砂礫質	岩　礁
潮間帯	**外海岩礁性群集** イガイ(59) ムラサキインコ(61) サザエ(89) スガイ(91) アマオブネ(92) レイシ(105) イボニシ(106)				**内湾岩礁性群集** カリガネエガイ(56) ナミマガシワ(62) スガイ(91) レイシ(105) イボニシ(106)
上部浅海帯	ボウシュウボラ(107) イシダタミ(119) クボガイ(120) ヘソアキクボガイ(122) ヒメクボガイ(122) クマノコガイ(123) コシダカガンガラ(125) バテイラ(126) タマキビ(130) アワビ(136) ウノアシ(140) カモガイ(141) マツバガイ(142) オミナエシダカラ(147)※ イボシマイモガイ(143)※ オオヨウラク(99)※※ チヂミボラ(100)※※ エヂチヂミボラ(101)※※ ヒメエゾボラ(109)※※ オオコシダカガンガラ(124)※※ エゾアワビ(137)※※ サルアワビ(138)※※ ユキノカサ(142)※※ エゾキンチャク(71)※※	**沿岸砂泥底群集** ムラサキガイ(36) フジナミ(37) イタヤガイ(63) ウラシマ(97) ヤツシロガイ(152) トカシオリイレ(98) ミガキボラ(110) バイ(112) テングニシ(113) ナガニシ(117) オオヒタチオビ(117) ツノガイ(145) サラガイ(40)※※ ホタテガイ(64)※※	**沿岸砂底群集** チョウセンハマグリ(11) オキアサリ(19) コタマガイ(21) ワスレガイ(25) バカガイ(30) イソシジミ(34) サトウガイ(53) ベンケイガイ(58) キサゴ(127) ダンベイキサゴ(129) ゴホウラ(94)※ ウバガイ(33)※※	**砂礫底群集** ウチムラサキ(17) オニアサリ(17) シラトリモドキ(38) アズマニシキ(65) イタボガキ(71) イワガキ(77)	

水　域	内　　　湾　　　水				淡　水	水　域
地理的位置	湾　中　央　部		湾　奥　部	河　口	湖沼・河川	地理的位置
底　質	砂　質	シルト～泥質	砂泥質	砂泥質	淡水泥底	底　質
潮間帯	**内湾砂底群集** ハマグリ(9) カガミガイ(14) アサリ(22) シラオガイ(24) イナミガイ(27)※ シオフキ(31) マテガイ(42) アカマテガイ(43) アゲマキ(44) オオノガイ(46) サルボウ(51) ツメタガイ(95) イボキサゴ(128) ウミニナ(134)	**内湾泥底群集** ミルクイ(28) アカガイ(47) イタボガキ(71) エゾタマガイ(96) アカニシ(102) ヤカドツノガイ(146)	**干潟群集** オキシジミ(13) アサリ(22) イチョウシラトリ(40) オオノガイ(46) ハイガイ(53) ハナモグリ(57) カキ(マガキ)(73) ウネナシトマヤガイ(78) アラムシロ(115) ヘナタリ(131) カワアイ(133) イボウミニナ(135) ウミニナ(134) ホソウミニナ(137)	**感潮域群集** ヤマトシジミ(80) フトヘナタリ(132)	**淡水域群集** マシジミ(79) セタシジミ(81) チョウセンマシジミ(82) イシガイ(84) マツカサガイ(85) オオタニシ(148) カクタニシ(149) カワニナ(150) チリメンカワニナ(152)	潮間帯
上部浅海帯						上部浅海帯

※熱帯種　※※寒流種

第2節　九州縄文時代早～前期貝塚の消長と鬼界アカホヤ噴火の影響

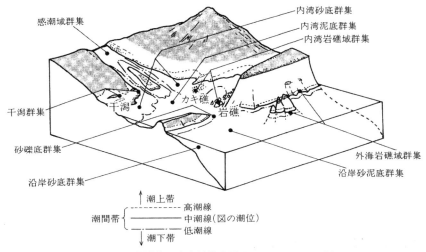

図43　累群集の生息域模式図（富岡, 1999 より転載）

貝塚が営まれた地域内の水域環境の変遷を推定することもできる。以下，本稿で用いる貝類の群集区分（表10）は，松島・前田（1985）による。

長岡・中尾（2009）によれば，九州の縄文時代貝塚は，貝塚群集別組成をもとに次の5つに分類される。

　　I群：外海岩礁底群集・湾口～外洋岩礁底群集が卓越するもの
　　II群：内湾系（内湾湾奥～湾奥部の砂・泥底）の群集が卓越するもの
　　III群：干潟（内湾奥部の塩の甘い泥質底）群集が卓越するもの
　　IV群：感潮域（汽水域）群集が卓越するもの
　　V群：河川・湖沼域群集が卓越するもの

九州における縄文時代早期の貝塚は，現在のところ，北部九州の玄界灘沿岸部の博多湾に面した福岡県福岡市浜ノ町貝塚（福岡市教育委員会，2010a），有明海北岸部の佐賀県佐賀市東名遺跡群（佐賀市教育委員会，2009），西北九州の鷹島南岸の海底にある長崎県松浦市鷹島海底遺跡（鷹島町教育委員会，1993）と五島列島南端の福江島東部に浮かぶ大板部島西岸の同県五島市大板部洞窟（大板部洞窟調査団，1986），東部九州の日向灘沿岸部の宮崎県延岡市大貫貝塚（田中，1958；田中 1989a），同県宮崎市跡江貝塚（鈴木，1965；田中，1965；岩永，

1986；柳田，1989），同県同市柏田貝塚（田中，1989b），同県同市城ヶ峰貝塚（三浦，1902；日高，1989），南九州の鹿児島湾北岸部の鹿児島県霧島市平栫貝塚（河口，1992），同県同市宮坂貝塚（隼人町教育委員会，2000）と種子島西岸部の鹿児島県中種子町苦浜貝塚（盛園，1953）があげられる。ここにあげた貝塚のほかにも古くからその存在が知られている，長崎県佐世保市岩下洞穴（麻生，1968）では，洞穴内の堆積物中から動物骨と貝類などの食糧残滓が検出されている。また，鹿児島県薩摩半島内陸部の小崎遺跡（西中川・東，1990；上田ほか，1991）では地点貝塚の存在が指摘されている。この二つの事例は当該期における食料獲得活動を研究する上で重要な資料ではあるが，臨海部におけるいわゆる貝塚の範疇には含まれないと判断し，以下の検討からは除外する。

　上記した九州における縄文時代早期の貝塚の分布状況を一瞥すると九州全域において見つかっているわけではないが，このような限定的な考古学的事象の現出の要因としては，先述したような海面の上昇・降下に加えて地盤の隆起と沈降など複雑な条件が絡み合っているためであると考える。また，縄文時代早期前半以前は相対的海水面が低かったため，現在の沖積平野部の厚い堆積物の下位に貝塚を含む遺跡自体が埋没している可能性がある。したがって，縄文時代早期の貝塚は九州全域に存在していた可能性が高いと考えた方が妥当であろう。

　ここでは，とりあえず，縄文時代早期の貝塚が確認されている地域を足掛かりとして，各貝塚の現状での立地条件を踏まえながら，各地域の相対的海水準の変動と地盤の変化に関する研究成果を用いて，縄文時代早期から前期前半における貝塚（表11）の消長を検討する。

　検討作業に際しては，これまでに数人の研究者によって作成された既存の各地域の海水準変動曲線を用いるが，それらは暦年較正年代ではなく ^{14}C 年代で記載されたものも多いため，本稿でも便宜的にそれらに準拠して生データとしての ^{14}C 年代を使用する。その場合，K-Ahの年代は ^{14}C 年代 6,300 BP として定点を設けることとする。

　また，貝塚形成の消長に関する検討作業に入る前に，貝塚があるかないかという考古学的事象の有無，さらには，遺跡・遺構・遺物などの考古学的資料の有無をどのように評価するかについて整理しておく必要がある。現時点におい

第2節　九州縄文時代早～前期貝塚の消長と鬼界アカホヤ噴火の影響

表11　九州縄文時代早・前期の貝塚

貝塚名（所在地）	時期（土器型式）	貝種	獣骨	魚骨	文献	備考
跡江（宮崎県宮崎市）	押型文（手向山式含む），平栫式，塞ノ神A式，塞ノ神B式	上層：ハイガイ・マガキ，下層：シジミ（ヤマトシジミ?）	イノシシ・シカ		鈴木, 1965；柳田, 1989	上層が塞ノ神式，下層が押型文
柏田（宮崎県宮崎市）	塞ノ神B式	マガキ・シジミ（ヤマトシジミ?）	−	−	田中, 1989b	
城ヶ峰（宮崎県宮崎市）	塞ノ神A式	シジミ（ヤマトシジミ?）・アゲマキ・マガキ・ミゾ貝・カワニナ			三浦, 1902；日高, 1989	
大貫（宮崎県延岡市）	押型文，塞ノ神A式，塞ノ神B式	ハマグリ・マガキ・サルボウ			田中, 1958, 1989a	上層が塞ノ神式，下層が押型文
宮坂（鹿児島県霧島市）	塞ノ神B式（東名段階），轟A式	ハマグリ・カガミガイ・ヒメアカガイ・アカニシ・オキシジミ・アサリ・ハイガイ・マガキ（ハマグリ主体）	シカ		隼人町教委, 2000	ハマグリのチョーク化顕著
上焼田（鹿児島県南さつま市）	西之薗・轟B1式，轟B2式	ヤマトシジミ・オキシジミ・アサリ・マガキ・ヘタナリ・ハマグリ・シオフキ・サルボウ・ツメタガイ・スガイ・レイシ・カワニナ（ハマグリ主体）	イノシシ・シカ		鹿児島県教委, 1977a	
阿多（鹿児島県南さつま市）	轟B3式	ヤマトシジミ・フトヘタナリ・マガキ・アカニシ・ハマグリ・イボニシ・タニシ（ハマグリ・マガキ主体）	イノシシ・シカ		金峰町教委, 1978	
荘（鹿児島県出水市）	轟B2式	オキシジミ・ハイガイ・マガキ・ハマグリ・カガミガイ・シオフキ・ツメタガイ・チョウセンハマグリ・バイ（ハマグリ・カガミガイ・シオフキ主体）	イノシシ・シカ		出水市教委, 1979	
轟（熊本県宇土市）	轟A式，西之薗・轟B1式，轟B2式	第2次調査（京大調査）地点：ハイガイ・マガキ・イタボガキ・アカニシ・ハマグリ・カガミガイ・サルボウ・ツメタガイ・バイ・テングニシ（ハマグリ・マガキ主体）	イノシシ・シカ		浜田・榊原, 1920	
曽畑（熊本県宇土市）	曽畑式	ハイガイ・マガキ・アサリ・オキシジミ・ハマグリ・シオフキ・サルボウ・ヤマトシジミ・アカニシ・フトヘタナリ・スガイ・ウミニナ・マテガイ・カガミガイ・ツメタガイ（ハイガイ・マガキ主体）	イノシシ・シカ	クロダイ・スズキ・エイ類	清野, 1969	
曽畑低湿地（熊本県宇土市）	轟A式，西之薗・轟B1式，轟B2式，轟B3式，曽畑式	マガキ	イノシシ・シカ・カワウソ・サル	クロダイ・エイ類	熊本県教委, 1988	
東名（佐賀県佐賀市）	塞ノ神B式，轟A式	ハイガイ・マガキ・オキシジミ・ヤマトシジミ・シオフキ（ハイガイ・マガキ主体）	イノシシ・シカ	スズキ・ボラ・クロダイ・エイ類・ハゼ・カレイ類・サメ類・コイ・フナ	佐賀市教委, 2009	
浜の町（福岡県福岡市）	塞ノ神B式	ハイガイ・マガキ・オキシジミ・ヤマトシジミ・シオフキ（ハイガイ・マガキ主体）	−		福岡市教委, 2010	クルミ・シイの堅果類共出
山鹿（福岡県遠賀郡芦屋町）	曽畑式系土器	前期貝層（A-2区下部・C-1区4層・C-1区4層）：ハマグリ・イソシジミ・カリガネエガイ・コシダカガンガラ・スガイ（ハマグリが約半数，コシダカガンガラ・スガイがこれに次ぐ）	−	マダイ・クロダイ・スズキ・フグ類	山鹿貝塚調査団, 1972	
新延（福岡県鞍手郡鞍手町）	轟B3式	第I文化層：ヤマトシジミ・フトヘタナリ・マガキ・アラムシロ・カワアイ・ハマグリ・スガイ（ヤマトシジミ主体，マガキが次ぐ）	イノシシ・シカ	クロダイ・スズキ	鞍手町埋蔵文化財調査会, 1980	

第5章　考　察

貝塚名 (所在地)	時期(土器型式)	貝種	獣骨	魚骨	文献	備考
楠橋 (福岡県 北九州市)	轟B3式	ヤマトシジミ・オキシジミ・ハイガイ・ホソウミニナ・ハマグリ・サルボウ・カワニナ・タニシ(ヤマトシジミ主体)	イノシシ・シカ	クロダイ・スズキ・マダイ・エイ類・フグ・コチ・フナ・ナマズ	北九州市教育文化事業団, 1988	
横尾 (大分県大分市)	轟B3式	87SX026(貝・獣骨層):ヤマトシジミ主体	シカ・イノシシ	―	大分市教委, 2008	

て，考古学的事象が無いことの説明としては佐原（1985）の検討がある。整理すると，①本来の不在。②本来は存在するが，物理的な諸条件等により発見できていない。③明確な痕跡を残さなかったため見つからない。以上の3つのパターンが想定される。以下の検討を進めながら，これらのどのパターンに該当するのか考えていくこととする。

1　北部九州の様相

　福岡県浜ノ町貝塚（福岡市教育委員会, 2010a）は福岡市中央区浜の町公園内において，福岡市が防災対策に係る警固断層トレンチ調査を実施した際に偶然発見された。断層の東側に堆積した陸成（淡水性）の住吉層上面の凹凸面に堆積する，礫混じり有機質砂泥層の中位に形成された厚さ10～20cmのブロック貝塚である。検出面で標高―5.8～6mである。貝層の上部には，博多湾シルト層と呼ばれる厚い礫混じりシルト質砂層（海成層）が堆積しており，貝層上面より1～1.5m上位のレベルにK-Ahの火山ガラスのピーク値が認められる。出土貝種には，マガキ，オキシジミ，ハイガイ，ウミニナ，ヤマトシジミ，ヘタナリ，シオフキ，マテガイ，スガイ，カワニナなどがあり，主体を占めるのは，マガキ（41.09％），オキシジミ（24.03％），ハイガイ（13.18％）の干潟群集であり，外海岩礁性群種のスガイ，感潮域群集のヤマトシジミ，淡水域群集のカワニナも認められる。貝層から出土した土器片は塞ノ神B式土器と報告されている。植物遺存体にはクルミ，ヤマブドウ，ドングリ類，サンショウなどがある。主体を占める貝類からみると，当時は，砂泥質の遠浅の内湾に面した環境が推定されている。

　浜の町貝塚の発見によって，玄界灘沿岸部をはじめとする北部九州においては，縄文海進の進行期に営まれた縄文時代早期の貝塚は，現在の沖積低地深く

第2節　九州縄文時代早～前期貝塚の消長と鬼界アカホヤ噴火の影響

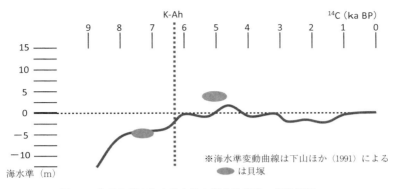

図44　北部九州の海水準変動と縄文時代早～前期貝塚

に埋没してしまっている可能性が高いということが明らかとなった（図44）。

　ところで，福岡平野をはじめとする北部九州の相対的海水準の変動に関しては，下山正一による一連の詳細な研究がある（下山，1989，1993，1994，1998，2002）。それによれば，福岡平野では，^{14}C年代（未較正）で約6,000 BP，約4,700 BP，約3,100 BPの3回の海面上昇ピークが確認されており，最高海面期は約4,700 BPの海成層上限高度が標高2.2mとされている。それよりも古いピークの約6,000 BPの高度は現海水準に達していたと推定されている。

　残念ながら，福岡平野における，縄文海進の第1のピーク時の縄文時代前期の貝塚をはじめとする遺跡の様相については，今のところ，はっきりとした情報を欠いているが，山崎（2003）は，現海岸線付近レベルにおいて縄文時代前期の包含層が調査された福岡市今山遺跡（福岡市教育委員会，2005）などの事例から，有力な遺跡は沖積低地のかなり深いところにあって，まだ発見されていない可能性が高いと指摘している。

　実際少し視野を広げると，北部九州東側の響灘沿岸，遠賀川下流域周辺においては，K-Ah降下以降の縄文時代前期に営まれた貝塚が存在している。

　遠賀川の河口部には玄界灘・響灘沿岸で最大といわれる古砂丘が張り出し，この砂丘がバリアとなったため，狭くなった湾口から流入した海水は後背地に広大な潟湖を形成したと推定されている。東方へ開口する古洞海湾と北方へ開口する古遠賀湾の両内湾では，縄文時代前期から後期にかけての貝塚が多数確

第5章 考察

認されており，豊富な魚介類を安定的に捕獲することができたと考えられている（木村，1994；澤下・松永，1994）。

古遠賀湾の最奥部において，轟B式土器期（轟B3式土器期）から曽畑式土器期に形成された福岡県楠橋貝塚（北九州市教育文化事業団，1988）をみると，主体を占める出土貝種は，感潮域群集のヤマトシジミ，続いて干潟群集のマガキである。出土魚類は，内湾の奥から半鹹半淡水域まで侵入するクロダイとスズキを主体としており，遺跡周辺には，最大海進時から海退期にむかい，潟湖が形成され，広い砂泥地が展開していたものと推定される。同じく古遠賀湾の最奥部に形成された福岡県新延貝塚（鞍手町埋蔵文化財調査会，1980）は，縄文時代前期後半の曽畑式土器期以降に貝塚の形成が本格化するが，やはり出土貝種の主体を占める貝種は，ヤマトシジミがほとんどで，マガキが次いでおり，魚類もクロダイとスズキといったように，楠橋貝塚と同じ様相をうかがうことができる。

遠賀川河口に位置する福岡県山鹿貝塚（山鹿貝塚調査団，1972）は縄文時代前期後半の曽畑式土器期以降の形成とみられる。出土貝種は，内湾砂底群集のハマグリと沿岸砂底群集のイソシジミ，内湾岩礁性群集のカリガネエガイなどの存在から，周辺に遠浅の砂質の内湾が形成されていたことがうかがえるとともに，外海岩礁性群集のコシダカガンガラとスガイなどは外洋に面した遺跡の立地によると考えられる。

より東に目を転じると，古鶴崎湾の湾奥部に位置した大分県横尾貝塚（大分市教育委員会，2008）では，K-Ah下位において，黒曜石の埋納遺構や加工木材による足場遺構などの水場の低湿地遺跡が検出され，K-Ahの上位に轟B式土器期（轟B3式土器期）のヤマトシジミ主体の貝層が形成されている。大分川中流域の花園においては，海成層中に検出された自然のマガキ層の下部で7,170 ± 160 BP（GaK-12307），上部で6,600 ± 170 BP（GaK-12308）という ^{14}C 年代が得られており（千田，1987），この時期に縄文海進に伴って，現海岸線から約6kmの花園まで海岸線が及んでいた証拠として注目されている。縄文時代早期末に，現在の大分平野に広がっていた内湾に生息していたマガキなどの豊富な食料資源を当時の人々が見逃していたはずはなく，横尾貝塚で確認されたK-Ah以前の水際における人類の活動痕跡を踏まえると，当地域でも今後，縄

第 2 節　九州縄文時代早〜前期貝塚の消長と鬼界アカホヤ噴火の影響

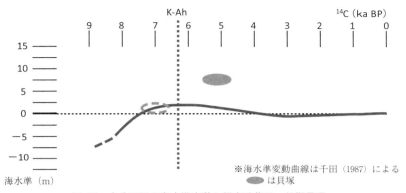

図45　大分平野の海水準変動と縄文時代早〜前期貝塚

文時代早期の貝塚が発見される可能性が高いとみてよいであろう（図45）。

　以上のように，北部九州では福岡県，大分県のすべての海浜部においてK-Ah以前の縄文時代早期の貝塚が存在する可能性がある。現時点において発見例がなくても本来の不在ではなく，パターン②（本来は存在するが，物理的な諸条件等により発見できていない）に該当する。また，K-Ah以降も貝塚が継続して形成されたと考えられ，今後は轟A式土器期〜轟B3式土器期までのすべての時期の貝塚が検出される可能性が高い。

2　西北部九州・中九州の様相

　東名遺跡群（佐賀市教育委員会，2009）は，筑紫平野北部，標高3m前後の微高地上に設けられた集石遺構・墓を主体とする集落域と標高0m以下の谷部に形成された貯蔵穴を伴う6か所の湿地性貝塚から構成される。さらに，東名遺跡群の西側に隣接する久富二本杉遺跡にもほぼ同時代の貝塚の存在が推定されている。いずれの貝塚も貝層の保存状態が良好で，ハイガイ・ヤマトシジミ・アゲマキ・カキ（スミノエガキ・マガキ）を主体とし，最上層にカキが集中する傾向にある。貝層の厚みは第2貝塚の最も残存状況が良い部分で約1.4mを測る。また，貝層周辺の低地部において158基（第1貝塚で8基，第2貝塚で150基）の貯蔵穴が確認されており，その多くで木製の編みかごが検出されており，堅果類がかごに入れられた状態で水漬けされていたと推定されている。

第5章 考察

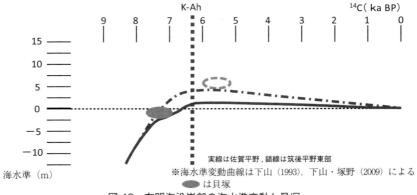

図 46　有明海沿岸部の海水準変動と貝塚

　下山（2008），下山・塚野（2009）によれば，東名遺跡一帯で貝塚が形成されていた時期は縄文海進に伴う浮泥の堆積上限高度の上昇が比較的緩やかであったのが，その後の ^{14}C 年代約 6,800 年前に貝塚が埋まりはじめ，約 6,500 年前から 6,000 年前にかけて，平均海水準の急上昇とともに浮泥の堆積上限も一気に上昇したために貝塚はもちろん集落域も浮泥に埋積されたと推定されている。筑後平野の海成層の上限は，約 6,000 BP の海進極盛期に現海水面上 4.8m で，佐賀平野における 6,000 BP の海成層上限は現海水面下 1.9m である。佐賀平野と筑後平野との差は 6.7m であり，佐賀平野が沈降を続けているため，完新世の最高海面期は全国的に海進極盛期であった 5,000～6,000 BP ではなく，見かけ上現在に現れている（図 46）。
　有明海沿岸部においては，縄文時代早期末から前期にかけて形成された熊本県轟貝塚がある。轟貝塚（浜田・榊原, 1920）は，京都大学による考古学史上の初期の調査ではあるが，轟 B 式土器期（轟 B2 式土器期）の貝層が確認されており，それによれば，出土貝種は干潟群集のマガキが主体で，内湾砂底群集のハマグリがこれに次ぐようである。また，同県曽畑貝塚は前期後半以降とされるが，同遺跡の低湿地において，縄文時代早期末から前期にかけての土器・石器，シカ・イノシシだけでなく魚類も含めた動物遺存体が検出されており（熊本県教育委員会, 1988），早期末から前期にかけての継続的かつ定着的な活動痕跡が残されている。

第2節　九州縄文時代早〜前期貝塚の消長と鬼界アカホヤ噴火の影響

　より南方の八代海沿岸部に位置する鹿児島県荘貝塚（出水市教育委員会，1979）では，縄文時代前期の轟B式土器期（轟B2式土器期）以降の貝塚形成が確認されている。出土貝種は，内湾砂底群集のハマグリ，シオフキ，カガミガイを主体とし，その他，オキシジミ，カガミガイ，ハイガイ，マガキなども確認されている。

　長岡・中尾（2009）によれば，縄文時代早期末以降に貝塚が形成される有明海沿岸部において，早期末はIV群（感潮域群集が卓越）からIII群（干潟群集が卓越）への変遷が認められ，前期にはマガキ・ハイガイを主体とするIII群（干潟群集が卓越）が形成され，その後に爆発的に増加する中期後半から後期前葉においてもその様相が継続するとされ，同一地点で複数の時期にまたがって比較的長期間営まれる貝塚が多い点も大きな特徴とされる。

　長崎県および佐賀県の島嶼部を含む西北九州に関しては，ハイドロアイソスタシーと水中遺跡との関係が詳細に論じられている（中田ほか，1994；長岡・中尾，2009）。長崎県大板部洞穴の縄文時代早期末の貝塚が現海面から－10mに検出され，縄文時代前期以降の海岸部の低地に形成された遺跡は水中に没している（図47）。

　以上のように，西北部九州・中九州では長崎県，佐賀県，熊本県のすべて

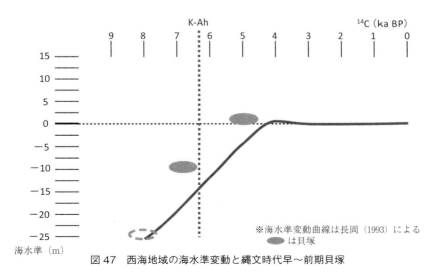

図47　西海地域の海水準変動と縄文時代早〜前期貝塚

第5章　考察

の海浜部において K-Ah 以前の縄文時代早期の貝塚が存在する可能性がある。現時点において発見例がなくても本来の不在ではなく，パターン②（本来は存在するが，物理的な諸条件等により発見できていない）に該当する。また，K-Ah 以降も貝塚が継続して形成されたと考えられ，今後は轟 A 式土器期～轟 B3 式土器期までのすべての時期の貝塚が検出される可能性が高い。

3　南九州の様相

(1) 鹿児島湾北岸部

　鹿児島湾北岸部の宮坂貝塚（隼人町教育委員会，2000）は，鹿児島神宮の所在する標高約 30 m の台地西端に位置する。台地斜面の工事中に偶然発見され，隼人町教育委員会によって緊急調査が実施されている。貝層は標高 26～27 m のレベルに形成されており，第3層とされる K-Ah の二次堆積層の下位に5つの貝ブロックが確認されている。1・2号ブロックと3～5号ブロックには若干の時期差が推定されている。貝層の形成層準から出土した土器片の大半は，轟 A 式土器であり，少量の苦浜式土器も確認されているので，縄文時代早期末のある程度の時間幅の中で形成されたと考えられる。貝はハマグリを主体とし，カキ，ハイガイ，ヒメアカガイ，アカニシが伴う。^{14}C 年代は，貝（ハマグリ）から 7,030 ± 25 BP と獣骨（シカ）から 6,810 ± 140 BP，6,610 ± 150 BP という数値が得られている（奥野ほか，2000）。

　宮坂貝塚から得られた貝はすべて，内湾・砂浜の潮間帯に棲息する貝種である。砂底に棲息するハマグリ，カガミガイ，アサリ，アカニシと泥底に棲息するヒメアカガイ，ハイガイ，マガキ，オキシジミガイに分けられる。ハマグリは貝の大きさから，大潮の時のみ干潟として砂地が顔を出すような干潮線付近の沖合の砂底で採取したとみられ，泥底の貝種はすべて満潮線付近に棲息しており，手近な泥底の満潮線付近で採取したと考えられている（日暮，2000）。

　鹿児島神宮社殿東側の神宮境内貝塚は縄文時代前期のものと言われているが，出土遺物をはじめその実態は明らかではない（重久淳一氏教示）。

　現時点において，鹿児島湾北岸部では，宮坂貝塚のような縄文時代早期末，轟 A 式土器期に営まれた貝塚の形成が次の土器型式の段階に引き継がれる証拠は得られていない（図48）。

第2節　九州縄文時代早～前期貝塚の消長と鬼界アカホヤ噴火の影響

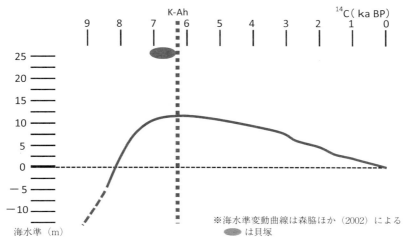

図48　鹿児島湾北岸部の海水準変動と縄文時代早期貝塚

　鹿児島湾北岸部では，鬼界アカホヤ噴火以降に最大で10m以上の隆起が生じ，この隆起は姶良カルデラの中心方向に高くなる傾動隆起で火山活動に関係する地盤変動と推定されている（森脇ら，2002）。このような地盤の隆起傾向のある当該地において，縄文時代前期の貝塚が形成されるとすれば，宮坂貝塚のある台地と同レベルかそれよりも上位に想定されるはずであるので，この場合，パターン①（本来の不在）に該当する。

　宮坂貝塚眼下の標高約15m前後の完新世段丘面は，隼人面と呼ばれ，完新世の相対的高海水準期に形成され，隆起したものと推定されている（森脇，2012）。この地形面は完新世段丘の最上位にあり，^{14}C年代6,500年前以降に離水を開始し，少なくとも約3,500年前には完全に離水し，約3,000年間の長期にわたって形成されたと推定されている。この地形面の海岸側は，宮坂貝塚が形成された縄文海進期において，貝類などの底生生物（ベントス）の生息に好都合な浅海域となっていたと推察される。

　森脇ら（2002）による鹿児島湾北西岸平野の調査分析によれば，別府川流域においては縄文海進によって当時の内陸深くまで海水域が及び，細長い内湾を形成していたが，その内湾奥部の住吉池マールと米丸マールで連続して火山噴火が起きており，住吉池マールの噴火よりも規模の大きい米丸マールの噴火で

第5章 考察

は，当時の別府川流域に形成されていた浅い内湾に大量のベースサージを噴出して埋積した。そのあとに起きた鬼界アカホヤ噴火に伴うK-Ahの降下によって，さらに内湾の埋積が進んだと推定されている。隼人面の海岸側では，隼人面を構成する海成層中にK-Ahが挟在し，隼人面の内陸側，台地崖下付近では，隼人面を構成する三角州堆積物の最上面（標高8～13m）を覆う。火山噴出物による内湾の埋積が縄文海進最盛期の海岸環境の変化に大きく影響したと推定されている。

鹿児島湾北岸部において，縄文時代早期末の鬼界アカホヤ噴火以前の貝塚がその後に引き継がれなかった要因としては，鬼界アカホヤ噴火に伴うテフラの埋積によって貝の生育に好都合で，食用となる貝の種類も豊富で採取しやすい比較的干満の大きい遠浅の海岸が埋積され，アクセスが容易で生物資源が豊かな環境が急速に失われていったことが考えられる。

(2) 薩摩半島西岸部

上記のような鹿児島湾北岸部の様相に対し，薩摩半島西岸部では，現在までに鬼界アカホヤ噴火以前，縄文時代早期にさかのぼる貝塚は確認されていない。

これは先に述べたように，縄文海進による相対的海水準の上昇により，現海面よりも下位の海抜0m以下，あるいは沖積平野の下に埋没していて発見されていない可能性がある。この場合はパターン②（本来は存在するが，物理的な諸条件等により発見できていない）に該当する。

一方で，薩摩半島西岸部では，鹿児島湾北岸部で確認されていない縄文時代前期の貝塚が確認されており，鹿児島湾北岸部とまったく異なる考古学的事象が看取されている。

一つのデータとして，薩摩半島西岸部の八房川谷底低地において実施された試錐調査の成果（森脇ら，2002）をみてみよう。ちなみに調査地点南側に隣接する低台地上には縄文時代後期の市来貝塚がある。

この試錐は，地表下約10mの深さまで掘削され，基盤岩まで達しているものである。沖積層は層相から大きく上下2層に分けられ，下部層は厚さ約4mの軽石の小礫を含む中・粗粒砂で，基底に小礫大の軽石礫を多く含む。海成層と推定され，珪藻分析によって推定される上限高度は，海抜1.4mである。上部層は安山岩などの中・小礫からなる河床堆積物で海退期の産物であるとされ

る。下部層中の海抜0m付近に介在する木片の^{14}C年代値は，6,300 ± 50 BP（7,272〜7,178 cal BP）である。海成層上限の年代は，海成層上部に堆積した河床堆積物から得られた木片の^{14}C年代測定値（2,000 cal BP）より古く見積もられ，3,000 cal BP頃と推定されている。この地域は旧海面が著しく高かった痕跡はなく，その高度は縄文海進最盛期においても現海面と同じ程度で地殻変動は小さかったとされる。

八房川谷底低地下部層中の海抜0m付近で得られた^{14}C年代値を参考にすると，このレベルが縄文海進最盛期にあたると推定され，K-Ah降下年代の層準にあたるが，ここではK-Ahの一次堆積は確認されておらず，二次堆積物も認められない。また，縄文海進最盛期に形成された海岸線は，少なくとも縄文時代後期頃までは維持され続けていた可能性も指摘できる（図49）。

同じ薩摩半島西岸部の南側，万之瀬川低地における調査分析により，縄文海進最盛期に内湾が形成されていた旧潟湖の北半部（万之瀬川支流の堀川流域）では厚さ約2mの泥炭層の下位に海成層が確認され，泥炭層下底付近に開聞岳火山起源の灰コラ（Km4）が挟在するのが認められている。同テフラは縄文時代晩期以降の降下時期が推定され，同該期以降は潟湖の埋積が進んでいたこと推定されている（森脇・永迫，2002）。旧潟湖が内湾であった時期の湾口部南側の台地上には，縄文時代前期の地点（ブロック）貝塚である上焼田遺跡（鹿児島県教育委員会，1977a）と阿多貝塚（金峰町教育委員会，1978），そして縄文時代

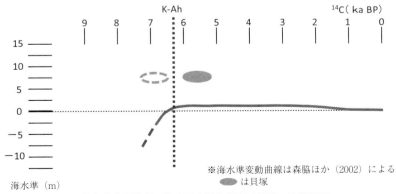

図49　薩摩半島西岸部の海水準変動と縄文時代早〜前期貝塚

中期の堀川貝塚が所在し，西方の海岸側の湾口部砂丘上には縄文時代晩期末から弥生時代前期の高橋貝塚が所在する（河口，1988）。

上焼田遺跡のK-Ah直上に形成された貝層からは，刻目隆帯文土器（BⅣ類：西之薗式土器）が出土しており，貝種はハマグリが圧倒的に多く個体数で79パーセントを占め，マガキ（8.7％）とオキシジミ（5.1％）もわずかながら確認されている。前者が内湾砂底域群集，後二者が湾奥部の干潟群集である。時期的には上焼田遺跡よりも新しく位置付けられる阿多貝塚の貝層から得られた貝種はハマグリ（43％）とマガキ（37％）を主体とし，アカニシ，イボニシ，ヤマトシジミ，フトヘタナリも含まれる。湾口部の岩礁性のイボニシを除けば，いずれも内湾の湾中央部，湾奥部，河口に棲息するものであり，主体となるハマグリが内湾砂底群集であり，マガキが干潟群集である。鬼界アカホヤ噴火後の縄文時代早期末から前期にかけて，両遺跡の眼前には内湾が形成され，時期が新しくなるにつれて干潟も広く存在したと推定される。

万之瀬川低地に面した低台地上に立地する上焼田遺跡におけるK-Ahの層厚は20～30cmであり，東側に隣接する阿多貝塚では層厚20～40cmである。現時点においては，沖積低地の海成層中に想定されるK-Ahの存在は確認されていない。また，万之瀬川低地の北半部においては，縄文海進最盛期に形成された海岸線が縄文時代晩期以前まで維持され続けていたと推定される。

このように，薩摩半島西岸部では，K-Ahの降下による浅海域の埋積が鹿児島湾北岸部，薩摩半島東岸部，大隅半島ほど著しいものではなかったことに加え，地殻変動による地盤の隆起も伴わなかったため，縄文海進最盛期の海岸線，および生活域に対する海水準のレベルが維持され続けたと推定される。すなわち，一時的なテフラの降下による浅海域の生態系への影響は想定されるものの，貝の生育に好都合で，食用となる貝の種類も豊富で採取しやすい比較的干満の大きい遠浅の海岸は基本的に持続し，集落が形成された台地端部からのアクセスが容易で生物資源が豊かな干潟の環境が失われなかったことが考えられる。上焼田遺跡や阿多貝塚は，そのような環境の中で営まれたと思われる（図50）。

(3) 大隅諸島

大隅諸島の種子島において，学史的に著名な苦浜貝塚（盛園，1953）は，発見

第2節　九州縄文時代早〜前期貝塚の消長と鬼界アカホヤ噴火の影響

図50　薩摩半島西岸部、万之瀬川周辺における縄文海進時の海岸と遺跡分布

当初は出土土器の様相から，縄文時代前期の轟式土器系の時期に形成された貝塚であると報告されていたが，現在では，この遺跡を標式とする苦浜式土器が南種子町の横峯遺跡において，K-Ahの下位から出土したことにより，塞ノ神B式土器系の縄文時代早期末のものとされている（堂込，1994）。種子島西岸の苦浜川下流の河床中に立地しており，報告されている貝類は，サルボウ，イガイ，カキ，ハマグリ，カガミガイ，シジミ，シオヤガイ，巻貝類もあるとされ，他に，魚類の骨，ウニやサメの歯，イノシシ・シカの獣骨も見つかっていると

179

第5章　考察

いう。当時，一帯は縄文海進によって入江が形成されていたと考えられる。

　種子島の西之表付近の試錐によれば，河口付近の堆積物にはこのテフラが陸上よりはるかに厚く堆積しており，かつその上位の厚い堆積物中にも二次堆積物として介在する。また，各地に分布する砂丘堆積物にも挟在し，そうした砂丘砂はかつて砂浜でなかったところにもよく発達する。これはこのテフラの堆積によって陸上の植生が大部分失われ，砂の供給が著しく増し，海岸付近の地形が大きく変わったことを示すとされている（町田，2001）。

　実際に，苦浜貝塚の南方約6kmの海岸部の島間川下流域における鹿児島県建設技術センターによる試錐（深さ約21.25mで基盤の砂岩に達する）をみると，海浜礫層の上位にK-Ahとみられる厚さ約1mの軽石混じりのシルト層が堆積し，さらにその上位には厚さ約5mのK-Ahの二次堆積物とみられる軽石混じりの砂層が堆積している。このような合計約6mに達する堆積物が，当時の浅海域の生態系に与えた影響は看過できないと思われる。種子島では鬼界アカホヤ噴火後，曽畑式土器期に位置付けられる西之表市小浜貝塚（西之表市教育委員会，2014）の時期まで貝塚の形成が認められないのは，当時の浅海域の埋積とそれに伴う海岸付近の大きな地形変化が原因となっている可能性が高い。

(4) 宮崎平野

　次に，南九州東岸部の宮崎平野をみてみる（図51）。

　宮崎平野の縄文時代早期に位置付けられる貝塚としては，宮崎県宮崎市に所在する跡江貝塚（鈴木，1965；柳田，1989）・柏田貝塚（田中，1989b）・城ヶ峰貝塚（三浦，1902；日高，1989）の3か所が知られている。柏田貝塚は1918年（大正7）に浜田耕作らによって調査されたようであるが，詳細な記録が残されていない。城ヶ峰貝塚は1907年（明治40）に三浦　敏が記録を残しており，塞ノ神A式土器の破片の図と貝層の観察状況が記されている。貝層は凝灰岩上面のくぼみに廃棄された純貝層であり，70％がシジミ類でアゲマキが20％，その他，マガキ，ミゾ貝，カワニナなどが含まていたとされる。

　跡江貝塚は，宮崎平野を大きく蛇行しながら流れる大淀川の右岸，標高25～44mの跡江丘陵の先端部，東南方向へ傾斜する斜面の標高約20mに位置する。沖積低地（標高約7m）との比高差は約13mである。縄文時代早期の集落は，石ノ迫と呼ばれる丘陵上面（標高約25m）の馬の背状の平坦面上にその存

第2節　九州縄文時代早～前期貝塚の消長と鬼界アカホヤ噴火の影響

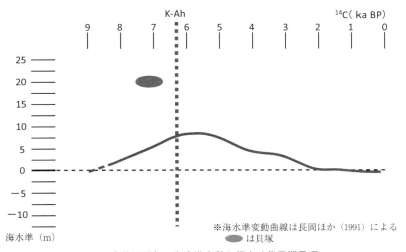

図51　宮崎平野部の海水準変動と縄文時代早期貝塚

在が推定される。1964年（昭和39）の宮崎高等学校による調査，1965年（昭和40）から1970年（昭和45）にかけての宮崎大学による調査の合計5次にわたる発掘調査が行われており，他の貝塚と比較すると，ある程度の調査資料が公表され，出土資料も保存されている。

　断片的な調査報告書によれば，貝層が上下2層確認されており，上層はハイガイを中心とする厚さ約20cm，下層はシジミを中心とする厚さ約50cm，下部貝層の下から一辺5～6mの隅丸方形を呈する竪穴遺構が検出され，上部貝層の中から遺存状態が悪い人骨を伴う土壙墓が検出されている。出土した土器型式は縄文時代早期前葉の貝殻文円筒形土器群，早期中葉の桑ノ丸式土器や押型文土器（手向山式土器を含む），早期後葉の平栫式土器や塞ノ神式土器，そして轟A式土器とみられる条痕文土器など早期全般の幅広い時期にわたる（岩永，1986）。

　調査図面等の詳細な層位関係をとらえることのできる調査データは示されていないが，下部貝層から平底を呈する楕円形押型文土器が出土することは確実なようであり，貝層の形成は縄文時代早期中葉以降であったことがうかがえる。また，上部貝層の前後から貝殻文をもつ塞ノ神式土器が出土したという記

181

第5章 考察

載から，上部貝層は塞ノ神B式土器期に形成された可能性が指摘できる。宮崎大学に所蔵されている出土貝類を調べた結果，貝種にはシジミ類とハイガイに混在してマガキも少なからず含まれている。下部貝層の主体となるシジミ類に関しては，ヤマトシジミとマシジミは近似しているので断定はできないものの，貝塚形成当時の当該地における海域環境変遷と共出したマガキとの組み合わせを考慮すると，縄文海進初期に出現するヤマトシジミの可能性が高いと考える（日本貝類学会の西 邦雄氏教示）。

この事例は，宮崎県の発掘調査史初期の発掘調査であること，出土資料の詳細と調査時のデータすべてが公表されているわけではないこと，貝塚出土の貝殻が必ずしも遺跡近傍だけから持ち込まれたものではないことなど，諸条件を考慮しなければならない。しかしながら，貝塚出土貝類の構成が遺跡周辺の水域環境をある程度反映しているという仮定に基づいてあえて単純化して考えると，下部貝層が形成される段階で跡江丘陵周辺に縄文海進により海水域が及び，内湾ができはじめていたことを示している。また，上部貝層が形成される段階で内湾奥部に砂泥性の干潟が形成されていたことを示していると考える。

^{14}C年代は，下部貝層の貝（ヤマトシジミ）から，9,100 ± 170 BP（GaK-4414）と7,320 ± 130 BP（GaK-4848）の2例，上部貝層の貝（ハイガイ）から7,840 ± 140 BP（GaK-5533）と6,990 ± 125 BP（GaK-4415）の2例，貝（マガキ）から6,360 ± 120 BP（GaK-5534）という数値が得られている（坂田，1979）。いずれも海洋リザーバー効果を考慮する必要があるが，上部貝層の年代は縄文時代早期後葉を中心としてK-Ah直前までを含んでいると考えられる。

宮崎平野の地形発達史に関する長岡ら（1991）による調査分析成果によれば，宮崎平野南部の沖積面のうち内陸側の部分は隆起して完新世海成段丘を形成している。この海成段丘は，海岸線に平行する複数の砂州・砂丘などの砂堤列とその間の堤間低地からなり，明瞭な海食崖により下田島Ⅰ面，下田島Ⅱ面，下田島Ⅲ面，下田島Ⅳ面という4つの段丘に区分される。

下田島Ⅰ面は，完新世海進の最高海面に対応した地形面で，堆積物の上部にK-Ahを含んでいる。この段丘は約6,000年前までに離水したとされる。K-Ah層下位の砂層から，干潟群集・内湾泥底群集・内湾砂底群集・藻場群集などの砂泥底の内湾に棲む貝化石が産する。他方，K-Ah層下位の砂層最上部

とK-Ah層上位の砂層からは外洋の影響の強い沿岸砂底群集などがみられる。こうした貝類群集の変化は，急激な海面上昇・海域拡大による内湾・溺れ谷の発達から，その後の海水準の最高期における緩慢な上昇，海水準停滞期におけるK-Ahや砂の供給による内湾や浅海域の埋積といった環境変化を反映している。

宮崎平野南部の海成層は，少なくとも^{14}C年代約9,000 BPから堆積しはじめた。^{14}C年代7,500〜6,700 BPには海水準の上昇により海域の拡大と水深の増加が起こり，砂底や泥底の内湾が宮崎平野沿岸各所の台地を開析する谷などの奥まった部分に形成され，内湾生態系が発達したと推定される。石崎川上流域には砂底の干潟が広く発達し，海側・湾口に砂州があり，古石崎湾の湾内には直接外洋の影響はなかったと推定され，このころの海水準は4〜5m位と推定される。

この時期の内湾に面した台地・丘陵端部に跡江貝塚（押型文〜塞ノ神式土器・轟A式土器期），城ヶ峰貝塚（塞ノ神A式土器期），柏田貝塚（塞ノ神B式土器期）が形成される（図52）。

^{14}C年代7,000 BP以降には，さらに海水準が上昇し水深が増加する。古石崎湾では，K-Ah降下直前から沿岸流の影響を受けるようになり，海側のバリアの発達が海面上昇に追いつけず，外洋に直接開く。台地・丘陵裾部の緩斜面は水没したと推測される。少なくとも跡江貝塚においては，干潟群集主体の貝層を最後として，海水準がさらに上昇することによって生じた水域環境の変化に対応した内湾系あるいは湾口〜外海岩礁底群集が卓越するような貝層の形成は認められないことから，同貝塚が所在する跡江丘陵一帯においては貝塚の形成も終息したと思われる。

また，ちょうどこの時期に起こった鬼界アカホヤ噴火に伴うK-Ahの降下があり，宮崎平野の石崎川や鬼付女川流域で検出される水成のK-Ah二次堆積物層（層厚2m以下）にはアラカシの葉・幹・種子などの多量の植物遺体が含まれ，降灰により枯死した陸上の植物が火山灰とともに海に流れ込んだとされている。

K-Ah層の上位に厚さ3〜4mの海成層が堆積していることから，K-Ah堆積後も海面はさらに上昇したと推測される。^{14}C年代5,000 BPころの海水準は

第 5 章　考　察

図 52　宮崎平野における縄文時代早期後葉の遺跡分布

海抜約8mと推定され，海水準上昇によって水深が増加する一方で，K-Ahの降灰や沿岸流などにより浅海の埋積が進み，沿岸に砂浜や砂州の海底が広がったと考えられる。

　跡江貝塚眼下の跡江地区の標高7m前後の沖積低地（現水田地帯）に所在する井尻遺跡（宮崎県埋蔵文化財センター，2001b），深田遺跡（宮崎市教育委員会，2001），跡江地区遺跡（宮崎市教育委員会，2011b），沖ノ田遺跡（宮崎県埋蔵文化財センター，2001b），雀田遺跡（宮崎県埋蔵文化財センター，2001b）では，古代の水田層の下位に堆積する泥炭層の下から層厚0.2〜1mのK-Ahの水成堆積物とみられる灰黄色系砂質シルト層が検出されている（図53の★印地点）。このうち，深田遺跡と跡江地区遺跡の試料は火山ガラスの屈折率分析により，K-Ahと同定されている。各遺跡のK-Ah水成層の層厚は0.2〜1mであり，堆積上限高度は海抜5〜6mを測る。この他，上記の遺跡群の西側に所在する生目の杜運動公園（旧宮崎市西部総合運動場）地内のボーリング調査（藤本・沢山，1994）で確認された層厚約1.2mの淡灰色シルト質砂層はK-Ahの水成堆積物とみられ（宍戸　章氏教示），その下約4.5mの海成シルト層中から，縄文時代早期の編みかごの断片とみられる網代が検出されている。

　跡江貝塚周辺一帯の縄文海進期の海底に堆積したK-Ahは，石崎川流域や鬼付女川流域の海成層中で検出されたK-Ahの二次堆積物と同じように，鬼界アカホヤ噴火直後に形成されたと考えられる。埋積が一気に進んだこの浅海域は，その後急速に湿地・沼沢地化したものと推察される。

　K-Ah以降の周辺の台地・丘陵には，西之薗・轟B1式土器期〜轟B3式土器期までの集落が形成される。宮崎市清武町の船引台地上の滑川第1遺跡（清武町教育委員会，2006c），滑川第2遺跡（清武町教育委員会，2007a），滑川第3遺跡（清武町教育委員会，2007b），白ヶ野第1・4遺跡（清武町教育委員会，2004）をはじめ，永ノ原遺跡（宮崎県埋蔵文化財センター，2001a），権現原第1遺跡（宮崎県埋蔵文化財センター，2001c），若宮田遺跡（清武町教育委員会，1980）などがあげられる。これらの遺跡は，いずれもやや内陸部の標高40m以上の台地・丘陵で確認されており（図53），海進期の内湾に面した臨界部の丘陵・段丘端部に集落域が営まれることはなく，貝塚を伴うこともない。これに対し，K-Ah直前の轟A式土器を出土する遺跡は内陸の台地・丘陵上だけでなく，

第5章 考察

図53　宮崎平野における縄文時代前期前半の遺跡分布

海進期の内湾に面した標高10～20mの低位段丘上でも確認されており（図50），先に述べた跡江貝塚などの遺跡立地傾向とも整合している。

＊

　以上のように，南九州では鹿児島県，宮崎県のすべての海浜部においてK-Ah以前の縄文時代早期の貝塚が存在する可能性がある。現時点において発見例がなくても本来の不在ではないと思われ，パターン②（本来は存在するが，物理的な諸条件等により発見できていない）に該当する。一方，K-Ah以降も貝塚が継続して形成される地域は薩摩半島西岸部に限定されており，鹿児島湾沿岸部，宮崎平野などの南九州東岸部，そして大隅諸島においては，K-Ah後に貝塚の形成が途絶える。これは，パターン①（本来の不在）を示す可能性が高く，K-Ah降下による影響が看取される。

4　小　結

　九州各地の縄文時代早期～前期における相対的海水準の変動をみていくと，おおまかな流れとして押型文土器期～塞ノ神式土器期は海進が一時停滞・安定し，その後，轟A式土器期に急上昇し，西之薗・轟B1式土器期に海水準高位安定へという変遷がたどれる。

　南九州の大隅諸島，鹿児島湾岸部，宮崎平野部では，西之薗・轟B1式土器期以降に貝塚の形成が断絶する。火砕流到達範囲においては，地上の生態系の甚大な被害が想定されるが，この火砕流のサージ的な性質を考慮すると，火砕流到達北限の周縁部においては，生態系の壊滅には至らなかったと推定される。むしろ降下テフラの厚い堆積を重視すべきであり，南九州においては，薩摩半島西岸部よりも大隅諸島，鹿児島湾沿岸部，大隅半島，宮崎平野部ではK-Ahが厚く堆積しており，K-Ahの二次堆積の影響も顕著である。これによって海進により形成された内湾に面した台地・段丘端部の集落適地からほど近い，アクセスが容易で貝類の大量採取ができたはずの浅海域の埋積が進んだため，貝塚が形成されなくなったと考えられる（表12）。

　火山災害による水域の生態系への影響については，火砕流，溶岩流，火山灰の流入によって水温の突然の上昇，水素イオンの濃度指数の急激な変化，水域環境の汚濁が引き起こされて，海や湖に棲む魚類等にダメージを与えるという

第5章　考　察

表12　南九州における縄文時代早期末～前期の貝塚の消長

時　期	地域区分	大隅諸島		南九州本土	
		屋久島	種子島	薩摩半島西岸部	鹿児島湾北岸部・宮崎平野部
新　↑　↓　古	曽畑式	−	○	○	−
	轟B式2段階～3段階	−	−	○	−
	西之薗式・轟B式1段階	−	−	○	−
	鬼界アカホヤテフラ種類	火砕流（K−Ky）・降下火山灰			降下火山灰
	エリア名	Aエリア			Bエリア
	轟A式	−	−	−	○
	塞ノ神B式（東名段階）	−	○	−	○

○は貝塚の調査・確認例あり，−は貝塚の調査・確認例なし

世界各地の火山災害事例が集成されている（Russell,1984）。

　1990～1995年の雲仙普賢岳の平成噴火に伴う火山災害が長崎県島原半島東岸周辺の海域の生態系に与えた後遺症的な影響のモニタリング調査と実験データもある（高山ほか,1994；東ほか,1994；乃一ほか,1994）。これらの成果によれば，噴火時の火山灰や火山岩の堆積だけではなく，噴火後の梅雨時期などの多量の降雨による土石流および泥流が有明海に流入・堆積して，水無川河口周辺海域をはじめとする島原沖漁場では二枚貝類やエビ類の底生生物（ベントス）の生息密度が噴火後数年の間，著しく落ちたことが指摘されている。このことは，噴火直後の火山灰の降下とその後の土石流による火山灰の再堆積により，河口付近の海域においては，底生生物（ベントス）の生息阻害が生じたことを物語っている。

　雲仙普賢岳平成噴火の噴火規模（火山爆発度指数：VEI3）が鬼界アカホヤ噴火（火山爆発度指数：VEI7）の10,000分の1であることを考慮すると，K-Ahが厚く堆積し，その二次堆積も顕著である南九州の大隅諸島，鹿児島湾沿岸部，大隅半島，宮崎平野部では，アクセスが容易で生物資源が豊かであったはずの浅海域の生態系への影響は甚大かつ長期にわたるものであったと推察される。

　このことは，前節で検討した鬼界アカホヤ噴火の火山災害エリアのAエリアと同じように，Bエリア内でも災害の地域性が生じていることを示すものである。

　北部九州と中九州においては，K-Ahを挟んで貝塚の形成は継続したと推定される。中でも轟式土器横尾段階以降のものが中心となる北部九州の貝塚群

は，縄文海進が進行し高海水準安定期に形成されたものである。内湾では潮の干満がゆるやかとなり，貝類の繁殖を助長する砂泥質の浅い海域が干潟となり，貝類の大量採取が可能となったことが貝塚の形成を促したと考えられる。

第3節　鬼界アカホヤ噴火時の社会的環境の検討

1　鬼界アカホヤ噴火時の森林植生の検討

K-Ah は完新世堆積物の広域かつ重要な指標層となっており，完新世の環境変動史上において有効な時間指標とされていることはすでに述べた。

花粉分析の成果によれば，房総以南の太平洋岸地域においては縄文時代早期後葉の段階において照葉樹林が出現し，西日本各地で縄文時代早期末にはコナラ林を中心とする落葉広葉樹林からカシ林を中心とする照葉樹林へと移行していたと推定されている（前田，1980；松下，1992）。また，南九州では，縄文時代早期中葉にシイーカシ林が成立してことが明らかにされており，植物珪酸体分析によっても，縄文時代草創期にクスノキ科の分布拡大が確認されており，縄文時代早期中葉には沿岸部でシイ属を中心とした照葉樹林の発達がうかがわれ，縄文時代早期末には内陸部にも照葉樹林が拡大していたことが指摘されている（杉山，1999）。

鬼界アカホヤ噴火が起きた時期は，西日本各地の森林植生が落葉広葉樹林から照葉樹林へと交代しつつあり，九州南部ではほぼ完全に照葉樹林に入れ替わっていたと推定される。

照葉樹林とは常緑の広葉樹が優占する森林であり，優占する樹種によりシイ林，カシ林，タブ林，などと呼ばれることもある。温暖で夏に雨が多く，冬に乾燥する気候条件下で成立する。主な樹種は，シイ類，カシ類，タブノキやクスノキなどのクスノキ科，サカキやヤブツバキなどのツバキ科などである（田川，1999）。照葉樹林は階層構造が発達し，着生植物やつる植物も比較的多い。また，林床にも常緑の種が多いため林内は暗く，湿度も高いという環境条件を形成している。

安田（1980）は，本格的な照葉樹林が西日本に形成されたのは，6,500年前（^{14}C 年代）に入ってからであるとし，縄文時代早期末の段階で西日本一帯が広

第5章　考　察

く照葉樹林に覆われていたと推定している。また安田は，照葉樹林文化をはぐくみ得る生態的なバックグラウンドが形成されたのは縄文時代前期であり，照葉樹林文化地域として成熟し得たのは縄文時代後期に入ってからであると考えている。

　安田はさらに，人類が採集して食用にできる木の実の種類という視点でみたときに，落葉広葉樹の森では，ミズナラ・コナラ・カシワ・クヌギなどのドングリのたぐいブナ・トチノキ・クルミ・ハシバミ・クリなどがあり，照葉樹林では，アカガシ・アラカシ・イチイガシ・などのカシ類とツブラジイ・スダジイ・マテバシイなどのシイの実があるとした上で，照葉樹林の主要な構成種であるタブノキやクスノキの実は食べられず，食用にできる植物は落葉広葉樹林に多いと指摘する。また，食用木の実の生産量についてみると，照葉樹林よりも落葉広葉樹林の方が圧倒的に多いとし，特にクリ・コナラの林では生産量が高いとする。そのような観点から照葉樹林の出現は，縄文人にとっては，必ずしも良い環境をもたらしたとはいえないと結論付けている。

　縄文時代の気候変化と人口動態を検討した小山（1996）は，気候の温暖化に伴って落葉広葉樹林から照葉樹林に置き換わった西日本では遺跡数が減少したと推定している。照葉樹林の堅果類の生産力は必ずしも低くはないが，木の実の粒が小さく，極相林になるとアクセスが難しくなり，利用不可能に近くなるため，人口許容量が低下し，当該期の西日本の人口密度は低かったと推定している。そして，もともと落葉広葉樹林の環境に適応した縄文人は照葉樹林の森を効果的に利用できなかったと評価している。

　これらの指摘に対し，西田（1982）は，西日本を暖帯，東日本を温帯に区分し，暖帯には，常緑カシ類，タブ，ツバキなどからなる照葉樹林が，温帯にはブナ，ミズナラが優占する落葉広葉樹林が発達しているとした上で，森林の生産量としては，前者が1haあたり10〜30t，後者が1haあたり5〜10tという数値を提示している。また，ナッツの種類数は暖帯がより多く，照葉樹林と落葉広葉樹林という自然科学的な植生の区分がナッツ採集活動という場面ではそれほど大きな意味をもたないとしている。多種類のナッツが利用できる暖帯ではより安定した収穫が期待できるし，あく抜きの必要のないナッツが多く，調理にかかる手間が少なくて済むという点で，暖帯の方が温帯より有利としてお

り，狩猟採集経済にとって，バックグラウンドとなる森林植生が照葉樹林主体か落葉広葉樹林主体かという違いはさほど重要ではないと説く。

しかしながら，西田の森林植生についての見解，とりわけ照葉樹林の評価は，福井県鳥浜貝塚を中心としたデータに基づくものであり，同遺跡が完全な照葉樹林地帯の中に入るものではないことを差し引いて考える必要がある。

この点に関して，九州の縄文時代早期後葉の二つの遺跡を検討した金原（2009）は，大分県横尾貝塚が，縄文時代早期後葉にカシ林を中心とする照葉樹林地帯で海進期の内湾湾奥のムクノキなどの落葉広葉樹林の分布する谷口部周辺に形成されたとし，森林資源としてはイチイガシを主とする優良で豊富な照葉樹林が分布するなか，落葉広葉樹も分布する谷周辺で遺跡が形成され，多様な植生が分布する地点で居住する特徴をもつと指摘した。また，佐賀県東名遺跡では，最下部でコナラ亜属が優占し，クヌギやナラガシワの果実が多く，落葉広葉樹林と照葉樹林の交代期にクヌギやナラガシワのコナラ亜属の森林が成立し照葉樹林へと移り変わる。落葉広葉樹林下部から照葉樹林上部への森林の交代の環境に加え，沿岸部での海進による不安定化も加わり成立したこの森林は暖温帯落葉広葉樹林の範疇に入るとした。

金原（2009）は上記の事例から，照葉樹林帯の中においても，拠点的縄文遺跡の立地は，落葉広葉樹林から照葉樹林への交代期に成立した落葉広葉樹林の分布地点に重なるとみており，具体的にはクヌギ林やナラガシワ林の分布する沿岸低地や落葉広葉樹の多い谷周辺に分布していると結論付けている。

泉（1985）によれば，京都府京都市の比叡山西南麓の遺跡群の一つで，白川がかつて西流していたところに形成された扇状地に立地する北白川遺跡群の中にある北白川追分町遺跡56地地点泥炭質土2上層で検出された樹木・種実類の同定と花粉分析結果をあわせて復元された植生景観としては，扇状地の微高地には，イチイガシを主たる構成樹種とし，ほかにアカガシ，シイなどの照葉樹，ヒノキ，カヤ，モミなどの針葉樹，またはムクノキ，キハダ，カエデなどの落葉広葉樹が混じる照葉樹の極相林が成立しており，低地部にはオニグルミ，トチ，ヤナギなどからなり湿地林が成立していたと推定されている。

さらに泉（1985）は，照葉樹林帯にある近畿地方の縄文時代集落跡の事例研究をとおして，1か所において長期間に安定した供給を得るためには，特定の

第5章　考察

樹種だけでなく，多種類の堅果類が得られる方が有利であり，特定の樹種だけだと採集の時期が短く労働の集中を必要とするが，多種類であれば，結実に多少のズレが生じる場合もあって，労働の極端な集中を要さず，小動物などとの採集競争にも有利であると指摘した。その一方で東日本では，特定樹種の堅果類の採取に労働を集中できるように社会組織を適応させて収穫量を飛躍的に増加させたとしている。このことは，裏を返せば，照葉樹林帯の経済的基盤における生産性の低さと集約性の欠如を物語るものであり，集落の小規模性と移動性の高さを規定している。

　縄文時代前期の北部九州における遺跡立地や分布を，当該期に発生した縄文海進の状況と対応させて分析した小川（2012）は，北部九州の中でも，小地域ごとに遺跡数の変化の様相が異なり，各地域において，新しくできる遺跡，人が退去したことにより捨てられ消失する遺跡，遺跡の開拓と廃棄が繰り返されていく中で，断絶を挟みながらも使用が継続する遺跡といった異なる性格をもった遺跡が存在するとする。断絶の時期は最大で土器細分型式にして5～6型式分の長期間におよぶものもあるなかで，継続的に遺跡が使用され続けるという事象は，大野（2011）が提唱した断続的・回帰的居住を特徴とする「弱定着性」小集落の様相としている。

　以上のような各見解を踏まえると，照葉樹林帯の森林植生においては大規模かつ拠点的縄文集落の形成や長期継続性をもつ集落の形成が顕著ではなくなり，集落の小規模性と移動性の高さがうかがえるようである。それでは次に，そのような自然環境の中で営まれていた具体的な狩猟採集民の様相を遺跡から得られた情報から検討する。

2　鬼界アカホヤ噴火時の文化的環境の検討

　ここでは，鬼界アカホヤ噴火が起きた時期の文化的環境の内容を確認するために，九州における縄文時代早期後葉から末にかけての土器様式と各様式の遺跡様相の変遷を把握しておく。

　鬼界アカホヤ噴火が起こった縄文時代早期末は，東日本では茅山下層式土器の系譜を引く打越式土器，神之木台式土器，下吉井式土器という連続する条痕文系土器型式群があり，東海地方でもこれらに併行する条痕文系土器群である

石山式土器，天神山式土器，塩屋式土器があり，これに呼応するかのように，本州西部でも島根大学構内式土器，福呂式土器，長山式土器という一連の条痕文系土器群が成立する。そしてほぼ同時期に九州にも条痕文を基調とする轟A式土器が成立し，東日本に端を発し，西日本にも展開していた条痕文系の土器文化が九州にも広がりをみせていたと推定される。つまり九州全域で，同様の土器様式を使用する文化が形成されていたと推察される。それでは，ここで，条痕文系土器の文化様相とそれ以前の平栫式・塞ノ神式土器様式の文化様相を検証・比較して，当時の狩猟採集社会における鬼界アカホヤ噴火による災害リスクを検討してみたい。

　鬼界アカホヤ噴火から若干さかのぼる九州の縄文時代早期後葉の平栫式・塞ノ神式土器は，南九州貝殻文円筒形土器の終焉後に九州にも分布圏を拡大した押型文土器後半段階に続く，一連の個性的な土器様式である。

　鹿児島県上野原遺跡第10地点（第3工区とも呼ばれているが，ここでは本報告書に基づき第10地点とする）において，縄文時代早期後葉の平栫式土器期の集石遺構252基，磨製石斧等の遺物集積遺構11基，土器埋納遺構12基，そして約15万点に及ぶ遺物が検出されている（鹿児島県立埋蔵文化財センター，2001a）。ここでは，遺構と遺物の出土状況に関してある特徴的な分布状況が看取されている。すなわち，第10地点の中で最も標高が高く馬の背状となった区域に壺形土器などの土器埋設遺構や磨製石斧の埋納遺構が構築されており，この遺物の少ない中央部を中心として，おおよそ二重に巡る遺構群と遺物の環状域が形成されている。この環状域は内外それぞれ長径約150m，240mという大規模なものである。土器が環状に分布する背景としては，土器分置遺棄行為という土器を故意に割った後にある程度の大きさがある土器片を故意に環状になるように落としていった祭祀行為が行われたと推察されている（八木澤，2003）。

　平栫式土器期から塞ノ神式土器期の遺物が出土した宮崎県平松遺跡（都城市教育委員会，2013）では，遺跡の最高所に平栫式土器の深鉢形土器と壺形土器の対となった土器埋設遺構が検出され，その北側と西側に土器が弧状に分布して出土する状況があり，その南側に竪穴状遺構が検出されている。

　塞ノ神式土器期の鹿児島県城ヶ尾遺跡（鹿児島県立埋蔵文化財センター，

第5章　考察

2003b）では，A地区西側（第2エリア）に，集石遺構が径約35mの環状に配置される分布状況が確認され，A地区東側（第1エリア）に竪穴状遺構を含む土坑群と塞ノ神A式土器段階の土器埋設遺構（深鉢形土器1基，壺形土器2基）が確認されている。第2エリアは環状に分布する集石遺構の外帯に，散石群と塞ノ神B式土器期を中心とする土器と石器などの遺物が集中的に出土しており，やはりその分布状況は環状を呈している（図54）。このような環状のブロックは廃棄の場であり，継続的な生活行為の結果形成されたものであると解釈され，環状ブロックを構成するそれぞれの廃棄の場は，一定の時間差をもって形成されたものと推定され，場の機能が確立した後は継続的に利用され，最後まで個々の場としての機能は失わなかったものと理解でき，このような土地利用は縄文時代の空間利用の一類型として興味深い事例である。

土器埋設遺構や遺構の最高所付近を中心として土器が環状に分布する事例は，鹿児島県肝付町鐘付遺跡（肝付町教育委員会, 2012），宮崎県宮崎市下猪ノ原遺跡第2地区（宮崎市教育委員会, 2011a）でも確認されており，平栫式土器

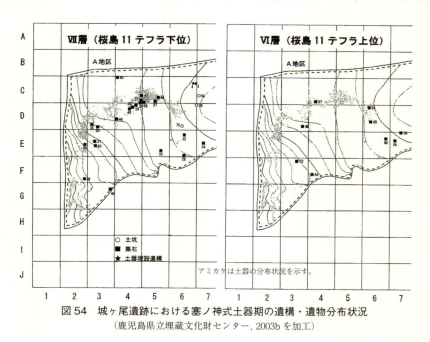

図54　城ヶ尾遺跡における塞ノ神式土器期の遺構・遺物分布状況
（鹿児島県立埋蔵文化財センター, 2003bを加工）

期から塞ノ神B式土器期にかけては，集落内において継続的で定着的な空間利用が行われていたことがうかがわれる。

これに対し，轟A式土器がまとまって出土した遺跡の土器の出土状況をみると，鹿児島県曽於市桐木耳取遺跡（鹿児島県立埋蔵文化財センター，2005b）では，桐木調査区北側地区のうち，特に桐木調査区B―11区周辺で集中的に出土し，桐木調査区C～F―8～13区周辺で広範囲に散在的に出土することが指摘され，出土分布域に関して，集中的出土区域がありながらも広範囲に散在する特徴がある。熊本県熊本市石の本遺跡群（熊本県教育委員会，2001）では，検出区域が比較的まとまりをみせつつも，南東方向の斜面に散在するような出土状況が看取されている。大分県竹田市右京西遺跡（荻町教育委員会，1986）では出土したすべての縄文時代早期の土器に関して，個体別に分類して出土分布平面図が示されている。轟A式土器群は，各個体に集中出土地点が認められつつも，調査区域のほぼ全域に散在的に分布している状況が看取される。佐賀県東名遺跡（佐賀市教育委員会，2009）では，微高地の頂部を中心に調査区全域に濃密な出土分布を示す塞ノ神B式土器群に対し，轟A式土器の出土分布は，調査区全域に広がりつつも，丘陵の頂部というよりはやや斜面にかかった部分，調査区の北東部と南西部に若干の集中部が認められている（図55）。

轟A式土器を出土する遺跡の様相を再度確認すると，土器の器種は，深鉢形のみで構成され，壺形土器をもたない。文様構成も装飾性文様A（小林達雄，1986）に限定され，基本的に全面単一施文である。この時期の遺跡からは，散漫な遺構と土器分布状況が看取されている。土器の出土個体数も少なく，いわゆる第2の道具も現時点では検出例がない。集石遺構の検出数が減り，配石をもつものも減少傾向であり，全体的に小規模遺跡が多い。これに対して，前段階の平栫式・塞ノ神式土器様式期の様相をみると，土器の器種に壺形土器をもち（福永，1995；新東，2003），文様構成は装飾性文様B（小林達雄，1986）に該当する。土器の多量出土例があり，第2の道具も検出されている。また，拠点的な大規模遺跡では，遺構・土器の出土分布が環状になる遺跡が認められるなど，轟A式土器を出土する遺跡との違いが顕著である（図56）。

筑紫平野西部（佐賀平野）の縄文遺跡の様相を検討した山崎（2009）は，轟A式土器の時期になると内陸部にも一定規模の遺跡が分布することに関して，

第5章 考察

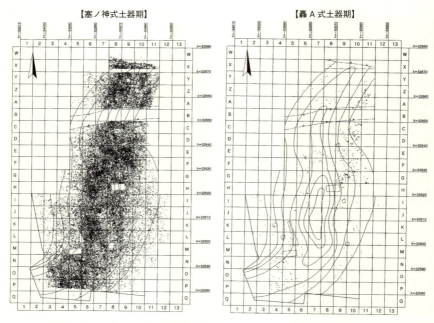

図55　東名遺跡集落域における土器分布状況（佐賀市教育委員会, 2009）

海進の進行によって沿岸部からの撤退を余儀なくされ、それまでの塞ノ神式土器期にみられた定着的な生活様式の維持が困難となり、移動性の高い生活様式へと回帰したのではないかと解釈している。このように、轟A式土器の時期の文化内容としては、端的に言うと、物質文化は淡白であり、居住形態は移動性が高く、小規模集落の散在的な形態が推察される。

雨宮（2006）によれば、縄文時代早期末の轟A式土器の時期は、早期後葉の平栫式土器・塞ノ神式土器の時期と比較したときに、精神文化の物質表現の淡白化生じ、土器文様や装身具の濃密な印象がやわらぐ現象が看取されるとしている。しかしこれは生活が貧しくなったわけではなく、風土と精神文化の物質表現として、東北日本的な寒冷な風土では物質表現が比較的濃厚な精神文化や厳しい冬における精神エネルギーの蓄積とその発散が想定されるのに対し、西日本的な温暖な風土では物質表現が比較的淡白な精神文化が想定できるとして温暖化と風土との問題に言及している。

第 4 節　農耕社会との比較

【平栫式・塞ノ神式土器期の様相】
・土器文様装飾性に富む
　文様帯多段構成
・器種に深鉢形と壺形あり
・土器の多量出土例あり
・異形石器（第 2 の道具）あり
・大規模遺跡では，遺構・遺物の分布が
　環状になる事例あり

【轟 A 式土器期の様相】
・土器文様装飾性に乏しい
　全面単一施文
・器種は深鉢のみ
・散漫な遺構と遺物
・異形石器（第 2 の道具）なし
・小規模遺跡多い

図 56　平栫式・塞ノ神式土器期と轟 A 式土器期の対比

　ここまでみてきたように，平栫式土器期から塞ノ神式土器期の集落を形成した狩猟採集民の居住形態は高い定着性と集住性が看取される。対して，轟 A 式土器の時期の居住形態は，移動性が高く散在的である（図 54）。このような条件を踏まえると，轟 A 式土器の時期に起きた鬼界アカホヤ噴火の火山災害による社会環境および物質文化環境への影響は，塞ノ神式土器期以前に比べるとそのリスクや社会的混乱のレベルが低かった可能性がある。

第 4 節　農耕社会との比較

　前節では狩猟採集社会における火山災害の受けとめ方についてみてきたが，狩猟採集社会とは経済的基盤の面で大きく異なると想定される農耕社会の火山災害への人類の対応についてはいかがであろうか。
　農耕社会は，特定植物の生育環境を人工的に囲い込んで保護し，成長を助長する活動を営む土地，すなわち水田や畠などの耕地を経済的な基盤として成立しており，この社会体制を維持・発展するためには，人類の働きかけによって生産物を生み出す耕地の確保と拡大が重要な要件となる。耕地に依存する農耕社会においては，広域に及ぶテフラの降下・堆積地域はもちろん，テフラ堆積後に二次的に引き起こされる洪水災害などは，その生産活動に致命的な被害をもたらし，火山災害をはじめとする自然災害によるダメージは社会体制の維持

第5章 考察

に大きな困難をもたらすと考えられる。

ここでは，群馬県と鹿児島県の古墳時代以降の火山災害遺跡の事例をとりあげて考察してみよう。

浅間山，榛名山，赤城山といった著名な火山群を擁している群馬県では，榛名山東麓および南麓地域において，古墳時代から近世にかけての浅間山起源と榛名二ツ岳起源の指標テフラが堆積している。火砕流を伴う大規模な噴火によるテフラは，下位から，4世紀中頃の浅間C軽石（記号 As-C：荒牧，1968；新井，1979），6世紀初頭の榛名二ツ岳渋川テフラ（記号 Hr-FA：早田，1989），6世紀中頃の榛名二ツ岳伊香保テフラ（記号 Hr-FP：早田，1989），天仁元年（1108）の浅間Bテフラ（記号 As-B：荒牧，1968），天明3年（1783）の浅間A軽石（記号 As-A：荒牧，1968；新井，1979）がある。天明3年の浅間山の噴火では，火砕流と岩屑なだれが起きて，大量の土砂が吾妻川と利根川に流れ込み，泥流が流れ下って流域に甚大な被害を及ぼした（関，2010）。これらのテフラに覆われた遺跡が多数発見されており，浅間山や榛名山の火山活動によるテフラによって埋没した古墳時代から近世にかけての集落跡をはじめ，水田跡や畠跡などの耕地の火山災害史的な分析が進められている。

能登（1989）は，群馬県同道遺跡の発掘調査成果をとりあげて，火山砕屑物によって埋没した水田跡を分析して，古墳時代の火山災害とその対応を検討している。同道遺跡は榛名山の相馬ヶ原扇状地に源流をもつ井野川の左岸にあり，浅間山から42kmで榛名山から15kmの位置にあたる。度重なる火山災害によって4面の水田がテフラで埋没していた。4面の水田は下層からⅠ～Ⅳ期水田と命名され，最上層のⅣ期水田は浅間Bテフラ（As-B）によって埋没した平安時代の水田である。その下層にあるⅠ～Ⅲ期水田は，それぞれ浅間C軽石（As-C），榛名二ツ岳渋川テフラ（Hr-FA）期の泥流堆積物，榛名二ツ岳伊香保テフラ（Hr-FP）期の軽石流堆積物に覆われていた。テフラ堆積の年代間隔については，浅間C軽石（As-C）と榛名二ツ岳渋川テフラ（Hr-FA）との年代差を150年，榛名二ツ岳渋川テフラ（Hr-FA）と榛名二ツ岳伊香保テフラ（Hr-FP）の年代差を30～50年と見積もっている。

さらに能登（1989）は，同道遺跡ではいずれのテフラも完全に除去されていないと述べ，小豆大の粉状の降下軽石である浅間C軽石（As-C）は降下時点

第4節　農耕社会との比較

で約20cmの堆積であるとすれば，埋没した畦のうちの大畦は，降下終了後の地表面にうっすらと残されていると推察する。しかし，榛名二ツ岳渋川テフラ（Hr-FA）は，火山灰の降下堆積直後に同質の火山灰の水成堆積物が覆っており，堆積後の地表面に畦の痕跡が残らない確率が高いため，旧地割を復元しての耕地再開は，災害直後でなければ不可能としている。このような状況に基づいて，テフラを挟んだ上下の水田地割が同一地点で重なるように復元されていることから，テフラで埋没した地割が記憶の新しいうち，すなわち時間を隔てた再開発ではなく，災害直後の復旧であると判断している。また，浅間C軽石（As-C）堆積後の復旧に際しては，湧水灌漑を河川灌漑に変更し，一水路の給水範囲を縮小し，漏水対策を施した小区画の水田設計が取り入れられ，改良が加えられているようすを看取することができるとしている。

　また能登（2000）は，古墳時代の火山災害後の耕地の復旧方法としては，火山砕屑物で被災し埋没した耕地を火山砕屑物の上に復元するものであり，水田地割の復元に主眼があるとする。水田地割が同一箇所に一致することから，埋没水田地割が忘れ去られない時期に，短期間に復旧を成し遂げたものの，地割の復旧は軽石などの火山砕屑物除去を伴わなかったために，復旧された水田は極めて漏水度の高いものとなる。水路の復旧にあたっては，大量給水を可能にする灌漑体系の変更が必要となり，一水系の給水面積が狭められた新しい水系が整備されているという。その背景として能登は，農業社会の完成期にあたる古墳時代は，地域首長によって耕地と耕作民が掌握されており，火山災害を受けた地域の首長は自身の掌握する耕地が被災するとその体制維持が困難になるため，耕作民を駆り立てて自己の掌握している耕地において，水系整備などの短期間での組織的な復旧策を講じて耕地の復旧を進めたのではないかと推察している。

　江戸時代の火山災害事例についても検討した能登（2000）は，天明3年（1783）の浅間山の噴火に伴う大規模な火山災害に対する耕地の復旧方法について，水田では耕作面を覆った軽石を除去する復旧策で，「灰掻き山」が残され，畠では溝を掘って軽石を埋め込む一種の天地返し，「灰掻き溝」や「復旧溝」で耕地を復旧していることを紹介し，江戸時代の復旧策は堆積物の除去に主眼が置かれるとする。また復旧の開始時期は，軽石の上から掘られた復旧溝

第5章 考察

が直後に到達した泥流によって埋没している事例があることから，被災直後に開始されており，個別農民によって独自に行われ，個別農民が私有農地の保全にかかわっていたとしている。

坂口（1993）は，弥生時代中期から集落が形成され，その後，古墳時代中期（5世紀代）に畠として農地へと変わった有馬条理遺跡の耕地の災害復旧について，榛名二ツ岳渋川テフラ（Hr-FA）によって畠が壊滅し，さらにこの上を厚さ1.5mの火砕流堆積物（Hr-FPF-I）が覆ったが，火砕流が覆って壊滅した耕地に新しい水利技術が導入され，水田へと生まれ変わるのに極端な長い年月を必要としなかったとしている。その後この水田も榛名二ツ岳の2回目の大規模噴火による榛名二ツ岳軽石（Hr-FP）で全滅し，さらにこの上を厚さ約1.5mの火砕流堆積物が埋めており，わずか数十年の間に2回の壊滅的な打撃を受けて火山砕屑物により現地形は3mも高くなってしまったが，2度目の被災から四半世紀もたたない時期に火砕流の大地に竪穴住居が構築され農耕集落が営まれはじめるとしている。

群馬県の榛名山東麓の古墳時代の火山災害遺跡を検討した大塚（2002）は，榛名二ツ岳渋川テフラ（Hr-FA）の堆積した上に黒色土が形成され，水田耕作を行うようになるまで，その上位のテフラとの年代差をもとに約30〜50年を見積もっている。

保渡田古墳群，八幡塚古墳，保渡田古墳群は，5世紀後半を中心とする豪族館跡である三ツ寺I遺跡を築いた首長層が葬られたと推定される。保渡田古墳群の中の八幡塚古墳は榛名二ツ岳渋川テフラ（Hr-FA）に覆われており，その後の当該古墳群の首長墓系譜の断絶は，火山災害による榛名山南麓沖積地域の荒廃が原因ではないかと推察されている（石井・梅沢，1994）。

梅沢（石井・梅沢，1994）は，榛名二ツ岳伊香保テフラ（Hr-FP）降下以後，子持山南麓地域がその復旧に要した期間は，古墳の造営という視点からみれば，1世紀に近い長い年月を必要としたと述べつつも，黒井峯遺跡の西方約300mの丘陵先端に築かれた円墳である中ノ峯古墳では，横穴式石室に5体の埋葬が確認されており，榛名二ツ岳伊香保テフラ（Hr-FP）堆積後，厚い軽石層によって埋没した石室の入り口を探しあて，穴を掘り羨道入口部を開いて追葬されていたことを紹介している。このような事例は，空沢古墳群の第5号噴

や伊熊古墳などでも確認されおり，梅沢は，軽石堆積後に石室入り口部の軽石を取り除いて追葬を行っているという事実は，災害を受けた土地に執着せざるをえないムラびとたちの現実生活を示すものであろうと指摘している。

　古墳はその規模の大小を問わず，その築造自体が大がかりな土木工事であり，墓造りだけでなく，その背景には耕地の開発など開発行為も盛んに行われていたことが想定できる。火山噴火の被災地における墳墓への追葬行為は，墳墓を営んだ同族集団がその地域での生活を継続していくことの意思表示でもあると考えられ，農耕集団の居住形態の保守的な性格や土地への定着志向を反映していると考えられる。

　次に南九州の事例をみてみる。埋葬主体部が不明な弥次ヶ湯古墳（指宿市教育委員会，1999）があるものの，前方後円墳などの明瞭な高塚古墳の分布域ではない南九州の薩摩半島南端部に位置する鹿児島県指宿市橋牟礼川遺跡（浜田，1921）は，1918・1919年（大正7・8）に浜田耕作らによる発掘調査が行われ，火山噴出物を利用して縄文土器と弥生土器の使用時期が異なることを明らかにした遺跡として著名である。これまでの発掘調査によって，池田カルデラ噴出物，開聞岳火山の複数時期の噴出物が確認されており，縄文時代後期以降の遺物・遺構と火山噴出物の層序が明瞭にとらえられている。

　開聞岳火山噴出物は，下位から黄ゴラ（記号Km1：成尾, 1984；藤野・小林, 1997），暗紫ゴラ（記号Km9：成尾, 1984；藤野・小林, 1997），青ゴラ（記号Km11，Ak：成尾, 1984；藤野・小林, 1997），紫ゴラ（記号Km12，Mk：成尾, 1984；藤野・小林, 1997）のように，それぞれの色調から名称が付されている。いずれの噴火も噴火規模が中程度のサブプリニアン噴火によるものである。

　開聞岳火山のテフラはいずれも硬く固結しており，これらの堆積物を掘り起こすのは容易ではない。藤野・小林（1992）は，その成因について，①水蒸気マグマ噴火により細粒火山灰主体の噴煙が形成されそれらが互いに膠着した，②降雨という条件下でスコリア噴火が発生し，生成した火山灰が互いに膠着した，という二通りの可能性があるとした。

　橋牟礼川遺跡においては，縄文時代後期の黄ゴラ（Km1）と弥生時代中期の暗紫ゴラ（Km9）は薄く不安定な堆積であるが，7世紀第4四半期に比定されている青ゴラ（Ak）と貞観16年（874）の紫ゴラ（Mk）は遺跡内において明

第5章 考察

瞭に堆積しており，当時の集落への被災状況とその後の対応について検討が進んでいる（永山，1996；成尾・下山，1996；成尾ほか，1997；下山覚，2002，2005；成尾，2012）。

開聞岳火山7世紀第4四半期の噴出物の青ゴラ（Ak）は，下位のスコリア層（Ak-1）と上位の硬質火山灰層（Ak-2）に区分され，両者の間には若干の時間差が存在する。橋牟礼川遺跡は，現存層厚の10～25cmのエリアに入る。

青ゴラ（Ak）の及ぼした災害の加害因子には，埋積，付着，テフラ硬化，土石流などがある。橋牟礼川遺跡においては，同テフラを挟んで，竈をもたない同じ形態の竪穴住居の構築は存続し，在地的な土器様式にも変化は認められない。また，集落に付属する貝塚の断面観察の結果，テフラを挟んで同じ場所に同様の食物残滓が廃棄され続けていたことが確認されており，集落を継続し生活を続けていることが判明している。

他方，層厚50cmを測る紫ゴラ（Mk）については，倒壊した掘立柱建物跡やテフラによって埋没した畠跡が確認され，テフラ上位では10世紀後半の土師器が出土することから，この集落は少なくとも数十年から100年くらい放棄されていたと推定された。橋牟礼川遺跡から北へ2kmの地点にある敷領遺跡の調査によって，紫ゴラ（Mk）によって被災し埋没した水田跡や畠跡が確認され，隣接する中敷領遺跡で検出された建物跡は紫ゴラ（Mk）降下後，居住地において復旧活動が行われた可能性が指摘された（鷹野ほか，2010；渡部ほか，2013）。しかし，一帯の耕地が再開された痕跡はなく，その後まもなく集落は放棄されたとみられている。

下山覚（2002）は，橋牟礼川遺跡において青ゴラ（Ak）の際は集落が存続し，紫ゴラ（Mk）の際は集落が廃絶したという災害対応の違いについて，テフラの層厚に表象される被災の度合いが大きな要因であると述べるとともに，紫ゴラ（Mk）時については，当時の社会体制，すなわち律令体制の災害評価の違いが反映しているのではないかと推察している。

大塚（2002）は，群馬県榛名山東麓の古墳時代の事例として，集落跡である中筋遺跡，その集団墓地である空沢古墳群，水田跡である中村遺跡，畠跡である有馬条里遺跡の分布状況から，直径2kmが当時の集団のテリトリーと推定し，北方3kmにはまた別の古墳群を形成した勢力のエリアが想定できるとして

第4節 農耕社会との比較

いる。大塚による想定エリアが妥当かどうかは判断を保留するが、能登（1989）が指摘するように、火山噴火による被災地域は、残された古墳の分布と集落のあり方によって想定することができる古墳時代の地域豪族による支配領域を明らかに上回る規模のものである。火山災害によって経済的基盤である耕地が廃絶すれば、その地域の支配体制の崩壊につながる。そのことを回避するために、古墳時代の地域社会は組織的な復旧策を講じたものと推察される。

農耕社会にとって、労働手段であり、労働対象でもある土地は、耕地という形をとって、常に農民労働の産物であり、働きかけの対象である。その土地の生産力＝地力を保持し、高める努力が不断に払われることとなる（田中, 1986, p.61）。上記の古墳時代以降の火山災害後の復旧事例が示すように、農耕社会においては、基本的に土地への強い定着志向が認められる。

一方、狩猟採集民が食料獲得のために必要としていた領域である生業圏は、シカ・イノシシの行動からみると、数10km四方程度の広い範囲が想定されており（西本, 1994）、半径数kmという狭い範囲に縛られるものではなく、日常的にある程度の広域なテリトリーを確保していた。また、狩猟採集民の空間利用は極めて可動的であり、状況に応じて集団や集落を移動させることは容易である（内山, 2007, p.10）。

火山の噴火によって被災した地域を拠点的集落やキャンプ地としていた人々は、食料資源の状態を含めた生活環境の悪化に伴い、一時的に同エリア外に避難したり、生業テリトリーの変更を図ったりしたと考えられる。

鬼界アカホヤ噴火が起きた轟A式土器期は先にみたように、遺跡から見つかる遺物の量が少なく、明確な竪穴住居とみられる遺構もほとんど確認されない。当該期の社会を田中（2008, p.168）が示す社会像に照らすと、狩猟採集活動を営み移動性の高いバンド社会であった可能性が高い。また、条痕文を基調とする九州の轟A式土器と本州西部一帯に展開した条痕文系土器群との近縁性は、広い範囲で同じような土器文化が展開していたことを示すものであり、バンドに相当する小集団の数珠つなぎのようなつながりの範囲や移動の最大範囲（田中, 1999, pp.13-14）を反映していると考えられる。つまり、つねに移動することによって結果的に広域に情報が伝わって土器圏が広域化したと考えられる。

第5章 考察

　小山（1984, pp.171-172）によれば，現代の狩猟採集民の多くは，2～3家族を中心とした結束のゆるやかなバンドと呼ばれる自給自足的な集団を作り，双系社会であるという。また，母方と父方を含む広い親族のネットワークにのって頻繁に居を移すのは，変化の激しい自然環境に適応する柔軟性をもつためであるとしている。このことを裏返してみると，災害などの突発的な自然環境の激変に対しては，移動性の高いバンド社会の方がより定着的な社会よりも適応力が高いという見方ができよう。

　鬼界アカホヤ噴火による災害レベルの大きかった南九州における轟A式土器期の人々は，火砕流到達範囲（Aエリア）において火砕サージで直接被災した人々を除けば，それ以外の居住地や活動範囲を柔軟に変更して自然環境の回復を待ったと思われる。

　このように，土地への定着志向の高い農耕社会と集落の移動性の高い狩猟採集社会とは火山災害への対応が根本的に異なることがうかがえる。さらに，被災した社会が，部族社会，首長制社会，国家社会なのかという，どのような段階にあったのかという問題も重要である。社会体制の違いによって災害への対応が異なるとともに，その社会を支配している首長や国家などの政治的な判断によっても災害への対応が左右されると考えられるからである。

第6章
結　論
― 鬼界アカホヤ噴火は人類社会にどのような影響を与えたのか ―

　ここまで，完新世の縄文時代早期末に起こった鬼界カルデラの巨大噴火が当時の自然環境と人間生活に与えた影響に関して，気候の温暖化に伴う縄文海進や照葉樹林の拡大など，当時の環境変遷史上にどのように位置付けられるのかを念頭に置きながら検討を進めてきた。以下，本研究で行ってきた検討結果および議論の内容について要約し，結論としたい。

　第1章では，本研究の背景と目的，そして，鬼界アカホヤ噴火の時期と影響に関する研究現状を概観し，これまでの問題点と課題を明らかにした。

　鬼界アカホヤ噴火が自然環境に与えた影響は，自然科学分析の進展によって植生変化や地形変化などの議論が深まっているのに対し，九州の縄文文化に与えた影響に関しては，南九州アカホヤ論争と呼ばれる土器文化への影響についての議論が中心となっている。K-Ahが広域テフラの代表格とされ，特異な巨大噴火というイメージが先行したために，噴火後の罹災地域における狩猟採集社会の対応や再定住のプロセスをはじめ不明な部分が多く残されたままである。

　これまでの研究の問題点としては，地域によって火山噴火によるインパクトが異なる可能性，すなわち噴火による影響の地域差が考慮されなかったことがあげられる。また，考古学的事象と自然科学的データの吟味，そしてお互いのデータの突き合わせが十分ではなかったこと，さらに，K-Ah降下前後の資料の比較・検討も直前・直後という厳密なタイムスケールでの比較・検討ではなかったこともあって，火山災害状況の復元が不十分となり，短絡的な解釈にとどまってきた。

　ちなみに，理化学的な手法によるK-Ahの年代推定については，水月湖の湖底堆積物の年縞年代により，7,280 cal BPとされ，同湖におけるK-Ah層準の^{14}C年代測定値の較正暦年代もほぼ同じ年代を示しており，現状で較正暦年

第6章　結　論―鬼界アカホヤ噴火は人類社会にどのような影響を与えたのか―

代が 7,200～7,300 cal BP の間，5,300 cal BC 前後とすることが可能である。

　第2章では，南九州における縄文時代の主要テフラと土器型式との関係を概観した。また，K-Ah と土器編年との対応関係を検討する前に，九州縄文時代早期後葉から前期までの土器編年を再確認し，現状の編年案を提示した。

　その上で，K-Ah 下位に堆積する九州東南部のローカルテフラである桜島 11 テフラを利用した層位的発掘調査成果に基づいて九州縄文時代早期後葉の土器編年を検証した結果，平栫式土器・塞ノ神式土器群の編年に関しては，平栫式土器・塞ノ神 A 式土器→塞ノ神 B 式土器という型式変遷案が妥当である。少なくとも平栫式土器と塞ノ神 A 式土器については，鬼界アカホヤ噴火時にはすでに終焉を迎えていたことが確実である。K-Ah に時間的に近い縄文時代早期末の土器群としては，いわゆる苦浜式土器を含む塞ノ神 B 式土器群と条痕文系土器群であるいわゆる轟 A 式土器を抽出することができる。これらの土器群は，佐賀県東名遺跡（佐賀市教育委員会，2009）の貝層における層位的出土状況により，塞ノ神 B 式土器→轟 A 式土器という時間的関係が明確である。

　さらに K-Ah 直下・直上出土土器を抽出・検討した結果，K-Ah は早期末の鬼界アカホヤ噴火は轟 A 式土器が製作・使用されていた時期に起こった可能性が高い。

　土器付着炭化物の ^{14}C 年代測定値の較正暦年代を用いて，K-Ah と各土器型式とのおおまかな時間的関係をみると，塞ノ神 B 式系土器群が同テフラの 200 年前以前，轟 A 式土器から西之薗・轟 B1 式土器の年代幅約 700 年間のちょうど中頃に K-Ah が位置し，轟 B2 式土器以降が K-Ah の 400 年後以降となった。

　以上を総合すると，南九州アカホヤ論争の土器様式交代説で示された，鬼界アカホヤ噴火災害による平栫式・塞ノ神式土器様式の壊滅という九州レベルでのドラスティックな土器様式の変化は成立せず，平栫式・塞ノ神式土器様式は K-Ah の降下以前に轟式土器という条痕文系土器様式に交代していたことが明らかとなった。つまり，轟式土器群が製作・使用されていた地域，同土器型式が分布する土器圏全体が噴火によって壊滅し，土器の製作情報が断絶したということはなく，九州レベルでみたときに，土器型式を製作し継承していく人間の営みは途切れることはなかったと評価できる。

　その一方で，K-Ah 以前の轟式土器と K-Ah 後の轟式土器を比較すると，

K-Ah 以前の轟式土器には深鉢形土器の文様ヴァリエーションの一つにしか過ぎなかった隆帯文が K-Ah 後に主たる文様として確固たる位置付けを占めるようになる。この現象は、鬼界アカホヤ噴火という事件を境として、同噴火以前に東方から展開してきた条痕文系土器様式と九州の条痕文系土器様式の連動傾向がいっそう強まったことを示している。すなわち、鬼界アカホヤ噴火の災害は、九州レベルの土器様式の壊滅をもたらしたのではなく、轟式土器という一連の土器様式の中のうち、文様情報の継承に混乱を生じさせ、結果として隆帯文という新たな文様の採用を促したと推察される。その背景には、土器を携えた人々の広範囲かつ頻繁な移動が想定されよう。

　第3章では、縄文時代早期の環境変遷史上における、鬼界アカホヤ噴火の位置付けを確認した。その上で、火山災害の考古学的研究方法として、火山災害が噴火の規模と様式、そして火山からの距離によってその程度が異なるという視点に立脚した、テフラの到達範囲とテフラ層厚を主な指標とする分析方法を用いて遺跡から得られた情報を解析するという、火山災害エリア(テフラハザード)区分論に基づいて、鬼界アカホヤ噴火による災害エリアを A〜D の4つに区分した。さらに、各エリアにおける自然環境への影響を考慮した上で、各エリアにおいて得られた考古資料を分析して被災状況の復元と人類の対応について類型化を試みた。

　鬼界アカホヤ噴火後の南九州における生活環境の回復過程および被災地における人類の再定住のプロセスを検討するために、先の A エリアと B エリアをとりあげて、轟式土器の段階設定をもとにした遺跡の分布図を作成し、遺跡形成の推移をみると、おおよそ以下のような経過をたどったと推察される。なお、年代は土器付着炭化物の ^{14}C 年代測定値の較正暦年代で表記した。

　鬼界アカホヤ噴火直後の西之薗・轟B1式土器期 (5,350〜4,900 cal BC)：A エリア周縁部(幸屋火砕流の北限ライン付近)にあたる上焼田遺跡、阿多貝塚、二頭遺跡、清水上遺跡、西之薗遺跡、段之原遺跡、仁田尾中 A・B 遺跡、榎田下遺跡を除くと、他はすべてそれよりも北(B エリア)に分布している。ある程度の規模の遺跡調査事例があり、西之薗遺跡、仁田尾中 A・B 遺跡、大畩町園田遺跡ではまとまった量の土器の出土が認められるだけでなく、集石遺構などの調理施設を伴っており、上焼田遺跡ではブロック貝層の形成もみられ、集

第6章　結　論―鬼界アカホヤ噴火は人類社会にどのような影響を与えたのか―

落の定着性や継続性が看取される。しかしながら，薩摩半島と大隅半島の南端部と大隅諸島（屋久島・種子島）においては，種子島の土佐遺跡を除くと集落を形成した痕跡が確認できない。

　轟B2式土器期以降（4,900 cal BC以降）：南九州本土のほぼ全域（Aエリア北部）に遺跡の分布がみられ，大隅諸島の種子島（Aエリア東部）においても土器が多量に出土したり，明確な遺構を伴ったりする遺跡がみられる。しかし，薩摩半島南端部と大隅半島南端部，大隅諸島の中の屋久島（Aエリア南部）ではこの時期の遺跡すら発見されておらず，ある程度まとまった量の土器が出土するようになるのは，曽畑式土器期（4,300 cal BC）以降であると考えられる。

　また，南九州のほぼ全域において，西之薗・轟B1式土器期には，堅果類の加工具である磨石・石皿類の割合が極端に少ないという傾向が認められることから，噴火の影響，例えば火砕流による直接的な被害やその後に引き起こされた二次災害などによって，堅果類を生産する森林植生は相当なダメージを受けていたと推察される。磨石・石皿類が増加し，森林植生の回復がうかがわれるのは，遅くとも轟B2式土器期以降であると考えられる。

　第4章では，鬼界アカホヤ噴火と他の縄文時代火山災害事例を比較した。

　火山爆発度指数VEIレベルが鬼界アカホヤ噴火の約100分の1にあたる桜島11テフラ噴火や霧島御池テフラ噴火を比較すると，火砕流到達範囲（Aエリア）と降下テフラが厚く堆積することによって環境に甚大な影響を与えたエリアであるテフラ現存層厚30cm以上のエリア（Bエリア）ともに鬼界アカホヤ噴火が他の噴火事例の約10倍にあたる。

　鬼界アカホヤ噴火に伴う降下火山灰（coignimbrite ash）の分布範囲は破格の規模で，噴出源から1,000kmを超える範囲にも広がっている。細粒火山灰は地表面をセメントのように覆って固化する。降下火山灰の一次・二次堆積による縄文海進期の浅海域へのダメージも想定され，貝類などの底生生物（ベントス）の生息阻害が引き起こされたと考えられる。鬼界アカホヤ噴火のAエリア周縁部とBエリア内における再定住の遺跡では，堅果類等の植物質食料加工具が極端に少ない石器組成を示しており，植生環境への影響が長引いたことを反映している。

　一方，桜島11テフラや霧島御池テフラの場合は降下軽石が主で，細粒火山

灰はわずかである。降下テフラが軽石主体の場合，層厚が薄いと堆積はルーズで間隙が生じやすく，セメントのように地表を覆う細粒火山灰と比較すると植生の回復は比較的早いものと指摘され，生態系への影響は限定的であったと推察される。

　第5章では，鬼界アカホヤ噴火に伴う幸屋火砕流の到達範囲（Aエリア）における災害の地域性を因子の特性と被災地の地形環境の違いから浮き彫りにしてみた。また，九州の縄文時代早期から前期にかけての貝塚の消長と鬼界アカホヤ噴火の影響を検討した。

　さらに，鬼界アカホヤ噴火時の社会的・文化的環境の検討を行い，災害リスクを推察した。最後に農耕社会との比較も行った。

　幸屋火砕流到達北限付近のAエリア北部周縁部では，噴火直後から生活環境が回復をみせ，人類の再定住がなされたと推定される。これは，分布が広大なわりに厚さが薄く一般的な火砕流に比べて非常に希薄な火砕サージに近いもので，噴出源から放射状に均等に拡がったのではなく指向性をもつとされる幸屋火砕流の流動特性によって，火砕流到達範囲内においても流下を免れた場所があり，植生の破壊と回復の程度は一律ではなかったからではないかと推定される。このような火砕流の流動・堆積機構を考慮すると，Aエリア周縁部においては火山噴火後の植生遷移が必ずしも一次遷移ではなかった可能性が想定され，一帯の植生が全壊したわけではなく，生態系の回復はより南側の火砕流によって全壊した地域と比較して早かったのではないかと推定される。

　Aエリア東部に位置する大隅諸島の種子島における人類の再定住の開始には，噴火後約400年を要したと推定される。西隣の屋久島では噴火から1,000年を経過してようやく再定住が行われたと推定され，同じAエリア内でも被害程度が異なっていたことが推察される。このことは，高峻な山岳の島である屋久島と低平な台地・丘陵の島である種子島との地形環境の違いが起因していると推定される。屋久島中央部に聳える山地と渓谷は，鬼界アカホヤ噴火による幸屋火砕流に覆われた際に，森林植生が破壊され，貯水機能を失った山地斜面を流れ下る洪水によって斜面崩壊が起こりやすい条件にあったと推定される。屋久島海岸部の中位段丘や完新世段丘上で確認される鬼界アカホヤ噴火と時間間隙をおかずに生じたK-Ahの二次堆積物によって，狩猟採集民にとっ

第 6 章　結　論―鬼界アカホヤ噴火は人類社会にどのような影響を与えたのか―

て集落適地とされた島内において限定的な地形面一帯の生態系は，甚大な被害を受けたものと推察される。このことが，海岸部だけでなく，島内のいたるところに集落適地の地形面を有する種子島と比較したときに，生活環境の回復を遅れさせ，採集狩猟民に屋久島における定着的な活動を長い間敬遠させたと考えられる。

　九州各地の縄文時代早期から前期における相対的海水準の変動をみていくと，おおまかな流れとして押型文土器期から塞ノ神式土器期は海進が一時停滞・安定し，その後，轟A式土器期に急上昇し，西之薗・轟B1式土器期以降に海水準高位安定へという変遷がたどれる。南九州の大隅諸島，鹿児島湾岸部，宮崎平野部では，海水準高位安定期にあたる西之薗・轟B1式土器期以降に貝塚の形成が断絶する。火砕流到達範囲においては，地上の生態系の甚大な被害が想定されるが，この火砕流のサージ的な性質を考慮すると，火砕流到達北限の周縁部においては，生態系の壊滅には至らなかったと推定される。むしろ降下テフラの厚い堆積を重視すべきであり，南九州においては，薩摩半島西岸部よりも大隅諸島，鹿児島湾沿岸部，大隅半島，宮崎平野部ではK-Ahが厚く堆積しており，K-Ahの二次堆積の影響も顕著である。これによって海進により形成された内湾に面した台地・段丘端部の集落適地からほど近い，アクセスが容易で貝類の大量採取ができたはずの浅海域の埋積が進んだため，貝塚が形成されなくなったと考えられる。

　平栫式土器期から塞ノ神式土器期の集落を形成した狩猟採集民の居住形態には，高い定着性と集住性が看取される。対して，南九州のほぼ全域が温暖化により照葉樹林帯に包括された時期にあたる轟A式土器期の居住形態は，移動性が高く散在的である。このような条件を踏まえると，轟A式土器の時期に起きた鬼界アカホヤ噴火の火山災害による社会環境および物質文化環境への影響は，塞ノ神式土器期以前に比べるとそのリスクや社会的混乱のレベルが低かった可能性がある。

　古墳時代以降の火山災害後の復旧事例からは，農耕社会にとって，労働手段であり，労働対象でもある土地への強い定着志向が認められる。

　一方，狩猟採集民が食料獲得のために必要としていた領域である生業圏は，シカ・イノシシの行動からみると，数10km四方程度の広い範囲が想定されて

おり，半径数kmという狭い範囲に縛られるものではなく，日常的にある程度の広域なテリトリーを確保していた。また，狩猟採集民の空間利用は極めて可動的であり，状況に応じて集団や集落を移動させることは容易である。鬼界アカホヤ噴火時の轟A式土器期は移動性の高いバンド社会であったと推定される。火砕流が到達したことによって甚大な被害を被った地域はもちろん，降下テフラが厚く堆積した地域において集落を営み，活動していた轟A式土器期の人々は，食料資源の状態を含めた生活環境の悪化に伴い，一時的に同エリア外に避難したり，生業テリトリーの変更を図ったりしたと考えられる。

　以上，紀元前5,300年頃に九州島の南方海域で発生した鬼界カルデラの噴火をとりあげて，縄文時代早期の狩猟採集社会が遭遇した火山災害の度合いと適応を復元しようと試みたが，用いた資料の一部が学史的に比較的初期のものであるということもあって，今後，細部については，さらなる事例の追加と検証作業を進めていく必要がある。K-Ah降灰直後に関して，遺跡における各土器型式の出土状況や共伴する遺構・遺物の内容を詳細に検討し，^{14}C年代測定事例も追加していく必要がある。このようなデータの蓄積が進むことにより，鬼界アカホヤ噴火後における縄文土器型式圏の動態をはじめ，その背後に想定される狩猟採集民の活動状況に関する議論が進展していくものと考える。本書で取り扱った事象は，突発的な火山の噴火という，列島の先史社会にとって特殊な事件かもしれないが，その事件をとおして，縄文人の行動特性，ひいては狩猟採集社会の姿の一端を違う角度から浮き彫りにすることができると考える。

【引用・参考文献】（アルファベット順）

〈A〉

始良町教育委員会，2005．建昌城跡：始良町埋蔵文化財発掘調査報告書第10集．始良．

赤村教育委員会，1985．合田遺跡：赤村文化財調査報告書第1集．赤村．

赤澤　威，1983．採集狩猟民の考古学―その生態学的アプローチ―．海鳴社，東京．

阿久根市教育委員会，1982．波留貝塚の採集遺物．北山遺跡：阿久根市埋蔵文化財発掘調査報告書（1）．阿久根．

Alley, R., Mayewski, P., Sowers, T., Stuiver, M., Taylor, K. and Clark, P., 1997. Holocene climatic instability: A prominent, widespread event 8200 yr ago. *Geology* 25, 483-486.

天瀬町教育委員会，1982．平草遺跡：大分県日田郡天瀬地区遺跡群発掘調査報告書．天瀬．

雨宮瑞生，1990．土器様式と石鏃量―南九州縄文文化の場合―．南九州縄文通信 3，1-4．

雨宮瑞生，1993．温帯森林の初期定住―縄文時代初頭の南九州を取り上げて―．古文化談叢30（下）：古文化談叢発刊20周年・小田富士雄代表還暦記念論集（Ⅲ）．987-1027．

雨宮瑞生，1994．南九州縄文時代草創期土器編年―太めの隆帯文土器群から貝殻文円筒形土器への変遷―．南九州縄文通信No.8，1-12．

雨宮瑞生，1996．研究ノート縄文定住狩猟採集文化・社会の成熟―縄文時代早期後半の南九州における装飾・祭祀行為の活性化を中心にして―．古文化談叢 36．149-162．

雨宮瑞生，2006．九州地方南部．佐藤宏之（編），公開シンポジウム縄紋化のプロセス予稿集．科学研究費補助金「日本列島北部の更新世／完新世移行期における居住形態と文化形成に関する研究」グループ，東京，pp.156-169．

雨宮瑞生・松永幸男，1991．縄文早期前半・南九州貝殻文円筒形土器期の定住的様相．古文化談叢 26，135-150．

青崎和憲，1982．鹿児島県の曽畑式土器と阿多Ⅴ類土器についての一考察．賀川光夫先生還暦記念論集編集委員会（編），賀川光夫先生還暦記念論集，pp.13-29

新井房夫，1979．関東地方北西部の縄文時代以降の示標テフラ層．月刊考古学ジャーナルNo.157，ニューサイエンス社，東京，41-52．

荒牧重雄，1968．浅間火山の地質．地団研専報14号，1-45．

荒牧重雄，1997．序論．宇井忠英（編），火山噴火と災害．東京大学出版会，東京，pp.1-18.

荒牧重雄，2008．火山とは．下鶴大輔・荒牧重雄・井田喜明・中田節也（編），火山の事典（第2版）．朝倉書店，東京，pp.2-5.

有明町教育委員会，2004．浜場遺跡・下堀遺跡：有明町埋蔵文化財発掘調査報告書（6）．有明．

有明町教育委員会，2005．有明町内遺跡（丸岡A遺跡・仕明遺跡）：有明町埋蔵文化財発掘調査報告書（11）．有明．

有馬絢子，2010．九州地方における縄文時代早期土器文化にかんする一考察．龍田考古会（編），甲元眞之先生退官記念先史学・考古学論究Ⅴ上巻，pp.163-190.

有馬孝一・馬籠亮道・長野眞一・鮫島伸吾・真鍋雄一郎，2003．第Ⅵ章まとめ．鹿児島県立埋蔵文化財センター（編），城ヶ尾遺跡Ⅱ：鹿児島県立埋蔵文化財センター発掘調査報告書60，国分，pp.334-347.

麻生　優（編），1968．岩下洞穴の発掘記録．佐世保市教育委員会，佐世保．

〈B〉

別府大学，1973．野鹿洞穴の研究―大分県直入郡荻町―：別府大学考古学研究室報告第3集．別府．

別所秀高，2000．池島・福万寺遺跡における完新世の堆積環境変遷過程．池島・福万寺遺跡1（98-3・99-1調査区）：大阪府文化財調査研究センター調査報告書第48集．大阪，150-158.

〈C〉

Cas, R.A.F. and Wright, J.V., 1987. *Volcanic Successions-Modern and Ancient*. Allen & Unwin, London.

千田　昇，1987．大分平野西部の完新世における地形発達．地理学評論60（7），466-480.

筑穂町教育委員会，2005．内野地区遺跡群2：筑穂町文化財調査報告書9．筑穂．

知覧町教育委員会，1983．永野遺跡：知覧町埋蔵文化財発掘調査報告書（1）．知覧．

知覧町教育委員会，1997．西垂水（山薙）遺跡：知覧町埋蔵文化財発掘調査報告書第8集．知覧．

知多市教育委員会，2005．楠廻間貝塚：知多市文化財資料第38集．知多．

趙　哲済，2000．河内平野中・南部の層序対比試案．池島・福万寺遺跡1（98-3・99-1調査区）：大阪府文化財調査研究センター調査報告書第48集．大阪，158-163.

〈D〉
堂込秀人，1994．熊毛諸島の縄文早期土器の一型式．月刊考古学ジャーナルNo. 378，ニューサイエンス社，東京，22-26．
Doumas, G.C., 1983. *Thera: Pompeii of the Ancient Aegean*. Thames and Hudson, New York.
同志社大学考古学研究室（編），1990．伊木力遺跡―長崎県大村湾沿岸における縄文時代低湿地遺跡の調査―．多良見町教育委員会，多良見．

〈E〉
えびの市教育委員会，2000．内小野遺跡：えびの市埋蔵文化財調査報告書第 24 集．えびの．
えびの市教育委員会，2005．手仕山遺跡・古屋敷遺跡・内牧遺跡・彦山第 5 遺跡：えびの市埋蔵文化財調査報告書第 41 集．えびの．
会下和宏，1996．島根大学構内遺跡にみる「縄文海進」とその社会的影響．島根大学法文学部紀要社会システム学科（編），社会システム論集第 1 号．115-134．
会下和宏，1997．遺跡の景観と人類活動変遷の諸段階．島根大学埋蔵文化財調査研究センター編，島根大学構内遺跡第 1 次調査（橋縄手地区 1）：島根大学埋蔵文化財調査報告書第 1 冊．松江，130-132．
愛媛県歴史文化博物館，2001．平成 13 年度企画展西四国の縄文文化．宇和．
愛媛県埋蔵文化財調査センター，1999．中駄場遺跡：埋蔵文化財発掘調査報告書第 74 集．松山．
愛媛県埋蔵文化財調査センター，2001．犬除遺跡 2 次調査本文編：埋蔵文化財発掘調査報告書第 92 集．松山．
愛媛大学法文学部考古学研究室，1993．江口貝塚Ⅰ―縄文前中期編―．波方町教育委員会，波方．
江本　直，1983．熊本県地方の遺物と火山灰．昭和 58 年鹿児島県考古学会秋季大会・肥後考古学会第 176 回例会資料，pp.1-11．
遠藤邦彦・小杉正人，1990．海水準変動と古環境．モンスーン・アジアの環境変遷：広島大学総合地誌研究叢書 20，pp.93-103．
遠藤邦彦・小林哲夫，2012．第四紀：フィールドジオロジー 9．共立出版，東京．
江坂輝彌，1965．縄文時代の生活と社会　7 生活の舞台．日本の考古学Ⅱ縄文時代．河出書房新社，東京，pp.399-415．
江坂輝彌，1967．縄文土器―九州篇（5）―．月刊考古学ジャーナルNo. 12，ニューサイエンス社，東京，14-16．
江坂輝彌，1983．化石の知識　貝塚の貝：考古学シリーズ 9．東京美術，東京．

〈F〉

藤井敏嗣, 2014. 私たちは本当の巨大噴火を経験していない. 科学 84 (1), 53-57.

Fujiki, S., 2008. The great eruptions of Aira caldera and the palaeolithic people. *The 13th international symposium for the commemoration of the 25th anniversary of Suyanggae excavation*: Suyanggae and her neighboures in Kyushu. Lee. Y, Ambiru. S, Simada.K, eds., Saito, 73-82.

藤本　廣・沢山重樹, 1994. 土の供試体異聞. めらんじゅ第 5 号, 29-38.

藤野直樹・小林哲夫, 1992. 開聞岳起源のコラ層の噴火・堆積様式. 鹿児島大学理学部紀要（地学・生物）No. 25, 69-83.

藤野直樹・小林哲夫, 1997. 開聞岳火山の噴火史. 火山 42 巻, 193-211.

藤原　治・町田　洋・塩地潤一, 2010. 大分市横尾貝塚に見られるアカホヤ噴火に伴う津波堆積物. 第四紀研究, 49 (1), 23-33.

藤原　誠・鎌田桂子・金子隆之, 2001. 幸屋火砕流の流動機構. 日本火山学会講演予稿集 2, 169.

富士吉田市教育委員会, 2011. 上暮地新屋敷遺跡：富士吉田市文化財調査報告書第 8 集, 富士吉田.

吹上町教育委員会, 1991. 市坪遺跡・笑童子遺跡：吹上町埋蔵文化財発掘調査報告書（6）. 吹上.

福井県, 1988. 福井県史資料編 13（上）考古―本文編―. 福井.

福永裕暁, 1995. 石器組成からみた南九州縄文時代早期前半の壺形土器出土遺跡―土器様式の遺跡間変異に着目して―. 古文化談叢 34, 131-140.

福岡市教育委員会, 1981. 四箇周辺遺跡調査報告書（4）：福岡市埋蔵文化財調査報告書第 63 集. 福岡.

福岡市教育委員会, 1988. 柏原遺跡群Ⅴ：福岡市埋蔵文化財調査報告第 190 集. 福岡.

福岡市教育委員会, 1997. 福岡外環状道路関係埋蔵文化財調査報告 2, 福岡市早良区賀茂所在次郎丸高石遺跡第 3 次調査・免遺跡第 2 次調査：福岡市埋蔵文化財調査報告書第 536 集. 福岡.

福岡市教育委員会, 2001. 福岡外環状道路関係埋蔵文化財調査報告 10, 福岡市博多区諸岡所在笹原遺跡群第 3 次調査・板付所在三筑遺跡群第 3 次調査：福岡市埋蔵文化財調査報告書第 662 集. 福岡.

福岡市教育委員会, 2005. 今山遺跡第 8 次調査：福岡市埋蔵文化財調査報告書第 835 集. 福岡.

福岡市教育委員会, 2010a. 福岡市埋蔵文化財年報 VOL.23―平成 20（2008）年度

版―. 福岡.
福岡市教育委員会, 2010b. 野芥大藪2―野芥大藪遺跡第2次調査報告―：福岡市埋蔵文化財調査報告書第1085集. 福岡.
福岡市教育委員会, 2013. 脇山Ⅶ：福岡市埋蔵文化財調査報告書第1196集. 福岡.
福沢仁之, 1995. 天然の「時計」・「環境変動検出計」としての湖沼の年縞堆積物. 第四紀研究 34（3）, 135-149.
福沢仁之・北川浩之, 1993. 水月湖の縞状堆積物に記録された完新世海水準・乾湿変動とその周期性. 日本第四紀学会講演要旨集23, 144-145.
福沢仁之・加藤めぐみ・藤原 治, 1998a. 鳥取県東郷池湖底堆積物の層序と年縞. LAGUNA：汽水域研究 5, 27-37.
福沢仁之・加藤めぐみ・山田和芳・藤原 治・安田喜憲, 1998b. 湖沼年縞堆積物に記録された最終氷期以降の急激な気候・海水準変動. 名古屋大学加速器質量分析計業績報告書 9, 5-17.
福沢仁之・山田和芳・加藤めぐみ, 1999. 湖沼年縞およびレス―古土壌堆積物による地球環境変動の高精度復元. 国立歴史民俗博物館研究報告第81集, 463-484.

〈G〉

下司信夫, 2009. 屋久島を覆った約7300年前の幸屋火砕流堆積物の流動・堆積機構. 地学雑誌 118（6）, 1254-1260.
群馬県埋蔵文化財調査事業団, 2013. 最新レポート金井東裏遺跡. 埋文群馬№57.

〈H〉

濱 修, 1998. 古環境―赤野井湾遺跡の成立と形成―. 滋賀県文化財保護協会（編）, 赤野井湾遺跡. 大津, pp.314-324.
浜田耕作・榊原政職, 1920. 肥後国宇土郡轟村宮荘貝塚発掘報告. 京都帝国大学文学部考古学研究報告第5冊. 65-88.
浜田耕作, 1921. 薩摩国揖宿郡指宿村土器包含層調査報告. 京都帝国大学文学部考古学研究報告第6冊. 29-48.
畑中健一, 1988. 曽畑貝塚低湿地遺跡花粉学的研究. 熊本県教育委員会（編）, 曽畑：熊本県文化財調査報告書第100集. 熊本, pp.175-178.
早坂廣人, 2010. 打越式土器の範囲・変遷・年代. 打越式シンポジウム実行委員会（編）, 考古学リーダー18 縄文海進の考古学―早期末葉・埼玉県打越遺跡とその時代―. 六一書房, 東京, pp.73-88.
隼人町教育委員会, 2000. 宮坂貝塚：文化財調査報告書. 隼人町立歴史民俗資料館（編）, 隼人町立歴史民俗資料館年報第9号平成10年度. 隼人, pp.21-44.

日比野紘一郎,1996.縄文文化を支えた森.安田喜憲・菅原 聰(編),講座文明と環境9 森と文明.朝倉書店,東京,pp.146-154.

日高正晴,1989.城ヶ峰貝塚.宮崎県(編),宮崎県史資料編考古1.宮崎県,宮崎,pp.317-318.

東 和幸,1991.アカホヤ以降の火山灰と縄文土器.南九州縄文通信№4,41-48.

東 和幸,1996.南九州の火山灰と土器型式―アカホヤ火山灰以降―.名古屋大学加速器質量分析計業績報告書(Ⅶ),48-59.

東 和幸,1998.御池ボラ噴出前後の出土土器.鹿児島県考古学会研究発表資料―平成10年度秋季大会―,42-45.

東 幹夫・西ノ首英之・合田政次,1994.水無川河口周辺海域における底生動物の分布.長崎大学生涯学習教育研究センター運営委員会(編),雲仙・普賢岳火山災害にいどむ―長崎大学からの提言―:長崎大学公開講座叢書6.長崎大学,長崎,pp.141-153.

日暮晃一,2000.宮坂貝塚採集の貝類等についての覚え書き.隼人町立歴史民俗資料館(編),隼人町立歴史民俗博物館年報第9号(平成10年度),pp.36-40.

匹見町教育委員会,1997.田中ノ尻遺跡:匹見町埋蔵文化財調査報告第21集.匹見.

匹見町教育委員会,1999.中ノ坪遺跡:匹見町埋蔵文化財調査報告第28集.匹見.

平井幸弘,1993.江口貝塚および馬力潟低地における堆積環境の変化.愛媛大学法文学部考古学研究室(編),江口貝塚Ⅰ―縄文前中期編―.波方,pp.9-30.

広瀬雄一,1984.韓国隆起文土器論―編年を中心として―.異貌11,21-35.

広瀬雄一,1994.土器から見た人々の動き.佐賀県立名護屋城博物館(編),特別企画展 縄文のシンフォニー―交流の原点探索―.鎮西,pp.18-29.

広瀬雄一,2014.北部九州における轟式土器の成立と展開.佐賀県立名護屋城博物館研究紀要,第20集,pp.1-24.

菱刈町教育委員会,1985.山下遺跡:菱刈町埋蔵文化財発掘調査報告書(3).菱刈.

菱刈町教育委員会,1990.野中遺跡・松美堂遺跡:菱刈町埋蔵文化財発掘調査報告書(5).菱刈.

一木絵理・松本優衣・辻 誠一郎・中村俊夫,2013.縄文時代の急激な環境変動期における生態系復元と人間の適応〜八戸・上北地域におけるボーリングコアの^{14}C年代測定〜.名古屋大学加速器質量分析計業績報告書XXIV,29-34.

北海道立林業試験場企画室,1978.有珠山噴火による森林の復旧に関する研究の紹介.光珠内季報№34,3-5.

日向市教育委員会,2007.仲野原遺跡:日向市文化財調査報告書.日向.

兵庫県教育委員会,1991.杉ヶ沢遺跡:兵庫県文化財調査報告第95冊.神戸.

〈I〉

指宿市教育委員会，1994．橋牟礼川遺跡Ⅵ（概報）：指宿市埋蔵文化財発掘調査報告書第16集．指宿．

指宿市教育委員会，1999．敷領遺跡2弥次ヶ湯古墳：指宿市埋蔵文化財発掘調査報告書第31集．指宿．

井田喜明，1998．火山災害．岩波講座地球惑星科学14　社会地球科学．岩波書店，東京，pp.88-114．

井田喜明，2009．火山災害の予測と軽減．井田喜明・谷口宏充（編），火山爆発に迫る―噴火メカニズムの解明と火山災害の軽減．東京大学出版会，東京，pp.177-183．

池田　碩・大橋　健・植村善博，1991．滋賀県・近江盆地の地形．滋賀県自然誌編集委員会（編），滋賀県自然誌．大津，pp.109-236．

池谷信之，2008．東海地方におけるアカホヤ火山灰の影響と集団移動．加速器研究所（編），年代測定と日本文化研究第3回．pp.54-66．

池谷信之・増島　淳，2006．アカホヤ火山灰下の共生と相克．伊勢湾考古20：山下勝年先生退職記念号，77-104．

今村文彦・前野　深，2009．火山性津波．井田善明・谷口宏充（編），火山爆発に迫る―噴火メカニズムの解明と火山災害の軽減―．東京大学出版会，東京，pp.161-176．

井村隆介，1994．霧島火山の地質．東京大学地震研究所彙報69号，189-209．

井村隆介，2009a．鹿児島の環境を自然史からみる．鹿児島大学鹿児島環境学研究会（編），鹿児島環境学Ⅰ．南方新社，鹿児島，pp.73-92．

井村隆介，2009b．南九州の環境変遷史～その景観を意識して～．九州旧石器第13号，8-15．

井ノ上幸造，1988．霧島火山群高千穂複合火山の噴火活動史．岩鉱83号，26-41．

井上智博，1991．西日本における縄文時代前期初頭の土器様相―中国地方を中心として―．考古学研究38（2），80-111．

井上智博，1996．山陰・西川津式土器の土器型式構造と恩原2遺跡土器群のしめる位置．岡山大学文学部考古学研究室（編）．恩原2遺跡．岡山，pp.168-175．

井上　弦・杉山真二・長友由隆，2000．都城盆地の累積性黒ボク土における有機炭素顔料と植物珪酸体．ペトロジスト44（2），109-123．

犬飼徹夫，2000．江川中畝遺跡：西土佐村埋蔵文化財報告第5集．西土佐村教育委員会，西土佐村．

李　相均，1994．縄文前期前半期における轟B式土器群の様相―九州，山陰地方，

韓国南岸を中心に—．東京大学文学部考古学研究室研究紀要12号，113-167．

石毛直道，1993．環境論のモデル．石毛直道・小山修三（編），文化と環境．放送大学，東京，pp.49-60．

石黒 燿，2002．死都日本．講談社，東京．

石井克己・梅沢重昭，1994．日本の古代遺跡を掘る4，黒井峯遺跡—日本のポンペイ．読売新聞社，東京．

岩永哲夫，1986．跡江貝塚再考．えとのす第31号，新日本教育図書，東京，123-125．

岩永哲夫，1988．九州東南部における縄文早期遺跡の概観—出土土器を中心にして—．宮崎県総合博物館研究紀要№13，5-32．

出水市教育委員会，1979．荘貝塚：出水市文化財調査報告書（1）．出水．

出水市教育委員会，1989．荘貝塚：出水市文化財調査報告書（3）．出水．

泉 拓良，1985．近畿地方の事例研究．藤岡謙二郎（編），講座考古地理学第4巻 村落と開発．学生社，東京，pp.45-64．

〈K〉

賀川光夫，1977．九州の円筒土器とその編年の問題．賀川光夫（編），考古学論叢4，別府大学考古学研究会，別府，pp.63-68．

賀川光夫，1985．先史地理学的にみた縄文文化早期の九州．月刊考古学ジャーナル№256，ニューサイエンス社，東京，43-48．

鹿児島県教育委員会，1975．薩摩国府跡・国分寺跡．鹿児島．

鹿児島県教育委員会，1976．花ノ木遺跡：鹿児島県埋蔵文化財調査報告書（1）．鹿児島．

鹿児島県教育委員会，1977a．指辺遺跡・横峯遺跡・中之峯遺跡・上焼田遺跡：鹿児島県埋蔵文化財発掘調査報告書（5）．鹿児島．

鹿児島県教育委員会，1977b．九州縦貫自動車道関係埋蔵文化財調査報告Ⅰ（山神遺跡・桑ノ丸遺跡）：鹿児島県埋蔵文化財発掘調査報告書（7）．鹿児島．

鹿児島県教育委員会，1978a．西之薗遺跡：鹿児島県埋蔵文化財発掘調査報告書（8）．鹿児島．

鹿児島県教育委員会，1978b．九州縦貫自動車道関係埋蔵文化財調査報告Ⅱ（木屋原遺跡）：鹿児島県埋蔵文化財発掘調査報告書（10）．鹿児島．

鹿児島県教育委員会，1980．九州縦貫自動車道関係埋蔵文化財調査報告Ⅳ 石峰遺跡：鹿児島県埋蔵文化財発掘調査報告書（12）．鹿児島．

鹿児島県教育委員会，1982．九州縦貫自動車道関係埋蔵文化財調査報告ⅩⅠ（小山遺跡）：鹿児島県埋蔵文化財発掘調査報告書（20）．鹿児島．

鹿児島県教育委員会，1983a．成川遺跡：鹿児島県埋蔵文化財発掘調査報告書（24）．鹿児島．

鹿児島県教育委員会，1983b．大隅地区埋蔵文化財分布調査概報（伊敷遺跡）：鹿児島県埋蔵文化財発掘調査報告書（25）．鹿児島．

鹿児島県教育委員会，1984．大隅地区埋蔵文化財分布調査概報（鎮守ヶ迫遺跡）：鹿児島県埋蔵文化財発掘調査報告書（29）．鹿児島．

鹿児島県教育委員会，1989．榎田下遺跡：鹿児島県埋蔵文化財発掘調査報告書（48）．鹿児島．

鹿児島県教育委員会，1992a．新番所後Ⅱ遺跡：鹿児島県埋蔵文化財発掘調査報告書（62）．鹿児島．

鹿児島県教育委員会，1992b．榎崎A遺跡：鹿児島県埋蔵文化財発掘調査報告書（63）．鹿児島．

鹿児島県立埋蔵文化財センター，1993．飯盛ヶ岡遺跡：鹿児島県立埋蔵文化財センター発掘調査報告書（3）．姶良．

鹿児島県立埋蔵文化財センター，1995．平松城跡：鹿児島県立埋蔵文化財センター発掘調査報告書（13）．姶良．

鹿児島県立埋蔵文化財センター，1996．一湊松山遺跡：鹿児島県立埋蔵文化財センター発掘調査報告書（19）．姶良．

鹿児島県立埋蔵文化財センター，1997．神野牧遺跡：鹿児島県立埋蔵文化財センター発掘調査報告書（20）．姶良．

鹿児島県立埋蔵文化財センター，2001a．上野原遺跡第10地点（縄文時代早期土器編2早期後葉編1）第5分冊：鹿児島県立埋蔵文化財センター発掘調査報告書（28）．姶良．

鹿児島県立埋蔵文化財センター，2001b．枦堀遺跡・西ノ原B遺跡：鹿児島県立埋蔵文化財センター発掘調査報告書（30）．姶良．

鹿児島県立埋蔵文化財センター，2002a．九日田遺跡・供養之元遺跡・前原和田遺跡：鹿児島県立埋蔵文化財センター発掘調査報告書（36）．姶良．

鹿児島県立埋蔵文化財センター，2002b．上野原遺跡第2〜7地点（縄文時代早期編）第1〜4分冊：鹿児島県立埋蔵文化財センター発掘調査報告書（41）．姶良．

鹿児島県立埋蔵文化財センター，2003a．上野原遺跡第2〜7地点（縄文時代前期〜晩期編）第5分冊：鹿児島県立埋蔵文化財センター発掘調査報告書（52）．姶良．

鹿児島県立埋蔵文化財センター，2003b．城ヶ尾遺跡Ⅱ（縄文・古墳時代編）：鹿児島県立埋蔵文化財センター発掘調査報告書（60）．国分．

鹿児島県立埋蔵文化財センター，2003c．高篠坂遺跡・永磯遺跡：鹿児島県立埋蔵文化財センター発掘調査報告書（61）．国分．
鹿児島県立埋蔵文化財センター，2004a．三角山遺跡群2：鹿児島県立埋蔵文化財センター発掘調査報告書（63）．国分．
鹿児島県立埋蔵文化財センター，2004b．大原野遺跡：鹿児島県立埋蔵文化財センター発掘調査報告書（69）．霧島．
鹿児島県立埋蔵文化財センター，2004c．桐木遺跡第2分冊：鹿児島県立埋蔵文化財センター発掘調査報告書（75）．国分．
鹿児島県立埋蔵文化財センター，2005a．南田代遺跡：鹿児島県立埋蔵文化財センター発掘調査報告書（88）．国分．
鹿児島県立埋蔵文化財センター，2005b．桐木耳取遺跡Ⅱ（縄文時代早期編）：鹿児島県立埋蔵文化財センター発掘調査報告書（91）．国分．
鹿児島県立埋蔵文化財センター，2006a．三角山遺跡3第2分冊：鹿児島県立埋蔵文化財センター発掘調査報告書（96）．霧島．
鹿児島県立埋蔵文化財センター，2006b．伏野遺跡・隠迫遺跡・枦堀遺跡・仁田尾遺跡・御仮屋跡遺跡：鹿児島県立埋蔵文化財センター発掘調査報告書（101）．霧島．
鹿児島県立埋蔵文化財センター，2006c．堂園平遺跡：鹿児島県立埋蔵文化財センター発掘調査報告書（104）．霧島．
鹿児島県立埋蔵文化財センター，2007a．鹿児島県立埋蔵文化財センター発掘調査報告書（109）山ノ田遺跡B地点・蕨野B遺跡・松ヶ尾遺跡・谷ヶ迫遺跡．霧島．
鹿児島県立埋蔵文化財センター，2007b．仁田尾中A・B遺跡第3分冊：鹿児島県立埋蔵文化財センター発掘調査報告書（110）．霧島．
鹿児島県立埋蔵文化財センター，2008a．西原遺跡・牧ノ原B遺跡・原村Ⅰ遺跡・原村Ⅱ遺跡：鹿児島県立埋蔵文化財センター発掘調査報告書（124）．霧島．
鹿児島県立埋蔵文化財センター，2008b．関山遺跡・鳥居川遺跡・チシャノ木遺跡：鹿児島県立埋蔵文化財センター発掘調査報告書（125）．霧島．
鹿児島県立埋蔵文化財センター，2008c．関山西遺跡：鹿児島県立埋蔵文化財センター発掘調査報告書（126）．霧島．
鹿児島県立埋蔵文化財センター，2008d．唐尾遺跡・高古塚遺跡・菅牟田遺跡・中之迫遺跡：鹿児島県立埋蔵文化財センター発掘調査報告書（127）．霧島．
鹿児島県立埋蔵文化財センター，2008e．仁田尾遺跡（第3分冊：縄文時代編）：鹿児島県立埋蔵文化財センター発掘調査報告書（128）．霧島．

鹿児島県立埋蔵文化財センター，2009．建山遺跡・西原段Ⅰ遺跡・野鹿倉遺跡：鹿児島県埋蔵文化財センター発掘調査報告書（139）．霧島．

鹿児島県立埋蔵文化財センター，2010a．狩俣遺跡・建山遺跡・西原段Ⅰ遺跡：鹿児島県埋蔵文化財センター発掘調査報告書（152）．霧島．

鹿児島県立埋蔵文化財センター，2010b．加治木堀遺跡・宮ノ本遺跡・椿山遺跡・柿木段遺跡・野方前段遺跡A地点：鹿児島県埋蔵文化財センター発掘調査報告書（154）．霧島．

香北町教育委員会，2005．刈谷我野遺跡Ⅰ：香北町埋蔵文化財発掘調査報告書第3集．香北．

開聞町，1973．開聞町郷土誌編集委員会（編），開聞町郷土誌．開聞．

梶山彦太郎・市原　実，1986．大阪平野のおいたち．青木書店，東京．

鎌田洋昭・中摩浩太郎・渡部徹也，2009．日本の遺跡40．橋牟礼川遺跡―火山灰に埋もれた隼人の古代集落．同成社，東京．

金子弘二・木下倉靖・湊　啓輔，1985．霧島火山群御池軽石層のグラウンドサージ的性質について．宮崎大学教育学部紀要自然科学 57，9-22．

金子史朗，2001．ポンペイの滅んだ日．東洋書林，東京．

金原正明，2008．横尾貝塚における環境考古学分析．大分市教育委員会（編），横尾貝塚：大分市埋蔵文化財発掘調査報告書第83集．大分，pp.206-213．

金原正明，2009．花粉化石と古生態．小杉　康・谷口康浩・西田泰民・水ノ江和同・矢野健一（編），縄文時代の考古学3　大地と森の中で―縄文時代の古生態系―．同成社，東京，pp.78-90．

鹿屋市教育委員会，1989．鹿屋市埋蔵文化財発掘調査報告書（14）神野牧遺跡

唐津市・唐津市教育委員会，1982．菜畑：唐津市文化財調査報告第5集．唐津．

甲藤次郎・西　和彦，1972．高知平野の地形と沖積層．地質学論集 7，137-143．

勝井義雄，1979．噴火災害．岩波講座地球科学 7　火山．岩波書店，東京，pp.83-99．

勝又　護（編），1993．地震・火山の事典．東京堂出版，東京．

関東ローム研究グループ，1965．関東ローム―その起源と性状．築地書館，東京．

河口貞徳，1967a．黒川洞穴．日本考古学協会洞穴遺跡調査特別委員会（編），日本の洞穴遺跡．平凡社，東京，pp.314-328．

河口貞徳，1967b．片野洞穴．日本考古学協会洞穴遺跡調査特別委員会（編），日本の洞穴遺跡．平凡社，東京，pp.328-341．

河口貞徳，1972．塞ノ神式土器．鹿児島考古第6号，1-44．

河口貞徳，1985a．南九州の縄文貝塚．鹿児島県歴史資料センター黎明館（編），

特別展貝塚は語る―南九州の縄文文化展示図録．鹿児島，pp.2-4．
河口貞徳，1985b．塞ノ神式土器と轟式土器．鹿児島考古第19号，1-34．
河口貞徳，1988．日本の古代遺跡38 鹿児島．保育社，大阪．
河口貞徳，1991．南九州における縄文早前期の土器文化．交流の考古学　三島格先生古稀記念：肥後考古第8号，173-184．
河口貞徳・峯崎幸清・上田　耕，1982．鎌石橋遺跡．鹿児島考古第16号，1-79．
河口貞徳・西中川　駿，1985．鹿児島県下の貝塚と獣骨．季刊考古学第11号，雄山閣，東京，43-47．
河口貞徳，1992．平栫貝塚．鹿児島考古第26号，104-132．
火山噴出物による林木被害調査班，1965．1959年霧島火山群新燃岳の爆発による林木の被害．林業試験場研究報告第182号，68-112．
喜入町教育委員会，1987．小六郎遺跡・段之原遺跡：喜入町埋蔵文化財発掘調査報告書（3）．喜入．
喜入町教育委員会，1999．帖地遺跡（縄文編）：喜入町埋蔵文化財発掘調査報告書（5）．喜入．
木村幾多郎，1994．北部九州の狩猟・漁撈活動．小田富士雄・藤丸詔八郎・松永幸男・澤下孝信（編），第12回特別展九州の貝塚―貝塚が語る縄文人の生活―．北九州市立考古博物館，北九州，pp.14-23．
北川浩之・中村俊夫・福沢仁之，1995．水月湖湖底・年縞堆積物のAMS-^{14}C年代．名古屋大学加速器質量分析計業績報告書（Ⅵ），27-42．
Kitagawa. H., Fukuzawa. H., Nakamura. T., Okamura. M., Takemura.K., Hayashida. A. and Yasuda. Y., 1995. AMS^{14}C dating of the varved sediments from Lake Suigetsu, central Japan and atmospheric ^{14}C change during the Late Pleistcene. *Radiocarbon*, 37, №2, 371-378.
Kitagawa. H., and Van, Der, Plicht, J., 1998. A40,000-Year Varve Chronology from Lake Suigetsu, Japan: Extension of The ^{14}C Calibration Curve. *Radiocarbon*, 40, №1, 505-515.
Kitamura. S., 2010. Revaluation of impacts of the gigantic eruption of Ilopango Caldera on ancient Mesoamerican societies in the 4th to the 6th century. *International Field Conference and Workshop on Tephrochronology, Volcanism and Human Activity Active Tephra in Kyushu, 2010 Abstract*, 43.
輝北町教育委員会，1998．前床遺跡・鳥居ヶ段遺跡：輝北町埋蔵文化財調査報告書（1）．輝北．
輝北町教育委員会，2005．新田遺跡・吉元遺跡：輝北町埋蔵文化財発掘調査報告書（2）．輝北．

肝付町教育委員会，2012．鐘付遺跡．肝付町埋蔵文化財発掘調査報告書第 12 集．肝付．

北方町教育委員会，1992．笠下下原遺跡：北方町文化財調査報告書（4）．北方．

金峰町教育委員会，1978．阿多貝塚：金峰町埋蔵文化財発掘調査報告書（1）．金峰．

金峰町教育委員会，1991．木落遺跡・高源寺遺跡：金峰町埋蔵文化財発掘調査報告書（2）．金峰．

北九州市教育文化事業団，1988．楠橋貝塚：北九州市埋蔵文化財調査報告書第 69 集．北九州．

清野謙次，1969．日本貝塚の研究．岩波書店，東京．

清武町教育委員会，1980．若宮田遺跡発掘調査報告書．清武．

清武町教育委員会，2004．白ヶ野第 1・第 4 遺跡：清武町埋蔵文化財調査報告書第 13 集，清武．

清武町教育委員会，2005．坂元遺跡：清武町埋蔵文化財調査報告書第 15 集，清武．

清武町教育委員会，2006a．山田第 1 遺跡：清武町埋蔵文化財調査報告書第 18 集，清武．

清武町教育委員会，2006b．山田第 2 遺跡：清武町埋蔵文化財調査報告書第 20 集，清武．

清武町教育委員会，2006c．滑川第 1 遺跡：清武町埋蔵文化財調査報告書第 21 集．清武．

清武町教育委員会，2007a．滑川第 2 遺跡：清武町埋蔵文化財調査報告書第 22 集．清武．

清武町教育委員会，2007b．滑川第 3 遺跡：清武町埋蔵文化財調査報告書第 23 集．清武．

清武町教育委員会，2008．清武上猪ノ原遺跡 1：清武町埋蔵文化財調査報告書第 24 集，清武．

清武町教育委員会，2008．清武上猪ノ原遺跡 3：清武町埋蔵文化財調査報告書第 25 集．清武．

清武町教育委員会，2009．清武上猪ノ原遺跡 2：清武町埋蔵文化財調査報告書第 26 集．清武．

清武町教育委員会，2010．下猪ノ原遺跡第 1 地区：清武町埋蔵文化財調査報告書第 29 集，清武．

清武町教育委員会，2010．岡第 4 遺跡：清武町埋蔵文化財調査報告書第 31 集，清武．

木崎康弘，1985．熊本県大丸藤ヶ迫遺跡の塞ノ神式土器について．縄文研究会

(編),塞ノ神式土器—地名表・拓影・論考編—.pp.158-169.
木崎康弘,1992.アカホヤ火山灰が残したもの—人吉盆地内における生活環境修復への過程—.発掘者談話会(編),人間・遺跡・遺物—わが考古学論集2—.pp.131-146.
木崎康弘,2004.豊饒の海の縄文文化 曽畑貝塚:シリーズ遺跡を学ぶ007.新泉社,東京.
木崎康宏,2006.谷間の縄文時代—熊本県五木谷における縄文時代早期の社会及び縄文時代の動態—.熊本県立装飾古墳館(編),熊本県立装飾古墳館研究紀要第6集,25-72.
小林謙一,2008.縄文時代の暦年代.小杉 康・谷口康浩・西田泰民・水ノ江和同・矢野健一(編),縄文時代の考古学2 歴史のものさし—縄文時代研究の編年体系—.同成社,東京,pp.257-269.
小林謙一,2012.韓国新石器時代隆起文土器と日本縄紋時代早期〜前期の年代—蔚山市細竹遺跡出土試料の炭素14年代測定—.中央大学文学部紀要史学241,1-69.
小林久雄,1935.肥後縄文土器編年の概要.考古学評論1(2),(1967.九州縄文土器の研究再録,pp.30-55.)
小林久雄,1939.九州の縄文土器.人類学先史学講座第11巻,(1967.九州縄文土器の研究再録,pp.55-100.)雄山閣,東京.
小林市教育委員会,2005.満永原遺跡・谷ノ木原遺跡・高津佐遺跡:小林市文化財調査報告書第20集.小林.
小林市教育委員会,2010.山中遺跡:小林市文化財調査報告書第4集.小林.
小林達雄,1986.土器文様が語る縄文人の世界観—装飾性文様・物語性文様にこめられた心—.金関 恕(編),日本古代史3 古代人の心を読む宇宙への祈り.集英社,東京,pp.101-134.
小林哲夫,1986.桜島火山の形成史と火砕流.研究代表者荒牧重雄,文部省科学研究費自然災害特別研究研究,計画研究成果報告書:火山噴火に伴う乾燥粉体流(火砕流等)の特質と災害(課題番号A-61-1,代表者:荒牧重雄),pp.137-163.
小林哲夫,2008.カルデラの研究からイメージされる新しい火山像—マグマの発生から噴火現象までを制御するマントル_地殻の応力場—.月刊地球,号外No.60,海洋出版,東京,65-76.
小林哲夫・江崎真美子,1996.桜島火山の噴火史.名古屋大学加速器質量分析計業績報告書(Ⅶ),70-81.

小林哲夫・溜池俊彦，2002．桜島火山の噴火史と火山災害の歴史．第四紀研究 41 (4)，269-278．

小林哲夫・成尾英仁・下司信夫・奥野　充・中川正二郎，2011．鬼界カルデラ・アカホヤ噴火に伴う津波堆積物．日本火山学会講演予稿集 2011 年度秋季大会，36．

神戸市教育委員会，1992．垂水・日向遺跡—第 1，2，3 次調査—．神戸．

神戸市教育委員会，1996．平成 5 年度神戸市埋蔵文化財年報（垂水・日向第 9・10 次調査）．神戸．

古環境研究所，2004．桐木遺跡における植物珪酸体分析．鹿児島県立埋蔵文化財センター（編），桐木遺跡：鹿児島県立埋蔵文化財センター発掘調査報告書 (75)，pp.6-10．

国分直一・盛園尚孝・重久十郎，1967．鹿児島県屋久島一湊遺跡の発掘調査概報．考古学雑誌第 53 巻第 2 号，77-98．

郡山町教育委員会，2003．郡山町埋蔵文化財発掘調査報告書 2　湯屋原遺跡．郡山．

小屋口剛博，2008．火山噴火に関する予備知識．火山現象のモデリング．東京大学出版会，東京，pp.1-23．

小山修三，1984．縄文時代—コンピュータ考古学による復元—．中央公論社，東京．

小山修三，1996．縄文学への道：NHK ブックス 769．日本放送出版協会，東京．

小崎　晋，2010．東海地方における早期後葉～前期初頭の貝塚と土器．考古学リーダー 18　縄文海進の考古学—早期末葉・埼玉県打越遺跡とその時代—．六一書房，東京，pp.19-37．

工藤雄一郎，2012，旧石器・縄文時代の環境文化史：高精度放射性炭素年代測定と考古学．新泉社，東京．

熊本県教育委員会，1979．下城遺跡Ⅰ：熊本県文化財調査報告第 37 集．熊本．

熊本県教育委員会，1983．曲野遺跡Ⅰ：熊本県文化財調査報告第 61 集．熊本．

熊本県教育委員会，1984．曲野遺跡Ⅱ：熊本県文化財調査報告第 65 集．熊本．

熊本県教育委員会，1988．曽畑：熊本県文化財調査報告第 100 集．熊本．

熊本県教育委員会，1991．城・馬場遺跡第 2 地点：熊本県文化財調査報告書第 119 集．熊本．

熊本県教育委員会，1994．深水谷川遺跡：熊本県文化財調査報告第 141 集．熊本．

熊本県教育委員会，2001．石の本遺跡群Ⅲ：熊本県文化財調査報告書第 194 集．熊本．

熊本県教育委員会，2002．頭地田口 A 遺跡：熊本県文化財調査報告第 206 集．熊本．

国見町教育委員会，2003．石原遺跡・矢房遺跡：国見町文化財調査報告書（概報）第3集．国見．
国東町教育委員会，1990．羽田遺跡（Ⅰ地区）：国東町文化財調査報告書第6集．国東．
鞍手町埋蔵文化財調査会，1980．新延貝塚．鞍手．
栗田勝弘，1982．轟式土器について．平草遺跡：大分県日田郡天瀬地区遺跡群発掘調査報告書．天瀬町教育委員会，天瀬．
黒川忠広，2002．南九州縄文時代早期前葉の先駆性について．第四紀研究41（4），331-344．
黒川忠広，2003．南の押型文土器．利根川24・25，250-258．
久留米市教育委員会，1981．久留米東バイパス関係埋蔵文化財調査報告：久留米市文化財調査報告書第28集．久留米．
久留米市教育委員会，2001．横道遺跡Ⅱ：久留米市埋蔵文化財調査報告書第173集．久留米．
桒畑光博，1987．南九州における曽畑式系土器群の動態とその背景．鹿大考古第6号，18-36．
桒畑光博，1991．南九州における鬼界カルデラ爆発後の遺跡—縄文時代前期の轟B式土器期と曽畑式土器期の比較を通して—．南九州縄文通信№5，1-12．
桒畑光博，1994．鬼界カルデラ噴火直後の縄文文化—南九州縄文時代前期の様相—．月刊考古学ジャーナル№378．ニュー・サイエンス社，東京，17-21．
桒畑光博，1995．宮崎県内出土の轟B式土器．宮崎考古第14号，1-18．
桒畑光博，1996．南九州の火山灰と土器型式—アカホヤ火山灰以前を中心として—．名古屋大学加速器質量分析計業績報告書（Ⅶ），39-47．
桒畑光博，1998．東南部九州のテフラと平栫式土器・塞ノ神式土器の出土層位—平栫式土器・塞ノ神式土器の編年に向けて—．南九州縄文研究会（編），九州縄文土器編年の諸問題・早期後半土器編年の現状と課題・資料集，pp.97-105．
桒畑光博，1999．九州地方前期（轟式）．縄文時代10-2，237-246．
桒畑光博，2001．鬼界アカホヤ火山灰と九州縄文時代早期の土器編年．日本第四紀学会講演要旨集31，176-179．
桒畑光博，2002．考古資料からみた鬼界アカホヤ噴火の時期と影響．第四紀研究41（4），317-330．
桒畑光博，2006a．十三束遺跡．都城市史編さん委員会（編），都城市史資料編考古．都城市．pp.64-68．
桒畑光博，2006b．松ヶ迫遺跡．都城市史編さん委員会（編），都城市史資料編考

桒畑光博，2006c．池ノ友遺跡．都城市史編さん委員会（編），都城市史資料編考古．都城市．pp.220-230.

桒畑光博，2006d．岩立遺跡．都城市史編さん委員会（編），都城市史資料編考古．都城市．pp.421-430.

桒畑光博，2006e．轟B式土器試論．鹿児島大学考古学研究室25周年記念論集刊行会（編），Archaeology from the South 鹿児島大学考古学研究室25周年記念論文集．pp.33-44.

桒畑光博，2008a．テフラ（火山灰）層位法．小杉 康・谷口康浩・西田泰民・水ノ江和同・矢野健一（編），縄文時代の考古学2 歴史のものさし―縄文時代研究の編年体系―．同成社，東京，pp.110-122.

桒畑光博，2008b．轟式土器．小林達雄（編），小林達雄先生古稀記念企画 総覧 縄文土器．アムプロモーション，東京，pp.328-335.

桒畑光博，2009．考古資料からみた桜島11テフラの噴出時期と影響．南九州縄文研究会（編），南の縄文・地域文化論考：新東晃一代表還暦記念論文集上巻．鹿児島，pp.97-110.

桒畑光博，2011．火山災害と考古学―完新世最大の噴火，鬼界アカホヤ噴火の事例を中心として―．考古学と地球科学―融合研究の最前線―：九州考古学会・日本地質学会西日本支部合同大会資料集，28-31.

桒畑光博，2013．鬼界アカホヤテフラ（K-Ah）の年代と九州縄文土器編年との対応関係．第四紀研究52（4），111-125.

桒畑光博，2015．西之薗式土器小考―九州縄文時代早期末から前期初頭の土器編年確立に向けて―．本田道輝先生退職記念事業会（編），Archaeology from the South Ⅲ：本田道輝先生退職記念論文集．pp.23-33.

桒畑光博・東 和幸，1997．南九州の火山灰と考古遺物．月刊地球19（4），海洋出版，東京，208-214.

京都大学大学院文学研究科考古学研究室，2014．南部地区下層出土資料ほか．一乗寺向畑町遺跡出土縄文時代資料―考察編―．京都，pp.9-20.

京都府埋蔵文化財調査研究センター，1998．松ヶ崎遺跡第5次・横枕遺跡第2次・井町古墳群・京都縦貫自動車道関係遺跡・鳥谷古墳群・太田遺跡第5次：京都府遺跡調査概報第82冊．向日．

〈M〉

Macdonald, G.A., 1972. *Volcanoes*. Prentice-Hall Inc., Englewood Cliffs.

町田 洋，1977．火山灰は語る―火山と平野の自然史―．蒼樹書房，東京．

町田　洋, 1981. 縄文土器文化に与えた火山活動の影響. 地理, 26 (9), 36-44.
町田　洋, 1982. 火山活動. 加藤晋平・小林達雄・藤本　強（編）, 縄文文化の研究 1　縄文人とその環境. 雄山閣, 東京, pp.114-129.
町田　洋, 1984. 曲野遺跡の火山灰層. 熊本県教育委員会（編）, 曲野遺跡Ⅱ：熊本県文化財調査報告第 65 集. 熊本, pp.166-172.
町田　洋, 1991. 広域テフラ. 社団法人地盤工学会（編）, 土と基礎 39 (6), pp.85-87.
町田　洋, 1999. 火山は何を語るか. 検証・日本列島自然, ヒト, 文化のルーツ. クバプロ, 東京, pp.37-48.
町田　洋, 2001. 屋久島・種子島—隆起する山地と台地の島. 町田　洋・太田陽子・河名俊男・森脇　広・長岡信治（編）, 日本の地形 7　九州・南西諸島. 東京大学出版会, 東京, pp.199-207.
町田　洋, 2008. 第四紀学からみた横尾貝塚の特色. 大分市教育委員会（編）, 横尾貝塚：大分市埋蔵文化財発掘調査報告書第 83 集. pp.200-206.
町田　洋・新井房夫, 1978. 南九州鬼界カルデラから噴出した広域テフラ—アカホヤ火山灰. 第四紀研究 17 (3), 143-163.
町田　洋・新井房夫, 1983. 広域テフラと考古学. 第四紀研究 22 (3), 133-148.
町田　洋・新井房夫, 1992. 火山灰アトラス—日本列島とその周辺. 東京大学出版会, 東京.
町田　洋・新井房夫, 2003. 新編火山灰アトラス—日本列島とその周辺. 東京大学出版会, 東京.
町田　洋・小島圭二（編）, 1996. 新版日本の自然　自然の猛威. 岩波書店, 東京.
Machida, H. and Sugiyama, S. 2002. The impact of the Kikai-Akahoya explosive eruptions on human societies In: Torrence, R. and Grattan, J. (Ed.), *Natural disasters and Cultural change*: One World Archeology. London, pp.311-325.
松田順一郎・高倉　純・出穂雅実・別所秀高・中沢祐一　訳, 2012. ジオアーケオロジー—地学にもとづく考古学—. 朝倉書店, 東京.
前田保夫, 1980. 縄文の海と森—完新世前期の自然史—. 蒼樹書房, 東京.
前田保夫, 1995. 縄文海進と水没遺跡. 小泉　格・田中耕司（編）, 講座文明と環境 10　海と文明. 朝倉書店, 東京, pp.23-30.
前田保夫・久後俊雄, 1980. 六甲の森と大阪湾の誕生：神戸の自然シリーズ 4.PDF 版. 神戸市教育委員会.
Maeno, F., Imamura, F. and Taniguchi, H., 2006. Numerical simulation of tsunamis generated by caldera collapse during the 7.3 ka Kikai eruption, Kyushu, Japan. *Earth*

Planets Space, 58, 1-12.

Maeno, F. and Imamura, F., 2007. Numerical investigations of tsunamis generatedby pyroclastic flows from the Kikai caldera, Japan. *Geophys.Res.Lett.*, 34, L23303, doi:10.1029/2007GL031222.

埋蔵文化財研究会鹿児島集会実行委員会，1987a．火山灰と考古学をめぐる諸問題：第22回埋蔵文化財研究集会資料集第Ⅰ分冊（南・中九州編）．鹿児島．

埋蔵文化財研究会鹿児島集会実行委員会，1987b．火山灰と考古学をめぐる諸問題：第22回埋蔵文化財研究集会資料集第Ⅱ分冊（東，西，北九州，四国，中国，近畿，中部以東編・絶対年代測定値集成）．鹿児島．

埋蔵文化財研究会鹿児島集会実行委員会，1987c．火山灰と考古学をめぐる諸問題：第22回埋蔵文化財研究集会資料集第Ⅲ分冊（発表要旨・追加資料）．鹿児島．

牧園町教育委員会，1989．界子仏遺跡・高天原遺跡：牧園町埋蔵文化財発掘調査報告書（1）．牧園．

牧園町教育委員会，1993．九日田遺跡：牧園町埋蔵文化財発掘調査報告書（4）．牧園．

松井　健，1966a．南九州の沖積世火山灰（とくにアカホヤ）の噴出年代，分布と起源について．日本土壌肥料学会講演要旨集12，29．

松井　健，1966b．大隅半島笠野原台地の"アカホヤ"層の噴出年代—日本第四紀層の^{14}C年代ⅩⅩⅩ—．地球科学第87号，37-39．

松島義章，1979．南関東における縄文海進に伴う貝類群集の変遷．第四紀研究17（4），243-265．

松島義章，1984．日本列島における後氷期の浅海性貝類群集—特に環境変遷に伴うその時間・空間的変遷—．神奈川県立博物館研究報告15，37-109．

松本雅明・富樫卯三郎，1961．轟式土器の編年—熊本県宇土市轟貝塚調査報告—．考古学雑誌47（3），164-189．

松島義章，2006．貝が語る縄文海進—南関東＋2℃の世界．有隣堂，横浜．

松島義章・前田保夫，1985．先史時代の自然環境—縄文時代の自然史：考古学シリーズ21．東京美術，東京．

松下まり子，1992．日本列島太平洋岸における完新世の照葉樹林発達史．第四紀研究31（5），375-387．

松下まり子，2002．大隅半島における鬼界アカホヤ噴火の植生への影響．第四紀研究41（4），301-310．

松山市教育委員会，1996．束本遺跡4次調査・枝松遺跡4次調査：松山市文化財調査報告書第54集．松山．

南九州市教育委員会,2015.牧野遺跡発掘調査について.ミュージアム知覧紀要・館報第14号,34-39.

南さつま市教育委員会,2006.二頭遺跡・花抜園墓地:南さつま市埋蔵文化財発掘調査報告書(1).南さつま.

南さつま市教育委員会,2011.清水前遺跡:南さつま市埋蔵文化財発掘調査報告書(7).南さつま.

南種子町教育委員会,1988.小牧遺跡・平六間伏遺跡:南種子町埋蔵文化財発掘調査報告書(2).南種子.

南種子町教育委員会,1993.横峯遺跡:南種子町埋蔵文化財発掘調査報告書(4).南種子.

南種子町教育委員会,2004.上平遺跡:南種子町埋蔵文化財発掘調査報告書(11).南種子.

光石鳴巳,2012.奈良盆地におけるテフラ研究の現状と課題.橿原考古学研究所紀要考古学論攷第35冊,1-29.

三森定男,1938.先史時代の西部日本.人類学先史学講座第1・2巻.雄山閣,東京,pp.143-197.

三浦 敏,1902.日向に於て始めて発見されたる貝塚.東京人類学会雑誌190号,135-139.

三浦 清・松本岩雄,1987.旧石器および縄文遺跡としての「新槙原遺跡」におけるテフラの産状.山陰地域研究(伝統文化)No.3,島根大学山陰地域研究総合センター,1-9.

都城市教育委員会,1990.平成元年度遺跡発掘調査報告 久玉遺跡(第2次調査)・野々美谷城跡・向原第1・2遺跡・竹山・胡麻ヶ野地区試掘調査:都城市文化財調査報告書第11集.都城.

都城市教育委員会,1992.金石遺跡:都城市文化財調査報告書第19集.都城.

都城市教育委員会,1995.天ヶ渕遺跡:都城市文化財調査報告書第33集.都城.

都城市教育委員会,2011.王子原遺跡・上安久遺跡:都城市文化財調査報告書第103集.都城.

都城市教育委員会,2013.平松遺跡:都城市文化財調査報告書第108集.都城.

都城市史編さん委員会,2006.都城市史資料編考古.都城市,都城.

宮本一夫,1987.近畿・中国地方における縄文前期初頭の土器細分.埋蔵文化財センター紀要V.京都大学埋蔵文化財センター,67-90.

宮本一夫,1989.轟式土器様式.小林達雄(編),縄文土器大観1 草創期・早期・前期.小学館,東京,pp.305-307.

宮本一夫，1990a．轟B式土器の再検討．肥後考古7号，1-26．

宮本一夫，1990b．海峡を挟む二つの地域—山東半島と遼東半島，朝鮮半島南部と西北九州，その地域性と伝播問題—．考古学研究37（2），29-48．

宮之城町教育委員会，1985．大畝町園田遺跡：宮之城町文化財調査報告書（1）．宮之城．

宮崎県，1989．宮崎県史資料編　考古1．宮崎県，宮崎．

宮崎県教育委員会，1973．灰塚遺跡：九州縦貫自動車道埋蔵文化財調査報告（2）．宮崎．

宮崎県教育委員会，1985．赤坂遺跡：宮崎学園都市遺跡発掘調査報告書第3集．宮崎．

宮崎県教育委員会，1991．天神河内第1遺跡．宮崎．

宮崎県教育委員会，1994a．野久首遺跡・平原遺跡・妙見遺跡：九州縦貫自動車道（人吉～えびの間）建設工事にともなう埋蔵文化財調査報告書第2集．宮崎．

宮崎県教育委員会，1994b．宮崎県教育庁文化課編，田向遺跡・平谷遺跡．宮崎．

宮崎県埋蔵文化財センター，1999．上牧第2遺跡・母智丘原第2遺跡：宮崎県埋蔵文化財センター発掘調査報告書第18集．佐土原．

宮崎県埋蔵文化財センター，2000．上の原第2遺跡・上の原第1遺跡・上の原第4遺跡・白ヶ野第3遺跡A地区：宮崎県埋蔵文化財センター発掘調査報告書第25集（第1分冊）．佐土原．

宮崎県埋蔵文化財センター，2000．白ヶ野第3遺跡B地区：宮崎県埋蔵文化財センター発掘調査報告書第25集（第2分冊）．佐土原．

宮崎県埋蔵文化財センター，2001a．権現原第2遺跡・杉木原遺跡・永ノ原遺跡：宮崎県埋蔵文化財センター発掘調査報告書第33集．佐土原．

宮崎県埋蔵文化財センター，2001b．井尻遺跡・雀田遺跡・沖ノ田遺跡：宮崎県埋蔵文化財センター発掘調査報告書第35集．佐土原．

宮崎県埋蔵文化財センター，2001c．権現原第1遺跡・下星野遺跡：宮崎県埋蔵文化財センター発掘調査報告書第47集．佐土原．

宮崎県埋蔵文化財センター，2002．白ヶ野第2・3遺跡（第2分冊　縄文前期～中・近世編）・上の原第1遺跡（B地区）：宮崎県埋蔵文化財センター発掘調査報告書第62集．佐土原．

宮崎県埋蔵文化財センター，2003．上日置城空堀跡：宮崎県埋蔵文化財センター発掘調査報告書第68集．佐土原．

宮崎県埋蔵文化財センター，2004．野首第1遺跡：宮崎県埋蔵文化財センター発掘調査報告書第86集．佐土原．

宮崎県埋蔵文化財センター，2005．老瀬坂上第3遺跡：宮崎県埋蔵文化財センター発掘調査報告書第118集．佐土原．
宮崎県埋蔵文化財センター，2005．崩戸遺跡：宮崎県埋蔵文化財センター発掘調査報告書第103集．佐土原．
宮崎県埋蔵文化財センター，2009．尾花A遺跡 旧石器時代〜縄文時代編：宮崎県埋蔵文化財センター発掘調査報告書第185集．宮崎．
宮崎県埋蔵文化財センター，2011．内野々遺跡・内野々遺跡第2・3遺跡・内野々第4遺跡：宮崎県埋蔵文化財センター発掘調査報告書第202集．宮崎．
宮崎県埋蔵文化財センター，2012．坂ノ口遺跡：宮崎県埋蔵文化財センター発掘調査報告書第221集．宮崎．
宮崎市教育委員会，2001．深田遺跡：宮崎市文化財調査報告書第47集．宮崎．
宮崎市教育委員会，2011a．下猪ノ原遺跡第2地点：宮崎市文化財調査報告書第83集．宮崎．
宮崎市教育委員会，2011b．跡江地区遺跡：宮崎市文化財調査報告書第86集．宮崎．
宮崎市教育委員会，2012．清武上猪ノ原遺跡第4地区：宮崎市文化財調査報告書第88集．宮崎．
宮内克己，1990．前期土器について．羽田遺跡（Ⅰ地区）：大分県国東町文化財調査報告書第6集，国東町教育委員会，国東，138-146．
溝口町教育委員会，1989．長山馬籠遺跡：溝口町埋蔵文化財調査報告書第5集．溝口．
水ノ江和同，1988．曽畑式土器の出現—東アジアにおける先史時代の交流—．古代学研究117号，13-38．
水ノ江和同，1990．西北九州の曽畑式土器．伊木力遺跡．多良見町教育委員会・同志社大学考古学研究室，多良見，449-471．
水ノ江和同，1992．「轟B式土器」に関する三篇の論文．考古学研究38（4），114-122．
水ノ江和同，1993．北部九州の曽畑式土器．月刊考古学ジャーナルNo.365，ニューサイエンス社，東京，5-8．
水ノ江和同，1994．アカホヤ火山灰に関する研究の成果と課題．南九州縄文通信No.8，65-71．
森川昌和・網谷克彦，1986．鳥浜貝塚遺跡．福井県（編）．福井県史資料編13考古—本文編—．福井，pp.93-105．
籾倉克幹，1979．下城遺跡の火山灰と地質環境．熊本県教育委員会（編），下城遺

跡Ⅰ：熊本県文化財調査報告第37集．熊本，pp.77-86.

森脇　広，1990．更新世末の桜島の大噴火にかんする研究―薩摩軽石層の噴火の経過と様式―．鹿児島大学南科研資料センター報告特別号第3号，40-47.

Moriwaki, H., 1992. Late Quaternary Phreatomagmatic Tephra Layers and Their Relation to Paleo-sea Levels in the Area of Aira Caldera, Southern Kyushu, Japan. *Quaternary International*, vol.13/14, 195-200.

森脇　広，1994．桜島テフラ―層序・分布と細粒火山灰の層位―．鹿児島湾周辺における第四紀後期の細粒火山灰層に関する古環境学的研究：平成4・5年度科学研究費補助金（一般研究C）研究成果報告書（研究代表者　森脇広），鹿児島，pp.1-20.

森脇　広，2002．南九州における縄文海進最盛期頃の火山噴火と海岸変化．月刊地球第24巻11号，海洋出版，東京，753-757.

森脇　広，2004．鹿児島湾奥における縄文海進最盛期以降の沖積低地の地形変化と人間活動．日下雅義（編），地形環境と歴史景観―自然と人間の地理学―．古今書院，東京，pp.59-66.

森脇　広，2006．鬼界アカホヤ火山灰に基づく完新世海成段丘の編年―種子島と屋久島の事例から―．南太平洋海域調査研究報告No.46, 58-64.

森脇　広，2012．テフラと古環境の編年に基づく巨大カルデラの第四紀地殻変動の解明．基盤研究（C）科学研究費助成事業（科学研究費補助金）研究成果報告書．

森脇　広・鈴木廣志・長岡信治，1994．鬼界アカホヤ噴火が南九州の自然に与えた打撃．町田　洋・森脇　広（編），火山噴火と環境・文明―文明と環境Ⅲ―．思文閣出版，京都，pp.151-162.

森脇　広・永迫俊郎，2002．吹上砂丘・万之瀬川低地における完新世後半の地形発達と遺跡立地．日本地理学会発表要旨集62, 133.

森脇　広・中村俊夫，2002．大隅半島における完新世の環境変化とそれに与えた火山噴火の影響．名古屋大学加速器質量分析計業績報告書XIII, 203-218.

森脇　広・町田洋・初見祐一・松島義章，1986．鹿児島湾北岸におけるマグマ水蒸気噴火とこれに影響を与えた縄文海進．地学雑誌第95巻第2号，94-113.

森脇　広・松島義章・町田　洋・岩井雅夫・新井房夫・藤原　治，2002．鹿児島湾北西岸平野における縄文海進最盛期以降の地形発達．第四紀研究41（4），253-268.

盛園尚孝，1953．鹿児島県熊毛郡中種子町屋久津苦浜貝塚について．古代学研究第8号，16-20.

〈N〉

長岡信治,1993.長崎県鷹島海底遺跡と海水準変動.鷹島町教育委員会(編),鷹島海底遺跡Ⅱ:鷹島町文化財調査報告書第1集.pp.105-110.

長岡信治・前杢英明・松島義章,1991.宮崎平野の完新世地形発達史.第四紀研究30(2),59-78.

長岡信治・奥野 充・鳥井真之,1997.2万5千年以前の始良カルデラの噴火史.月刊地球19号,海洋出版,東京,257-262.

長岡信治・中尾篤志,2009.ハイドロアイソスタシーと遺跡群.小杉 康・谷口康浩・西田泰民・水ノ江和同・矢野健一(編),縄文時代の考古学3 大地と森の中で―縄文時代の古生態系.同成社,東京,pp.25-34.

長崎県教育委員会,1986.長崎県埋蔵文化財調査集報Ⅸ:長崎県文化財調査報告書82.長崎.

長崎県教育委員会,1997.伊木力遺跡Ⅱ:長崎県文化財調査報告書第134集.長崎.

長崎県教育委員会,2002.玖島城跡:長崎県文化財調査報告書第167集.長崎.

長崎県教育委員会,2008.門前遺跡Ⅱ:長崎県佐世保文化財調査事務所調査報告書第4集.長崎.

永迫俊郎・奥野 充・森脇 広・新井房夫・中村俊夫,1998.肝属平野の形成史―テフラとAMS^{14}C年代による―.名古屋大学加速器質量分析計業績報告書Ⅸ,212-227.

永迫俊郎・奥野 充・森脇 広・新井房夫・中村俊夫,1999.肝属平野の完新世中期以降のテフラと低地の形成.第四紀研究38(2),163-173.

永迫俊郎・奥野 充・新井房夫・松下まり子・松島義章・松原彰子・森脇 広・中村俊彦,2002.大隅半島における完新世の環境変化とそれに与えた火山噴火の影響.名古屋大学加速器質量分析計業績報告書ⅩⅢ,203-218.

長友由隆・庄子貞雄・小林進介,1976.南九州のアカホヤの堆積状態と強磁性鉱物の化学組成について.日本土壌肥料学雑誌47(8),342-348.

長友由隆・庄子貞雄,1977.アカホヤ,イモゴ,オンヂの対比並びに噴出源について―アカホヤの土壌肥料学的研究(第2報)―.日本土壌肥料学雑誌48(1),1-7.

永山修一,1996.文献から見る平安時代の開聞岳噴火.名古屋大学加速器質量分析計業績報告書Ⅶ,31-38.

中田正夫・前田保夫・長岡信治・横山祐典・奥野淳一・松本英二・松島義章・佐藤裕司・松田 功・三瓶良和,1994.ハイドロアイソスタシーと西九州の水中遺跡.第四紀研究33(5),361-368.

Nakagawa. T., Staff. R., Marshall. M., Schlolaut. G., Bronkramsey. C., Bryant. C., Brock. F., Brauer. A., Lamb. H., Yokoyama. Y., Haraguchi. T., Gotanda. K., Yonenobu. H., and Suigetsu 2006 Project Members., 2010. Suigetsu Varves 2006 project and high precision tephra chronology in and around Japan. *International Field Conference and Workshop on Tephrochronology, Volcanism and Human Activity Active Tephra in Kyushu, 2010 Abstract*, 70.

中村五郎, 2000. 平栫・塞ノ神型式群土器について. 古代第 108 号, 1-25.

中村耕治, 1983. アカホヤ前後. 昭和 58 年鹿児島県考古学会秋季大会・肥後考古学会第 176 回例会資料, pp.12-14.

中村 愿, 1982. 曽畑式土器. 加藤晋平・小林達雄・藤本 強（編）, 縄文文化の研究 3 縄文土器Ⅰ. 雄山閣, 東京, pp.224-235.

中村俊夫, 1999. 放射性炭素年代測定法. 長友恒人（編）, 考古学のための年代測定学入門. 古今書院, 東京, pp.1-36.

中村俊夫, 2008. 横尾貝塚出土の水場の遺構および大型黒曜石石核に関連する木材およびドングリの放射性炭素年代. 大分市教育委員会（編）, 横尾貝塚：大分市埋蔵文化財発掘調査報告書第 83 集. 大分市教育委員会, 大分, pp.273-279.

中村俊夫・成尾英仁・奥野 充, 1996. シンポジウム開催の趣旨. 名古屋大学加速器質量分析計業績報告書（Ⅶ）, 3-5.

中村俊夫・奥野 充・成尾英仁, 1997. 火山噴火の年代測定法―特に加速器質量分析（AMS）法による ^{14}C 年代測定について―. 月刊地球 19 (4), 海洋出版, 東京, 195-200.

中種子町教育委員会, 2005. 土佐遺跡：中種子町埋蔵文化財発掘調査報告書 10. 中種子.

奈良大学文学部考古学研究室, 1998. 鹿児島県桜島町武貝塚発掘調査報告書：奈良大学考古学研究室調査報告書第 16 集, 奈良.

成尾英仁, 1983. 指宿地方における遺跡の火山噴出物層序―その 1 北部台地. 鹿児島考古第 17 号, 106-137.

成尾英仁, 1984. 開聞岳噴出物と遺物の関係―特に初期噴出物と遺物の関係について―. 鹿児島考古第 18 号, 193-217.

成尾英仁, 1991. 南九州縄文早期テフラの有効性. 南九州縄文通信№ 4, 33-40.

成尾英仁, 1996. 南九州の縄文研究に果たすテフラの役割. 南九州縄文通信№ 10, 23-30.

成尾英仁, 1996. 火山噴火. 考古学による日本歴史 16：自然環境と文化. 雄山閣, 東京, pp.147-156.

成尾英仁, 1998a. 御池降下軽石の分布と年代. 鹿児島県考古学会研究発表資料—平成10年度秋季大会—, 28-29.
成尾英仁, 1998b. 指宿橋牟礼川遺跡における火山災害と人類の適応—火山学から—. 先史学研究会鹿児島実行委員会（編），火山災害と人類の適応：平成10年度先史学研究会鹿児島大会資料集, 鹿児島, pp.31-35.
成尾英仁, 1999a. 鹿児島県大中原遺跡におけるテフラ層. 鹿児島県立博物館研究報告18, 79-88.
成尾英仁, 1999b. アカホヤ噴火時の火山災害の諸相. 南九州縄文通信No.13, 67-73.
成尾英仁, 2000. 鹿児島県上屋久町楠川における噴礫跡. 鹿児島県立博物館研究報告第19号, 71-81.
成尾英仁, 2001a. 鹿児島県指宿市水迫遺跡のテフラとそれに関連したイベント. 鹿児島県立博物館研究報告第20号, 1-13.
成尾英仁, 2001b. 鹿児島県熊毛地方における噴礫脈の露頭位置. 鹿児島県立博物館研究報告第20, 14-24.
成尾英仁, 2002. 吾平町および金峰町で見いだされたアカホヤ噴火時の液状化跡. 鹿児島県立博物館研究報告第21号, 47-58.
成尾英仁, 2003. 縄文の灰神楽 - 鬼界アカホヤ噴火で何が起こったか. 月刊地球293号, 海洋出版株式会社, 東京, 831-834.
成尾英仁, 2012. 考古遺物と古文書から読み解く開聞岳噴火. 鹿児島県地学会誌No.100, 73-78.
成尾英仁・小林哲夫, 1980. 池田カルデラの火山活動史：日本火山学会1980年秋季大会講演要旨, 火山. 第2集25 (4), 306.
成尾英仁・小林哲夫, 1983. 鹿児島県指宿地域の火山活動史—阿多火砕流以降について. 日本地質学会学術大会講演要旨90, 309.
成尾英仁・小林哲夫, 1984. 池田カルデラ形成時の降下堆積物：日本火山学会1984年度春季大会講演要旨, 火山. 第2集29 (2), 148.
成尾英仁・小林哲夫, 2002. 鬼界カルデラ, 6.5kaBP噴火に誘発された2度の巨大地震. 第四紀研究41 (4), 287-299.
成尾英仁・下山 覚, 1996. 開聞岳の噴火災害—橋牟礼川遺跡を中心に—. 名古屋大学加速器質量分析計業績報告Ⅶ, 60-69.
成尾英仁・永山修一・下山 覚, 1997. 開聞岳の古墳時代噴火と平安時代噴火による災害. 月刊地球19, 海洋出版, 東京, 215-222.
根占町教育委員会, 1989. 並迫遺跡・茂谷遺跡・東馬渡遺跡・馬渡遺跡：根占町

埋蔵文化財発掘調査報告書（2）．根占．
根占町教育委員会，2000．大中原遺跡：根占町埋蔵文化財発掘調査報告書9．根占．
根占町教育委員会，2002．前田遺跡：根占町埋蔵文化財発掘調査報告書11．根占
Newhall, C,G. and Self, S., 1982. The volcanic explosivity index (VEI): An estimate of explosive magnitude for historical volcanism. *Journal of Geophysical Research* 87 (C2): 1231-1238. http://www.agu.org/pubs/crossref/1982/JC087iC02p01231.shtml.
西田正規，1982．動物と植物―資源環境．加藤晋平・小林達雄・藤本　強（編），縄文文化の研究1縄文人とその環境．雄山閣，東京，pp.218-230．
西田史朗・奥田　尚，2003．田原本周辺遺跡の地質層序．奈良県立橿原考古学研究所（編），保津・宮古遺跡第3次発掘調査報告書：奈良県文化財調査報告書第100集．奈良，pp.90-100．
西本豊弘，1994．縄文時代のテリトリーについて．動物考古学第2号，65-69．
西中川　駿・東　和幸，1990．薩摩半島の考古学Ⅲ川辺町小崎遺跡．鹿児島考古第24号，86-93．
西中川　駿・矢吹　映・蓮沼　浩・河口貞徳，1999．鹿児島県の縄文，弥生時代遺跡出土の自然遺物―特に動物遺体について―．鹿児島考古第33号，1-13．
西之表市教育委員会，1985．安納調査区保江遺跡・住吉調査区高峯遺跡：西之表市文化財調査報告書．西之表．
西之表市教育委員会，2014．奥ノ仁田遺跡・長迫遺跡・二石遺跡・小浜貝塚・種子島家屋敷内：西之表市埋蔵文化財発掘調査報告書26．西之表．
西土佐村教育委員会，2000．江川中畝遺跡：西土佐村埋蔵文化財報告書第5集．西土佐．
North Greenland Ice Core Project members, 2004. High-resolution record of Northern Hemisphere climate extending into the last interglacial. *Nature*, 431, 147-151.
能登　健，1989．古墳時代の火山災害―群馬県同道遺跡の発掘調査を中心にして―．第四紀研究27（4），283-296．
能登　健，1990．噴火が人類・社会に及ぼす影響―考古学から見た江戸時代の火山災害．日本第四紀学会講演要旨集№.20，46-47．
能登　健，1993．考古遺跡にみる上州の火山災害．新井房夫（編），火山灰考古学．古今書院，東京，pp.54-82．
能登　健，2000．災害の復旧．佐原　真・都出比呂志（編），古代史の論点1環境と食料生産．小学館，東京，pp.299-314．

〈O〉

小田静夫，1993．旧石器時代と縄文時代の火山災害．新井房夫（編），火山灰考古

学．古今書院，東京，pp.207-224.
緒方町教育委員会，1999．千人塚遺跡．緒方．
小川香菜恵，2012．縄文海進が北部九州の遺跡立地に与えた影響に関する予察．
　　　古文化談叢 68, 51-64.
荻町教育委員会，1986．右京西遺跡：荻台地の遺跡Ⅹ．荻．
乃一哲久・山口勝秀・松尾央子・千田哲資，1994．火山灰堆積時におけるアサリ
　　　の行動．長崎大学生涯学習教育研究センター運営委員会（編），雲仙・普賢岳
　　　火山災害にいどむ―長崎大学からの提言―：長崎大学公開講座叢書 6．長崎
　　　大学，長崎，pp.155-164.
岡田憲一，2008．縄文条痕文系土器（西日本）．小林達雄（編），小林達雄先生古
　　　稀記念企画　総覧縄文土器．アムプロモーション，東京，pp.174-179.
岡村　眞・松岡裕美，2005．海底コア試料に記録されたアカホヤ巨大津波の痕跡．
　　　地球惑星科学関連学会合同大会予稿集，J027-P025.
奥野　充，1999．^{14}C 年代を考古学研究に利用するために．南九州縄文通信 13,
　　　1-6.
奥野　充，2001．テフロクロノロジーと ^{14}C クロノロジー．第四紀研究 40（6），
　　　461-470.
奥野　充，2002．南九州に分布する最近約 3 万年間のテフラの年代学的研究．第
　　　四紀研究 41（4），225-236.
奥野　充・福島大輔・小林哲夫，2000a．南九州のテフロクロノロジー――最近 10
　　　万年間のテフラ―．人類史研究第 12 号，9-23.
奥野　充・三原正三・重久淳一・成尾英仁・小池裕子・中村俊夫，2000b．鹿児島
　　　県隼人町，宮坂貝塚の炭素 14 年代．日本文化財科学会第 17 回大会研究発表
　　　要旨集，68-69.
遠部　慎，2006．北・東部九州における縄文時代草創期末～早期前半の諸様相―大
　　　分県九重町二日市洞穴の年代測定―．九州縄文時代早期研究ノート 4, 19-25.
遠部　慎，2012．山陰地方における縄文時代早期後半の年代学的研究．日本文化
　　　財科学会第 29 回大会研究発表要旨集，52-53.
遠部　慎・宮田佳樹，2008a．宮崎県における土器付着炭化物の炭素 14 年代測定
　　　―縄文時代前半期を中心に―．宮崎考古 21, 41-54.
遠部　慎・宮田佳樹，2008b．鹿児島県湯屋原遺跡の土器付着炭化物の炭素 14 年
　　　代測定．鹿児島市立ふるさと考古歴史館年報平成 19 年度版，31-39.
遠部　慎・小林謙一・宮田佳樹，2008．近畿地方におけるアカホヤ前後の縄文土
　　　器付着炭化物の年代測定―滋賀県米原市入江内湖の東海系土器群を中心に

一．古代文化 59, 544-559.
小野晃司・曽屋龍典・細野武男，1982．薩摩硫黄島地域の地質．地域地質研究報告（5万分の1地質図幅），地質調査所，80．
大板部洞窟調査団，1986．橘　昌信（編），大板部洞窟の調査―縄文時代の水中貝塚．
大分県教育委員会，1993．広谷遺跡・口野尾遺跡・目久保第1遺跡・目久保第2遺跡・須久保遺跡・尾形第1遺跡・エゴノクチ遺跡：宇佐別府道路・日出ジャンクション関係埋蔵文化財調査報告書．大分．
大分県教育委員会，1998．かわじ池遺跡：九州横断自動車道関係埋蔵文化財発掘調査報告書（8）．大分．
大分県教育委員会，2002．尾崎遺跡・清水遺跡・新田遺跡・川野遺跡・久木小野遺跡・平岩遺跡，東九州自動車道関係埋蔵文化財発掘調査報告書（3）：大分県文化財調査報告書第137集．大分．
大分県教育庁埋蔵文化財センター，2008．岩ノ下岩陰遺跡発掘調査報告書：大分県教育庁埋蔵文化財センター調査報告書第32集．大分．
大分市教育委員会，2008．横尾貝塚：大分市埋蔵文化財発掘調査報告書第83集．大分．
大口市教育委員会，1987．島巡遺跡：大口市埋蔵文化財発掘調査報告書（6）．大口．
大三島町教育委員会，1985．大見遺跡（大三島町大見遺跡発掘調査報告書）．大三島．
大野　薫，2001．近畿・中国・四国地方における縄文集落変遷の画期と研究の現状．縄文時代文化研究会（編），縄文時代集落研究の現段階：第1回研究集会発表要旨．pp.37-48．
大野　薫，2003．河内湾における先史漁撈関連資料の評価．関西縄文文化研究会（編），関西縄文時代の集落・墓地と生業：関西縄文論集1．六一書房，東京，pp.169-188．
大野　薫，2011．縄文集落における弱定着性と回帰的居住．季刊考古学第114号，雄山閣，東京，50-53．
大阪市文化財協会，2009．瓜破遺跡発掘調査報告Ⅶ．大阪．
大阪府文化財調査研究センター，2000．池島・福万寺遺跡1（98-3・99-1調査区）：大阪府文化財調査研究センター調査報告書第48集．大阪．
太田陽子，2010．日本列島における完新世相対的海面変化および旧汀線高度の地域性．日本第四紀学会50周年電子出版編集委員会（編），デジタルブック最新第四紀学．
大坪志子，2015．縄文玉文化の研究―九州ブランドから縄文文化の多様性を探る―．雄山閣，東京．

大塚閏一，1977．上焼田遺跡出土獣骨について．鹿児島県教育委員会（編），指辺遺跡・横峯遺跡・中之峯遺跡・上焼田遺跡：鹿児島県埋蔵文化財発掘調査報告書（5）．鹿児島，pp.80-84．

大塚昌彦，2002．榛名山東麓の災害と歴史．国立歴史民俗博物館研究報告第96集：日本歴史における災害と開発Ⅰ，313-350．

乙益重隆，1965．縄文文化の発展と地域性─九州西北部─．鎌木義昌（編），日本の考古学Ⅱ．河出書房新社，東京，pp.250-267．

〈R〉

Reimer, P.J, Baillie, M.G.L. Bard, E, Bayliss, A., Beck, J.W., Blackwell, P.G., BronkRamsey. C., Buck, C.E., Burr, G.S., Edwards, R.L., Friedrich, M., Grootes, P.M., Guilderson, T.P., Hajdas, I., Heaton, T.J., Hogg, A.G., Hughen, K.A., Kaiser, K.F., Kromer, B., McCormac, F.G., Manning, S.W., Reimer, R.W., Richards, D.A., Southon, J.R., Talamo, S., Turney, C.S.M., van der Plicht, J.and Weyhenmeyer, C.E., 2009. IntCal09 and marine09 radiocarbon age calibration curves, 0–50,000 years cal BP. *Radiocarbon*, 51(4), 1111-1150.

Russell, J, B., 1984. *Volcanic hazards: A sourcebook on the effects of eruptions*. Academic press, Orlando.

〈S〉

佐賀県教育委員会，2009．西畑瀬遺跡2・大串遺跡：佐賀県文化財調査報告書180 佐賀．

佐賀県教育委員会，2010．小ヶ倉遺跡・入道遺跡・九郎遺跡・小ヶ倉遺跡入道遺跡1区九郎遺跡1〜3区：佐賀県文化財調査報告書186．佐賀．

佐賀市教育委員会，2009．東名遺跡群Ⅱ第6分冊：佐賀市埋蔵文化財調査報告書第40集．佐賀．

佐原　眞，1985．分布論．岩波講座日本考古学1　研究の方法．岩波書店，東京，pp.115-160．

西都市教育委員会，2004．祇園原地区遺跡：西都市埋蔵文化財発掘調査報告書37集．西都．

斉藤文紀，2011．沿岸域の堆積システムと海水準変動．第四紀研究 50(2)，95-111．

坂口　一，1993．火山噴火の年代と季節の推定法．新井房夫（編），火山灰考古学．古今書院，東京，pp.151-172．

坂口　一，2013．榛名二ッ岳渋川テフラ（Hr-FA）・榛名二ッ岳伊香保テフラ（Hr-FP）およびそれらに起因する火山泥流の堆積時間と季節に関する考古学的検討．第四紀研究 52(4)，97-109．

坂本嘉弘,1997.まとめ.本匠村教育委員会(編),堂ノ間遺跡.本匠村,pp.38-40.
坂田邦洋,1979.^{14}C年代からみた九州縄文時代の編年.別府大学考古学研究室報告第2冊.広雅堂書店,別府.
坂田邦洋,1980.九州の縄文早・前期土器の編年.史学論叢11,121-174.
佐藤宏之,2009.地考古学が日本考古学に果たす役割.第四紀研究48(2),77-83.
佐藤宏之・出穂雅実,2009.考古遺跡から何がわかるか?:Geoarchaeorogy.第四紀研究48(2),75-76.
佐藤裕司,2008.瀬戸内海東部,播磨灘沿岸域における完新世海水準変動の復元.第四紀研究47(4),247-259.
沢村幸之助・松井和典,1957.地質調査所(編),霧島山5万分の1地質図幅.
澤下孝信・松永幸男,1994.総論―九州地方の縄文時代貝塚―.小田富士雄・藤丸詔八郎・松永幸男・澤下孝信(編),第12回特別展九州の貝塚―貝塚が語る縄文人の生活―.北九州市立考古博物館,北九州,pp.5-8.
瀬口眞司,2002.琵琶湖周辺地域における縄文時代の森林植生とその推移.滋賀県文化財保護協会(編),紀要第15号,1-12.
瀬口眞司,2003a.関西縄文社会とその生業―生業=居住戦略の推移とそれに伴う諸変化―.考古学研究50(2),28-42.
瀬口眞司,2003b.関西縄文社会における集団規模の推移―人口と居住集団の数量的変化をめぐる検討―.関西縄文文化研究会(編),関西縄文時代の集落・墓地と生業:関西縄文論集1.六一書房,東京,pp.1-10.
瀬口眞司,2006.関西縄文社会論の新起点の模索―サーリンズ著「石器時代の経済学」の示唆の整理―.往還する考古学:近江貝塚研究会論集3―例会150回記念,45-52.
瀬口眞司,2009.縄文集落の考古学―西日本における定住集落の成立と展開―.昭和堂,京都.
瀬口眞司,2011.食料資源の利用と集落―琵琶湖周辺地域の事例研究から見た様相―.季刊考古学第114号,雄山閣,東京,62-65.
関 俊明,2010.浅間山大噴火の爪痕―天明三年浅間災害遺跡―:シリーズ遺跡を学ぶ75.新泉社,東京.
川内市教育委員会,1985.国指定史跡薩摩国分寺:環境整備事業報告書.川内.
瀬田裏遺跡調査団,1992.瀬田裏遺跡調査報告Ⅰ:大津町文化財調査報告.大津.
柴田喜太郎,1984.熊本県松橋町曲野遺跡の堆積物―曲野遺跡および関連地域の堆積物に含まれる火山噴出物の検出と対比―.熊本県教育委員会(編),曲野遺跡Ⅱ:熊本県文化財調査報告第65集.熊本,pp.186-199.

志布志町教育委員会，1979．別府（石踊）遺跡：志布志町埋蔵文化財発掘調査報告書．志布志．

滋賀県教育委員会・滋賀県文化財保護協会．1998．赤野井湾遺跡．大津．

重留康宏，2002．縄文時代早期末の条痕文土器（予察）．宮崎考古18号，33-46．

志摩町教育委員会，1974．天神山貝塚：志摩町文化財調査報告書第1集．志摩，p.26．

島根大学埋蔵文化財調査研究センター，1997．島根大学埋蔵文化財調査研究報告1　島根大学構内遺跡第1次調査（橋縄手地区1）．松江．

Simkin, T. and Siebert, L., 1994. *Volcanoes of the World* (2nd edition). Geoscience Press for the Smithsonian Institution, Tucson.

下山　覚，1998．指宿橋牟礼川遺跡における火山災害と人類の適応―考古学から―．先史学研究会鹿児島実行委員会（編），火山災害と人類の適応：平成10年度先史学研究会鹿児島大会資料集，鹿児島，pp.23-30．

下山　覚，1999．南部九州の火山災害と縄文遺跡―考古学から―．九州縄文研究会（編），日韓新石器時代交流研究会第3回鹿児島大会資料集，pp.1-21．

下山　覚，2002．火山災害の評価と戦略に関する考古学的アプローチ．第四紀研究41（4），279-286．

Shimoyama, S., 2002a. Basic characteristics of disasters. In: Torrence, R. and Grattan, J. (Ed.), *Natural disasters and Cultural change*: One World Archeology. London, pp.19-27.

Shimoyama, S., 2002b. Volcanic disasters ana archaeological sites in Southern Kyushu ,Japan. In: Torrence, R. and Grattan, J. (Ed.), *Natural disasters and Cultural change*: One World Archeology. London, pp.326-341.

下山　覚，2005．災害と復旧．列島の古代史　ひと・もの・こと2　暮らしと生業．岩波書店，東京，pp.249-286．

下山正一，1989．福岡平野における縄文海進の規模と第四紀層．九州大学理学部研究報告地質学第16巻第1号，37-58．

下山正一，1993．北部九州における縄文海進極盛期の海岸線と海成層の上限分布．Museum Kyushu―文明のクロスロード―44号，25-34．

下山正一，1994．北部九州における縄文海進以降の海岸線と地盤変動傾向．第四紀研究33（5），351-360．

下山正一，1998．福岡平野の縄文海進と第四紀層．小林　茂・磯　望・佐伯弘次・高倉洋彰（編），福岡平野の古環境と遺跡立地―環境としての遺跡との共存のために―．九州大学出版会，福岡，pp.11-44．

下山正一，2002．遠賀川下流域の第四系．低平地研究№11，5-10．

下山正一，2008．有明海が語るもの　縄文海進と佐賀平野…東名遺跡からわかる佐賀平野の形成．佐賀市教育委員会（編），公開シンポジウム有明海の海と縄文人―東名遺跡が語るもの―：東名シンポジウム資料集．佐賀，pp.6-9．

下山正一・磯　望・野井英明・高塚　潔・小林　茂・佐伯弘次，1991．福岡市鳥飼低地の海成第四系と更新世後期以降の地形形成過程．九州大学理学部研究報告（地球惑星科学）17 (1)，1-23．

下山正一・塚野香織，2009．佐賀低平地の形成環境―縄文海進と浮泥の堆積―．佐賀市教育委員会（編），東名遺跡群Ⅱ―東名遺跡2次・久富二本杉遺跡―第6分冊：佐賀市埋蔵文化財調査報告書第40集．佐賀，pp.90-102．

下鶴大輔，1988．火山災害．松澤　勲 監修，自然災害科学事典．築地書館，東京，pp.60-61．

下鶴大輔，2000．火山災害の特徴．火山のはなし―災害軽減に向けて―．朝倉書店，東京，pp.89-119．

下鶴大輔，2008．火山災害．下鶴大輔・荒牧重雄・井田喜明・中田節也（編），火山の事典（第2版）．朝倉書店，東京，pp.5-8．

篠原　武，2011．富士山の火山活動と遺跡の消長・分布について．富士吉田市教育委員会（編），上暮地新屋敷遺跡：富士吉田市文化財調査報告書第8集．富士吉田，pp.154-156．

新東晃一，1978．南九州の火山灰と土器形式．ドルメン19号，JICC出版社，東京，40-54．

新東晃一，1980．火山灰から見た南九州縄文早・前期土器の様相．鏡山先生古稀記念論文集刊行会（編），鏡山猛先生古稀記念古文化論攷．pp.11-23．

新東晃一，1982．塞ノ神式土器．加藤晋平・小林達雄・藤本　強（編），縄文文化の研究3　縄文土器Ⅰ．雄山閣出版株式会社，東京，pp.148-161．

新東晃一，1984．鬼界カルデラ（アカホヤ火山灰）の爆発と縄文社会への影響．Museum Kyushu 15，18-23．

新東晃一，1987．南九州のアカホヤ火山灰と前後の土器型式．埋蔵文化財研究会鹿児島集会実行委員会（編），火山灰と考古学をめぐる諸問題：第22回埋蔵文化財研究集会資料集第Ⅲ分冊（発表要旨・追加資料）．鹿児島，pp.32-39．

新東晃一，1989a．塞ノ神・平栫式土器様式．小林達雄（編），縄文土器大観1　草創期　早期　前期．小学館，東京，pp.290-292．

新東晃一，1989b．南九州の火山活動と縄文文化の動態．南九州文化41号，47-56．

新東晃一，1994．南九州縄文時代草創期・早期の特色．月刊考古学ジャーナル

378. ニューサイエンス社, 2-6.
新東晃一, 1997. 薩摩火山灰と縄文草創期文化の動態. 人類史研究第9号, 95-103.
新東晃一, 2003. 縄文時代早期の壺形土器出現の意義. 鹿児島県立埋蔵文化財センター編, 研究紀要縄文の森から創刊号, 51-60.
新東晃一, 2006. 南九州に栄えた縄文文化 上野原遺跡:シリーズ遺跡を学ぶ27. 新泉社, 東京.
新東晃一, 2007. 桜島P11火山灰前後の土器型式について―いわゆる塞ノ神式土器の層位的・型式学的諸問題―. 南九州縄文通信No.18, 1-12.
塩地潤一, 2008. 横尾貝塚の集落動向とその特徴. 大分市教育委員会(編), 横尾貝塚:大分市埋蔵文化財発掘調査報告書第83集. 大分. p.314.
添田町教育委員会, 2009. 中元寺遺跡群Ⅰ:添田町埋蔵文化財調査報告書第7集. 添田.
曽於市教育委員会, 2009. 宮岡遺跡:曽於市埋蔵文化財発掘調査報告書(8). 曽於.
早田 勉, 1989. 6世紀における榛名火山の2回の噴火と災害. 第四紀研究27(4) 297-312.
早田 勉, 1999. テフロクロノロジー―火山灰で過去の時間と空間を探る方法―. 長友恒人(編), 考古学のための年代測定学入門. 古今書院, 東京, pp.113-132.
末吉町教育委員会, 1985. 箱根遺跡・前畑遺跡・真方入口遺跡・通山上川路遺跡・野田後遺跡:末吉町埋蔵文化財発掘調査報告書(3). 末吉.
杉原重夫・小田静夫・丑野 毅, 1983. 伊豆大島の鬼界―アカホヤ火山灰と縄文時代の遺跡・遺物. 月刊考古学ジャーナル224, ニューサイエンス社, 4-9.
杉山浩平・金子隆之, 2013. 縄文時代の伊豆・箱根・富士山の噴火活動と集落動態. 考古学研究60(2), 34-54.
杉山真二, 1999. 植物珪酸体分析からみた最終氷期以降の九州南部における照葉樹林発達史. 第四紀研究38(2), 109-123.
杉山真二, 2002. 鬼界アカホヤ噴火が南九州の植生に与えた影響―植物珪酸体分析による検討―. 第四紀研究41(4), 311-316.
Smith, V., Staff, R., Blockley, S., Bronk Ramsey, C., Nakagawa, T., Takemura, K and Danhara, T., 2013. Identification and correlation of visible tephras in the Lake Suigetsu SG06 sedimentary archive, Japan: Chronostatigrahic markers for synchronisation of east Asian/west Pacific palaeoclimatic records across the last 150 ka. *Quaternary Science Reviews,* vol.67, 121-137.

Stuiver, M and Reimer, P.J., 1986-2010. Calib Radiocarbon Calibration Program Rev6.0.0. http//intcal.qub.ac.uk/calib 2010年2月1日引用

鈴木重治, 1965. 宮崎市跡江貝塚の調査. 日本考古学協会第31回総会研究発表要旨.

〈T〉

橘　昌信, 1980. 大分県二日市洞穴発掘調査報告書. 別府大学付属博物館, 別府.

多田　仁, 2001. 西四国の縄文時代遺跡—縄文時代草創期から早期の研究視点—. 愛媛県歴史文化博物館（編）, 平成13年度企画展西四国の縄文文化. pp.114-119.

田川日出夫, 1994. 世界の自然遺産屋久島：NHKブックス686. 日本放送出版協会, 東京.

田川日出夫, 1998. 火山災害と植生. 先史学研究会鹿児島実行委員会（編）, 火山災害と人類の適応：平成10年度先史学研究会鹿児島大会資料集, 鹿児島, pp.1-6.

田川日出夫, 1999. 鹿児島の生態環境：かごしま文庫58. 春苑堂出版, 鹿児島.

田島龍太, 1982. 菜畑遺跡縄文時代前〜中期の土器群の編年と様相. 唐津市教育委員会（編）, 菜畑. 唐津, pp.529-545.

高橋信武, 1987. 大分県のアカホヤ火山灰直下の土器. 埋蔵文化財研究会鹿児島集会実行委員会（編）, 火山灰と考古学をめぐる諸問題：第22回埋蔵文化財研究集会資料集第III分冊（発表要旨・追加資料）. 鹿児島, pp.40-42.

高橋信武, 1989. 轟式土器再考. 考古学雑誌 75 (1), 1-39.

高橋信武, 1997. 平栫式土器と塞ノ神式土器の編年. 龍田考古会（編）, 先史学・考古学論究II 熊本大学文学部考古学研究室創設25周年記念論文集, pp.1-39.

高橋信武, 1998. 縄文早期後葉の九州. 南九州縄文研究会（編）, 九州縄文土器編年の諸問題・早期後半土器編年の現状と課題・資料集, pp.57-70.

高橋信武, 2004. 西川津式土器と轟式土器の関係. 山下秀樹氏追悼考古論集刊行会（編）, 山下秀樹氏追悼考古論集. pp.191-200.

高城町教育委員会, 2005. 雀ヶ野遺跡群：高城町文化財調査報告書第18集. 高城.

鷹野光行・新田栄治・中摩浩太郎・渡部徹也・岩永勇亮・河野裕次, 2010. 指宿市敷領遺跡の調査から. 鷹野光行（編）, 火山で埋もれた都市とムラ—ヴェスヴィオ・浅間・ムラピ・開聞岳—（文部科学省科学研究費補助金特定領域研究「わが国の火山噴火罹災遺跡の生活・文化環境の復元」研究班・指宿市考古博物館時遊館COCCOはしむれ）. 同成社, 東京, pp.75-96.

鷹野光行・新田栄治・中村直子・森脇　広・荒木志伸・渡部徹也, 2013. 開聞岳

噴火の災害と復旧．日本考古学協会第79回総会研究発表要旨，68-69．

高岡町教育委員会，1997．久木野遺跡（1区～4区）：高岡町埋蔵文化財調査報告書第12集．高岡．

高岡町教育委員会，2003．永迫第3遺跡：高岡町埋蔵文化財調査報告書第25集．高岡．

財部町教育委員会，1988．横尾遺跡・横尾山遺跡・中崎上遺跡：財部町埋蔵文化財発掘調査報告書（2）．財部．

鷹島町教育委員会，1993．鷹島海底遺跡II—長崎県北松浦郡鷹島町床浪港改修工事に伴う緊急発掘調査報告書—：鷹島町文化財調査報告書第1集．鷹島．

高山久明・西ノ首英之・吉田範秋，1994．島原沖漁場の水質変動．長崎大学生涯学習教育研究センター運営委員会（編），雲仙・普賢岳火山災害にいどむ—長崎大学からの提言—：長崎大学公開講座叢書6．長崎大学，長崎，pp.99-120．

竹田市教育委員会，1986．下菅生B遺跡・上菅生B遺跡：菅生台地と周辺の遺跡XI．竹田．

田中熊雄，1958．大貫貝塚の研究．宮崎大学学芸学部紀要第1巻第4号，1-19．

田中熊雄，1989a．大貫貝塚（浄土寺貝塚・平貝塚）．宮崎県（編），宮崎県史資料編考古1．宮崎県，宮崎，pp.162-169．

田中熊雄，1989b．柏田貝塚．宮崎県（編），宮崎県史資料編考古1．宮崎県，宮崎，pp.206-211．

田中　琢，1988．災害史．松澤　勲（監修），自然災害科学事典．築地書館，東京，pp.189-191．

田中稔隆，1965．宮崎県宮崎市跡江無田の上貝塚．日本考古学年報18．131．

田中義昭，1986．弥生時代以降の食料生産．岩波講座日本考古学3　生産と流通．岩波書店，東京，pp.57-119．

田中良之，1979．中期・阿高式系土器の研究．古文化談叢6，5-52．

田中良之，1980．新延貝塚の所属年代と地域相．鞍手町埋蔵文化財調査会（編），新延貝塚—福岡県鞍手町新延所在縄文貝塚の調査—．鞍手，pp.114-125．

田中良之，1999．土器が語る縄文社会．研究紀要Vol.6，北九州市立考古博物館，1-22．

田中良之，2008．骨が語る古代の家族—親族と社会—：歴史文化ライブラリー252．吉川弘文館，東京．

田代町教育委員会，1990．立神遺跡：田代町文化財発掘調査報告書．田代．

多々良友博，1985．塞ノ神式土器の文様構成—その分類と変遷の位置付け—．縄文研究会（編），塞ノ神式土器—地名表・拓影・論考編—．pp.143-156．

多々良友博，1998．平栫・塞ノ神式土器再論．南九州縄文研究会（編），九州縄文土器編年の諸問題・早期後半土器編年の現状と課題・資料集．pp.71-83．

寺田寅彦，1934．天災と国防．経済往来第9巻第11号（2011．天災と国防．講談社，東京，9-24．）

Tezuka, Y., 1961. Development of vegetation to soil formation in the volcanic island of Oshima, Izu, Japan. *The Journal of Japanese Botany*, 17, 371-402.

樋泉岳二，1999a．東京湾地域における完新世の海洋環境変遷と縄文貝塚形成史．国立歴史民俗博物館研究報告第81集，289-310．

樋泉岳二，1999b．魚類．西本豊弘・松井　章（編），考古学と自然科学②考古学と動物学．同成社，東京，pp.51-88．

辻　誠一郎，1985．火山活動と古環境．岩波講座日本考古学2 人間と環境．岩波書店，東京，pp.289-317．

辻　誠一郎，1993．火山噴火が生態系に及ぼす影響．新井房夫（編），火山灰考古学．古今書院，東京，pp.225-246．

辻　誠一郎（編），2000．考古学と植物学：考古学と自然科学3．同成社，東京．

辻　誠一郎，2004．地球時代の環境史．安室　知（編），環境史研究の課題：歴史研究の最前線2．吉川弘文館，東京，pp.40-70．

辻　誠一郎，2006．変転する大地が生み出す新しい文化．生命誌ジャーナル2006年冬号，JT生命誌研究館（http://www.brh.co.jp/seimeishi）．

辻　誠一郎，2009．縄文時代の植生史．小杉　康・谷口康浩・西田泰民・水ノ江和同・矢野健一（編），縄文時代の考古学3 大地と森の中で—縄文時代の古生態系．同成社，東京，pp.67-77．

辻田直人・竹中哲朗，2003．長崎県国見町における縄文時代草創期遺跡の調査—小ヶ倉A遺跡の遺跡範囲確認調査から—．西海考古5，63-96．

津島町教育委員会，2000．犬除遺跡：津島町埋蔵文化財発掘調査報告書第1集．津島．

徳井由美，1989．北海道における17世紀以降の火山噴火と人文環境への影響．お茶の水地理第30号，27-33．

徳井由美，1990．火山噴火が人文環境に及ぼす影響—17世紀中葉の北海道日高西部地域を中心として—．日本第四紀学会講演要旨集№20，160-161．

徳井由美，1993．近世の北海道を襲った火山噴火．新井房夫（編），火山灰考古学．古今書院，東京，pp.194-206．

富岡直人，1999．貝類．西本豊弘・松井　章（編），考古学と自然科学②考古学と動物学．同成社，東京，pp.89-117．

冨田逸郎，1998．鹿児島県根占町前田遺跡の火山災害．先史学研究会鹿児島実行委員会（編），火山災害と人類の適応：平成10年度先史学研究会鹿児島大会資料集，鹿児島，pp.58-59．

鳥浜貝塚研究グループ，1985．鳥浜貝塚1984年度調査概報・研究の成果―縄文前期を主とする低湿地遺跡の調査5．福井県教育委員会，福井．

鳥浜貝塚研究グループ，1987．鳥浜貝塚―1980～1985年度調査のまとめ―．福井県教育委員会，福井．

Torrence, R. and Grattan, J. (Ed.), 2002. *Natural disasters and Cultural change*: One World Archeology. London.

露崎史朗，1993．火山遷移は一次遷移か．生物化学45（4），177-181．

露崎史朗，2001．火山遷移初期動態に関する研究．日本生態学会誌51，13-22．

豊中市教育委員会，1999．穂積遺跡第14次・15次発掘調査報告：豊中市文化財調査報告第46集．

〈U〉

内山純蔵，2007．縄文の動物考古学―西日本の低湿地遺跡からみえてきた生活像―．昭和堂，京都．

上田　耕・大久保浩二・砂田光紀・東　和幸，1991．薩摩半島の考古学（4）．鹿児島考古第24号，112-122．

上田　耕・廣田晶子，2004．南九州の初源期の玦状耳飾．藤田富士夫（編），環日本海の玉文化の始原と展開，pp.103-110．敬和学園大学人文社会学科研究所，新発田．

宇井忠英，1967．鹿児島県指宿地方の地質．地質学雑誌73号，477-490．

宇井忠英，1973．幸屋火砕流―極めて薄く拡がり堆積した火砕流の発見．火山18号　153-168．

宇井忠英，1997．噴火と災害．宇井忠英（編），火山噴火と災害．東京大学出版会，東京，pp.48-78．

宇井忠英，2008．地球上の火山の分布．下鶴大輔・荒牧重雄・井田喜明・中田節也（編），火山の事典第2版．朝倉書店，東京，pp.46-49．

宇井忠英・福山博之，1972．幸屋火砕流堆積物の^{14}C年代と南九州諸火山の活動期間．地質学雑誌78（11），631-632．

宇井忠英・Walker, G.P.L., 1983．拡散型大規模火砕流堆積物の流動堆積機構―幸屋火砕流での研究計画．日本地質学会学術大会講演要旨90，311．

宇井忠英・目次英哉・鈴木桂子・Walker, G.P.L., McBroome, L.A., Caress, M.E., 早川由紀夫・小林哲夫・渡辺一徳，1983．鬼界カルデラ幸屋火砕流の噴火過程：

講演要旨. 火山第 2 集 28 (4), 433-434.

海津正倫, 1981. 日本における沖積低地の発達過程. 地理学評論, 54 (3), 142-160.

海津正倫, 1988. 曽畑貝塚付近における地形環境の変遷. 熊本県教育委員会 (編), 曽畑：熊本県文化財調査報告第 100 集. 熊本, pp.251-261.

宇土市教育委員会, 2008. 轟貝塚—慶應義塾大学資料再整理報告—：宇土市埋蔵文化財調査報告書第 30 集. 宇土.

宇和島市教育委員会, 2007. 池の岡遺跡：宇和島市埋蔵文化財報告 1. 宇和島.

〈W〉

Walker, G.P.L., 1973. Explosive Volcanic Eruptions-a new classification scheme, *Geologische Rundschau*, 62 (2), 431-446.

Walker, G.P.L., Heming, R.F. and Wilson, C.J.N., 1980. Low-aspect ratio ignimbrites. *Nature*, 283, 286-287.

Wang, Y.T., Cheng, H., Edwards, R.L., An, Z.S. Wu, J.Y., Shen, C.-C. and Dorale, J.A., 2001. A high-resolution absolute-dated late Pleistocene monsoon record from Hulu Cave, China. *Science*, 294, 2345-2348.

渡部徹也・鎌田洋昭・鷹野光行・新田栄治, 2013. 遺跡にみる貞観 16 年の開聞岳噴火災害について. 条里制・古代都市研究第 28 号, 1-10.

〈Y〉

八木澤一郎, 2003. 上野原遺跡第 10 地点検出の「環状遺棄遺構」について. 鹿児島県立埋蔵文化財センター (編), 研究紀要縄文の森から創刊号. 61-72.

八木澤一郎, 2008. 平栫式・塞ノ神式土器. 小林達雄 (編), 小林達雄先生古稀記念企画　総覧縄文土器. アムプロモーション, 東京, pp.194-201.

山鹿貝塚調査団, 1972. 九州大学医学部解剖学教室 (編), 山鹿貝塚. 福岡.

山口信義, 1987. 隆帯文 (轟 B 式) 土器研究ノート. 研究紀要創刊号, 財団法人北九州市教育文化事業団埋蔵文化財調査室, 1-15.

山田昌久, 1984. 環境変化と道具—特に縄文時代の生活をめぐって—. 歴史公論 6. 雄山閣, 東京, 94-104.

山下勝年, 1987. 東海地方西部におけるアカホヤ火山灰降下の影響とその時期. 知多古文化研究 3, 1-12.

山下勝年, 1988. 清水ノ上貝塚で発見されたアカホヤ火山灰層と縄文土器. 知多古文化研究 4, 1-10.

山下貴範・奥野充・小林哲夫, 2012. 霧島火山, 牛のすね火山灰—野外調査と室内分析結果データベース化—. 月刊地球 34 (5), 287-292.

山崎真治, 2009. 佐賀平野の縄文遺跡—縄文時代における地域集団の諸相 2—.

古文化談叢第 62 集,19-59.
山崎純男,1975.九州地方における貝塚研究の諸問題―特に自然遺物(貝類)について―.福岡考古学研究会(編),九州考古学の諸問題.東出版,東京,pp.131-165.
山崎純男,2003.西日本の縄文後晩期の農耕再論.大阪市学芸員等共同研究シンポジウム日韓初期農耕―関連学問と考古学の試み.pp.1-12.
柳田純孝,1989.跡江貝塚.宮崎県(編),宮崎県史資料編考古 1.宮崎県,宮崎,pp.212-217.
矢野健一,2002.中四国地方における縄文時代早期末前期初頭の土器編年.古代吉備研究会(編).環瀬戸内海の考古学:平井勝氏追悼論文集.岡山,pp.91-110.
安田喜憲,1980.環境考古学事始―日本列島 2 万年―:NHK ブックス 365.日本放送出版協会,東京.
安田喜憲,2004.気候変動の文明史.NTT 出版,東京.
安田喜憲,2009.気候変動と現代文明―年縞と文明史.池谷和信(編),地球環境史からの問い―ヒトと自然の共生とは何か.岩波新書,東京,pp.14-42.
米倉秀紀,1984.縄文時代早期の生業と集団行動―九州を例として―.文学部論叢 13,熊本大学文学会,123-150.
横川町教育委員会,1991.羽山遺跡・姪原遺跡:横川町埋蔵文化財発掘調査報告書(2).横川.
横山哲英,1998.宮崎県都城市伊勢谷遺跡について.先史学研究会鹿児島実行委員会(編),火山災害と人類の適応:平成 10 年度先史学研究会鹿児島大会資料集,鹿児島,pp.50-55.
吉松町教育委員会,1999.七ッ谷遺跡・石打遺跡:吉松町埋蔵文化財発掘調査報告書(4).吉松.
Yuan, D., Cheng, H., Edwards, R.L., Dykoski, C.A., Kelly, M.J., Zhang, M., Qing, J., Lin, Y., Wang, Y., Wu, J., Dorale, J.A., An, Z. and Cai, Y., 2004. Timing, duration, and transitions of the last interglacial Asian monsoon. *Science*, 304, 575-578.

あとがき

　本書は私が 2008 年から九州大学大学院比較社会文化学府博士後期課程において取り組んだ研究テーマをもとに，2014 年に九州大学総長に提出した博士論文『火山噴火が狩猟採集社会に与えた影響―鬼界アカホヤ噴火を中心として―』を基礎とし，その後の資料調査や若干の追加的研究成果を加えてまとめたものである。章立ては博士論文のかたちをそのままとしている。

　世話人教員の田中良之先生（故人）には，論文の内容や構成に関して懇切丁寧な御指導を賜った。博士総合演習においては，指導教員の宮本一夫先生，溝口孝司先生，佐藤廉也先生の 3 名の先生方をはじめ，小山内康人先生，中橋孝博先生，岩永省三先生，辻田淳一郎先生，田尻義了先生，端野晋平先生，舟橋京子先生の各先生方からも貴重な御助言を多数いただいた。また，基層構造講座の諸氏・同志にも励ましや御協力をいただいた。心より御礼申し上げたい。特に，昨年 3 月 4 日に急逝された田中先生には本書を御覧いただくことがかなわずに残念でならない。言葉を尽くせない学恩に対し本書を御霊前に献呈させていただきたい。

　私が取り組んだ研究テーマは，火山灰考古学の中の火山災害考古学という領域に含まれるものである。このようなテーマに取り組むきっかけは，1985 年に鹿児島大学法文学部において卒業論文のテーマとして，火山灰とは一見つながらなさそうな対象であるが，縄文土器の一型式である轟式土器の編年研究をとりあげたことである。縄文土器型式を研究対象とした理由は，考古学実験室において本田道輝先生から縄文土器に接する面白さを教えていただいたことが大きいと思う。轟式土器は九州縄文時代の前期に位置付けられ，1980 年前後に当時鹿児島県教育委員会文化課の新東晃一博士が鬼界アカホヤテフラ（K-Ah）の直上から出土するということを論文や学会で次々と発表されていた。卒業論文の資料収集作業の際の新東先生との出会いによって，火山灰考古学の面白さに気づかされた。また，新東先生は私にとって地方公共団体の文化財保護行政の中に身を置きながら考古学研究にも邁進するという職業人のモデルともなった。同じ頃に，新東先生と当時鹿児島県考古学会の会長であった河口貞徳先生の間で，鬼界アカホヤテフラを挟んで土器様式が断絶するか継続するかで

あとがき

　論争が起きはじめていた。上村俊雄先生の御指導のもとなんとか卒業論文を提出することができた私は，1986年に鹿児島県指宿市教育委員会の嘱託調査員という臨時的な職を得ることができた。指宿市では国指定史跡の橋牟礼川遺跡の保存整備を進めようとしており，その中で私は指定地内の発掘調査を担当する機会を与えられた。本書中でも触れたように，この遺跡は日本における火山灰考古学の先駆的な成果が得られた遺跡である。このときに鹿児島県教育委員会文化課の中村耕治先生と同県教育委員会の教員であった成尾英仁先生から，フィールドにおける火山灰をはじめとした地層の見方を現場で教えていただいた（1988年には，大学の同級生であった下山覚博士（故人）が橋牟礼川遺跡の調査担当者として指宿市に正式採用され，彼の手によって新しい調査成果が次々と発表された）。

　その後1987年から宮崎県都城市教育委員会に文化財担当の正式職員として就職することができ，同市が霧島火山群の南東麓に位置するという土地柄，発掘調査現場で多くのテフラを日常的に目にすることとなった。当初は各テフラの年代も明確ではなかったが，基礎的なデータを収集するために実施したテフラ分析をはじめとする堆積物分析の際には，早田勉博士と杉山真二博士に現場において数々の素朴な質問をさせていただき地層断面を見ながら議論する機会を多くもつことができた。

　1990年に奈良国立文化財研究所（現奈良文化財研究所）の地方公共団体職員向けの埋蔵文化財発掘技術者研修「環境考古課程」を受講した経験によって，環境史と人類という研究分野に対する興味が強まっていったと思う。

　この頃，新東先生が主催する南九州縄文研究会において，轟式土器期から曽畑式土器期にかけての遺跡の動態と石器組成に関する発表をさせていただく機会があり，当時筑波大学に学位論文を提出されていた雨宮瑞生博士から親身な御指導をいただいた。北九州市立考古博物館に勤務されていた松永幸男先生（故人）からは，同じ縄文土器を研究する同志として一歩引いたニュートラルな物の見方を教わるとともに激励もいただいた。また，当時同志社大学の大学院で曽畑式土器の研究を進めていた水ノ江和同博士とは，同じ縄文時代前期の土器をテーマにしていたということもあって，ともに情報交換する中で刺激を与えあった。

1996 年に開催された名古屋大学年代測定資料研究センター主催の「南九州の火山噴火と遺跡の年代を探る」というシンポジウムにおいて，鹿児島県教育委員会の東和幸先生とともに南九州の縄文土器の出土層位と火山灰との関係について発表する機会を与えていただいた。このときに鹿児島大学の小林哲夫先生や森脇広先生と意見交換する場をもつことができたほか，当時南九州の主要テフラの年代を放射性炭素年代法から積極的にアプローチしていた奥野充先生と知り合うことができた。

　前述したように 2008 年に社会人枠で入学した大学院博士後期課程の総合演習においては，考古学だけではなく，文化人類学，形質人類学，地球科学を専門とする先生方からは，人文科学だけでなく自然科学的な分野も含めて，いろいろな視点・角度からの指導・助言を受けながら，発表のたびにたくさんの気付きを与えていただいた。あらためて，物事をみる目は柔軟であるべきだということを意識させられつつ，その中で自身の研究の根幹に据えている分野を再確認しながら研究を進めることができた。

　すこし前，ある県の教育委員会に所属している埋蔵文化財担当者から，私が九州東南部の一市に所属していながら，なぜ轟式土器をはじめとする考古資料の情報を幅広く集めることができているのか不思議だと言われたことがある。轟式土器については，学生の頃から九州内のあちこちの資料を実見・実測していた関係で，同式土器の研究史を書く機会や型式の概要についてまとめる機会を与えていただいたため，社会人になってからもなるべく各地の出土資料を実見するように努めていた。そのうちに各方面から自然と情報をいただくようになったのではないかと思う。

　ところで，遺跡の発掘調査をはじめとする埋蔵文化財にかかわる業務は，まず体力，そして気力を維持し続けることが大切である。過去のことを扱う考古学が実生活から距離があるからこそかもしれないが，そういった意味で仕事に対するモチベーションを維持するための何らかの仕掛けや手段が必要ではないかと感じる。特に，市という地方公共団体において埋蔵文化財保護の最前線に身を置く私の場合，仕事とは違う，自分自身が興味をもって取り組むテーマに関する学びの時間だけは考古学にどっぷりと浸かることで気持ちの切り替えにつながっているような，あるいは前へと進むエネルギーを得ることができてい

あとがき

るような気がする。

　私が取り扱った事象は，突発的な火山の噴火という，人類にとって特殊な事件かもしれないが，その事件をとおして，人類の姿や社会のあり方を違う角度から明らかにすることができるのではないかと考える。さらに，考古学を通じて知ることができた過去の事象を取り扱いながら，考古学そのものの現代的意義を考えるという意味でもこの研究分野は有意ではないかと感じる。2011年に爆発的噴火を起こした霧島火山群新燃岳の東南麓で生活を営んでいる自身としては，家屋・周囲の道路・田畑に降り積もる火山灰を目の当たりにし，その対応と処理に追われながら，実体験として火山災害の真っただ中にいた。今後も現実とリンクさせながら，この分野を探求することによって，火山災害の防災・減災に役立つ災害実績図の充実に努めていきたい。

　本書の編集をしていただいた発行元である雄山閣の桑門智亜紀氏には出版に際し大変お世話になりタイトなスケジュールの中お手数をおかけした。記して感謝申し上げたい。最後に物心両面で支えてくれた両親と家庭団らんを十分に設けることができていない私を見守ってくれている家族に感謝の気持ちを伝えることを御許し頂きたい。

2015年12月

桒畑光博

■著者略歴

桒畑光博（くわはた　みつひろ）

1963年宮崎県生まれ。
九州大学大学院比較社会文化学府博士課程単位取得退学。
博士（比較社会文化）。
現在宮崎県都城市教育委員会文化財課主幹・九州大学アジア埋蔵文化財研究センター研究員。

〈主な著作論文〉
「南九州の火山灰と考古遺物」『月刊地球』19（4）（共著）、1997年
「考古資料からみた鬼界アカホヤ噴火の時期と影響」『第四紀研究』41（4）、2002年
「テフラ（火山灰）層位法」『縄文時代の考古学 2』（共著、同成社）、2008年
「轟式土器」『総覧 縄文土器』（共著、アムプロモーション）、2008年
「鬼界アカホヤテフラ（K-Ah）の年代と九州縄文土器編年との対応関係」『第四紀研究』52（4）、2013年

2016年2月25日　初版発行　　　　　　　　　《検印省略》

超巨大噴火が人類に与えた影響
―西南日本で起こった鬼界アカホヤ噴火を中心として―

著　者　桒畑光博
発行者　宮田哲男
発行所　株式会社 雄山閣
　　　　〒102-0071　東京都千代田区富士見2-6-9
　　　　TEL 03-3262-3231 / FAX 03-3262-6738
　　　　URL http://www.yuzankaku.co.jp
　　　　e-mail info@yuzankaku.co.jp
　　　　振　替：00130-5-1685
印刷・製本　株式会社ティーケー出版印刷

Ⓒ Mitsuhiro Kuwahata 2016　　　　　ISBN978-4-639-02409-5 C3021
Printed in Japan　　　　　　　　　　　N.D.C.210　255p　22cm